普通高等教育电子信息类规划教材

智能建筑通信网络

张 辉 陈智丽 任 丹 主编

机 械 工 业 出 版 社

全书内容紧密围绕智能建筑和通信技术的发展，就智能建筑的基本概念及内容、通信网络自动化系统一般技术及最新发展动态进行介绍。全书共分8章，其内容为：绪论、计算机网络基础、有线电视系统、卫星通信系统、电话通信系统、移动通信系统、物联网、数字城市。每章末均附有小结与习题供学生学习使用。书末附录给出了英文术语缩写对照。

本书在编写上力求简明扼要、深入浅出；注重对内容的提炼，避免抽象的理论表述和复杂的公式推导；强调基本概念和基本原理，特别注重最新的技术成果，有一定的深度和广度。在内容上力求科学性、先进性、系统性与实用性。

本书可作为高等学校智能建筑、电气工程及自动化、自动化、电子信息及其相关专业的教材或教学参考用书，也适合相关专业的高职、专科学生使用，还可以作为主管部门对智能建筑从业人员的培训教材；也可供从事智能建筑自动化系统、电气、计算机网络、自动控制工程等工作的科技人员参考。

本书提供电子课件，需要的教师可登录 www. cmpedu. com 免费注册，审核通过后下载，或联系编辑索取（QQ：241151483，电话：010－88379753）。

图书在版编目(CIP)数据

智能建筑通信网络／张辉，陈智丽，任丹主编．—北京：机械工业出版社，2015.12(2022.7 重印)
普通高等教育电子信息类规划教材
ISBN 978-7-111-52396-3

Ⅰ. ①智… Ⅱ. ①张… ②陈… ③任… Ⅲ. ①智能建筑－通信系统－高等学校－教材 Ⅳ. ①TU855

中国版本图书馆 CIP 数据核字(2015)第 293664 号

机械工业出版社(北京市百万庄大街 22 号　邮政编码 100037)
策划编辑：李馨馨　　责任编辑：李馨馨
责任校对：张艳霞　　责任印制：郜　敏
北京富资园科技发展有限公司印刷

2022 年 7 月第 1 版·第 2 次印刷
184mm×260mm·14.25 印张·353 千字
标准书号：ISBN 978-7-111-52396-3
定价：69.00 元

电话服务	网络服务
客服电话：010-88361066	机　工　官　网：www. cmpbook. com
010-88379833	机　工　官　博：weibo. com/cmp1952
010-68326294	金　　书　　网：www. golden-book. com
封底无防伪标均为盗版	机工教育服务网：www. cmpedu. com

前　　言

当今通信技术已广泛应用于人们的生活之中，它是智能建筑自动化系统的纽带技术，其中通信自动化系统（CAS）是智能建筑的“中枢神经”系统。本书紧密围绕智能建筑和通信技术的发展，就智能建筑的基本概念及内容、有线电视技术、卫星通信技术、电话通信技术、移动通信技术、计算机网络接入技术、物联网以及数字城市技术等一般技术及最新发展动态进行介绍。这些技术对掌握我国智能建筑领域通信技术的发展是至关重要的。

本书共分8章。第1章介绍了智能建筑的含义及其通信自动化系统的基本内容、分类及发展概况，着重论述了智能建筑通信自动化系统的特点与性质。第2章介绍了智能建筑中计算机网络基础，以及宽带接入网的方式。第3章简单介绍了有线电视系统组成、结构和主要设备。第4章着重阐述了卫星通信系统的主要内容。第5章讲述了电话通信系统的主要内容，着重对数字程控交换机和IP电话进行论述。第6章讲述了智能建筑中的移动通信系统，介绍了当今最新的几种无线网络连接技术（WiFi、WiMax、蓝牙等）。第7章阐述了物联网的基本原理、组成及在智能建筑中的典型应用。第8章对数字化城市和数字化社区技术的概念进行了讲解，探讨了数字城市与智慧城市的关系。每章末均附有小结与习题，教学时数可在24~32学时。

本书由张辉、陈智丽、任丹主编。其中第1章由沈阳建筑大学郭彤颖编写，第2章由沈阳建筑大学陶宁编写，第3章由辽东学院任丹编写，第4章由沈阳建筑大学张辉编写，第5章由沈阳建筑大学陈智丽编写，第6章由沈阳建筑大学李孟歆编写，第7章由沈阳建筑大学阚凤龙编写，第8章由沈阳建筑大学张帆编写，参加编写的还有白乐强、戴敬、孙雪洋、王鑫等同志。全书由张辉统稿。

本书编者十分感谢机械工业出版社的大力支持。同时，本书参考了近年来本领域的大量文献，并在各编著者研究工作基础上编著而成，在书后附有主要参考文献，在此向这些文献的作者深表感谢。

由于编者水平有限，书中难免存在疏漏与不足之处，恳请专家、同行和读者批评指正。

编　者

2015年9月

目　录

第1章　绪　　论

随着科学技术的迅猛发展，信息化浪潮正在席卷全球，为满足激烈的国际竞争需要，集各种现代高技术于一体的智能建筑应运而生。

1.1　智能建筑产生的背景

智能建筑的概念，首次出现于1984年。当时，由美国联合技术公司（United Technology Corp.，UTC）的一家子公司——联合技术建筑系统公司（United Technology Building System Corp.）在美国康涅狄格州的哈特福德市改建完成了一座名叫City Place（都市大厦）的大楼，“智能建筑”（Intelligent Building）出现在其宣传词中。该大楼以当时最先进的技术来控制空调设备、照明设备、防灾和防盗系统、电梯设备、通信和办公自动化设备等，除可实现舒适性、安全性的办公环境外，并具有高效、经济的特点，从此诞生了世界公认的第一座智能建筑。大楼用户可获得语音、文字、数据等各类信息服务，而大楼内的空调、供水、防火防盗、供配电系统均为电脑控制，实现了自动化综合管理，使用户感到舒适、方便和安全，引起了世人的注目。

第一座智能大厦诞生后，20世纪80年代后期，智能建筑风靡全球，并在世界范围迅速发展。智能建筑是科技发展的产物，建筑物智能化程度随科学技术的发展而逐步提高。当今世界科学技术发展的主要标志是4C技术，即Computer（计算机）技术、Control（控制）技术、Communication（通信）技术、CRT（图形显示）技术。将4C技术综合应用于建筑物之中，在建筑物内建立一个计算机综合网络，使建筑物智能化。“智能建筑”的使用功能和技术性能与传统建筑相比较有巨大的优势，从而使这种综合性的高科技建筑物成为现代城市的一个重要标志。

20世纪90年代初，中国开始了“智能建筑热”，报刊上不断出现有关智能建筑的报道，中国早期兴建的国际贸易中心、上海花园饭店、上海市政府大厦、上海证券大厦、上海博物馆、深圳的赛格广场等建筑也都是按世界一流的智能化建筑要求设计的。进入21世纪以后，中国建设的机场、行政中心、法院、酒店、大剧场、博物馆等的智能化系统逐步接近国际水平，尤其是为2008年奥运会建造的“鸟巢”“水立方”等体育场馆，所建设的智能化系统更是堪称世界一流。

智能建筑作为高新技术应用的集合体，能在短短的几十年中取得如此快速与大规模的发展，有其深刻的技术、经济与社会背景。

1. 智能建筑产生的技术背景

进入20世纪80年代，信息技术飞速发展，极大地促进了社会生产力的变革，人们的生产、生活方式也随之发生了日新月异的变化。全球出现信息革命的高潮，知识经济、可持续发展已引起广泛关注。智能建筑就是在这样的技术背景下产生的。

计算机网络技术、数字化技术、多媒体应用技术、控制技术、通信技术等这些高技术已广泛应用于各个领域（如建筑业）的生产、经营、管理等过程，成为诸多行业更新发展的基本依据和重要手段。现在各国都在争建自己的信息高速公路，而信息高速公路的节点——建筑物必然要满足其客观要求。高新技术在智能建筑中的应用是建立在互联网网络基础上，并且有良好的人机交互多维信息处理能力。在技术上，发展的重点是可视化技术、虚拟技术和协同工作技术，这些必须密切结合应用需求，强调综合集成。由此可见，随着智能传感技术和智能控制技术的发展与应用，将进一步提高控制精度，节能效果显著。信息网络与控制网络的融合和统一，将使建筑智能化系统的结构更加简化，网络系统更加可靠。智能建筑作为信息高速公路的主节点，恰好顺应了市场需求，必将成为信息产业的重要市场。

2. 智能建筑产生的社会背景

当今社会已经从工业社会发展到信息社会，知识和信息已经成为越来越重要的资源，因而，人们对于其生产、生活的主要场所——建筑物的功能要求发生了巨大变化。人们对生活、工作环境的要求越来越高，在要求可靠、高效的通信服务的同时，又希望居住环境舒适、方便而且节能。为了满足人们的需求，须使建筑功能逐步增加，各种自动化管理和服务设备广泛应用于建筑物内，而人工却无法完成这些先进设备的管理，由此可见，社会需要促进传统建筑向智能建筑转变，同时智能建筑也体现了人性化的理念。

3. 智能建筑产生的经济背景

在现代化的今天，世界经济区域集团化趋势日益显现，各国经济逐步纳入世界经济体系，资金、商品、人才和技术的国际化流动正在加速。世界经济由总量增长型向质量效益型转化，产业结构也向知识集约型与高增值型转变。智能建筑以现代高技术为基础，以知识、技术密集形式获得了高增值，不仅提高了建筑产业的技术含量和水平，还将推动相关产业结构现代化和产品结构的升级换代。如果说信息是经济发展的战略资源的话，那么智能建筑这一信息系统在新经济形式下就必将得到更壮观的发展。

1.2 智能建筑的定义

所谓“智能建筑”是计算机、控制、通信等技术融入建筑行业的产物，这些先进技术使建筑物内电力、照明、空调、防灾、防盗、运输设备等实现了管理自动化、远端通信和办公自动化的有效运作。从整个技术角度来看，“智能建筑”是计算机技术、控制技术、通信技术、微电子技术、建筑技术和其他很多先进技术相结合的产物，几乎融合了信息社会中人类所有智慧。但是，目前国际上关于智能建筑的定义尚未统一。现列举部分有代表性的定义：

1. 国外对智能建筑的定义

日本智能建筑研究会的定义：智能建筑是指具备信息通信、办公自动化信息服务，以及楼宇自动化各项功能的，便于进行智力活动的建筑物。即具有建筑自动化、远程通信和办公自动化三种功能，并有机结合起来有效运作的建筑就称为智能建筑。

美国智能建筑协会的定义为：智能建筑是对建筑结构、建筑设备（机电系统）、供应和服务、管理水平这四个基本要素进行最优化组合，来提供一个投资合理的，但又拥有高效、舒适、便利环境的建筑。

欧洲智能建筑集团认为，智能建筑是使其用户发挥最高效率，同时又以最低的保养成本，最有效地管理本身资源的建筑，能够提供一个反应快、效率高和有支持力的环境以使用户达到其业务目标。

新加坡政府的公共事业部门，在其《智能大厦手册》中规定，智能大厦必须具备三个条件：一是具有先进的自动化控制系统，能对大厦内的温度、湿度、灯光等进行自动调节，并具有保安、消防等功能，为用户提供舒适、安全的环境；二是具有良好的通信网络设施，以保证数据能在大厦内各区域之间进行流通；三是能够提供足够的通信设施。

2. 我国对智能建筑的定义

原国家标准《智能建筑设计标准》（GB/T50314—2000）对智能建筑的定义为：以建筑为平台，兼备建筑自动化设备 BA、办公自动化 OA 及通信网络系统 CA，集结构、系统、服务、管理及它们之间的最优化组合，向人们提供一个安全、高效、舒适、便利的建筑环境。

修订版的国家标准《智能建筑设计标准》（GB/T50314—2006）对智能建筑的定义为：以建筑物为平台，兼备信息设施系统、信息化应用系统、建筑设备管理系统、公共安全系统等，集结构、系统、服务、管理及其优化组合为一体，向人们提供安全、高效、便捷、节能、环保、健康的建筑环境。

1.3 智能建筑的特点及分类

1. 智能建筑的特点

智能建筑与传统建筑最主要的区别在于“智能化”，也就是说，它不仅具有传统建筑物的功能，而且具有智能（或智慧）。“智能化”可以理解为，具有某种“拟人智能”特性或功能。建筑物的智能化意味着以下几种能力。

1）对环境和使用功能的变化具有感知能力。

2）具有综合分析、判断的能力。

3）具有传递、处理感知信号或信息的能力。

4）具有做出决定，并且发出指令信息提供动作响应的能力。

以上四种能力建立在三大基本要素有机结合和系统集成的基础上，智能化程度的高低，取决于三大要素有机结合、渗透的程度，也就是系统综合集成的程度，普通的建筑设备管理系统和光缆架设，能造就建筑物的智能化。智能建筑建立在行为科学、环境科学、信息科学、系统工程学、社会工程学、人类工程学等多种学科相互渗透的基础上，是建筑技术、信息技术、计算机技术、自动控制技术等多种技术彼此交叉、综合运用的结果。因此，智能建筑具有传统建筑无可比拟的优越性，不仅可以提供很多的功能，而且可以最大限度地节约能源，能够按照用户要求灵活变动，适应性极强，备受青睐。

相对于传统建筑，智能建筑具有以下特点。

（1）智能化系统的高度集成从技术角度看，智能建筑与传统建筑最大的区别就是智能建筑各智能化系统的高度集成。智能建筑系统集成，就是将智能建筑中分离的设备、子系统、功能、信息，通过计算机网络集成为一个相互关联的统一协调的系统，实现信息、资源、任务的重组和共享。智能建筑安全、舒适、便利、节能、节省人工费用的特点必须依赖集成化的建筑智能化系统才能得以实现。

（2）节约能源

以现代化商厦为例，其空调与照明系统的能耗很大，约占大厦总能耗的70%。在满足使用者对环境要求的前提下，智能大厦应通过其“智能”，尽可能利用自然光和大气冷量（或热量）来调节室内环境，以最大限度地减少能源消耗。按事先在日历上确定的程序，区分“工作”与“非工作”时间，对室内环境实施不同标准的自动控制，下班后自动降低室内照度与温湿度控制标准，已成为智能大厦的基本功能。利用空调与控制等行业的最新技术，最大限度地节省能源是智能建筑的主要特点之一，其经济性也是该类建筑得以迅速推广的重要原因。

（3）节省运行维护的人工费用

根据美国大楼协会统计，一座大厦的生命周期为60年，启用后60年内的维护及营运费用约为建造成本的3倍。再依据日本的统计，大厦的管理费、水电费、煤气费、机械设备及升降梯的维护费，占整个大厦营运费用支出的60%左右；且其费用还将以每年4%的速度增加。所以可依赖智能化系统的智能化管理功能来降低机电设备的维护成本，同时由于系统的高度集成，系统的操作和管理也高度集中，人员安排更合理，使得人工成本降到最低。

（4）安全、舒适和便捷的环境

智能建筑首先确保人、财、物的高度安全以及具有对灾害和突发事件的快速反应能力。智能建筑提供室内适宜的温度、湿度和新风以及多媒体音像系统、装饰照明、公共环境背景音乐等，可大大提高人们的工作、学习和生活质量。

2. 智能建筑的分类

智能建筑的使用功能不同，类型也不少，归纳起来有以下几种。

（1）专用办公楼类。它包括政府机关办公楼、集团公司或大型企业办公楼、金融大厦（保险、证券、银行、期货等）、商业楼、科教楼（学校、医院、科研院所等）。

（2）出租办公楼类。房地产开发商投资兴建，对外出租、出售。大楼内公用设施一次建成，出租、出售楼层，房间内设施由用户根据需求自行进行装修。

（3）综合楼类。它为多功能建筑，集金融、商业、娱乐、办公、生活为一体的建筑。

（4）住宅楼类。以居民居住为目的建筑物（包括多层、高层、生活小区等）。

1.4 建筑智能化系统

建筑智能化系统是利用现代通信技术、信息技术、计算机网络技术、传感器技术、控制技术等，通过对建筑和建筑设备的自动检测与优化控制和信息资源的优化管理，实现对建筑物的智能控制与管理，以满足用户对建筑物的监控、管理和信息共享的需求，从而使智能建筑具有安全、舒适、高效和环保的特点，达到投资合理和适应信息社会需要的目标。建筑智能化系统是安装在智能建筑中，由多个子系统组成的、利用现代技术实现的、完整的服务和管理系统。

1.4.1 智能建筑基本构成

智能化系统是根据具体建筑的需求而设置的。从安全性角度考虑，需要设置火灾自动报警与消防联动控制系统及安全防范系统。安全防范系统中应包括防盗报警系统、闭路电视监控系统、出入口控制系统、应急照明系统等各功能子系统。从高效性角度考虑，需要设置通信网络系统和办公自动化系统，以创造一个迅速获取信息、加工信息的良好办公环境，达到高效率工作的目的。从舒适性角度考虑，需要设置建筑设备监控系统，实现对温度、湿度、照明及卫生度等环境指标的控制，达到节能、高效和延长设备使用寿命的目的。因为建筑设备监控系统、火灾自动报警系统和安全防范系统按其功能均属于建筑设备自动化管理范畴，所以按国际及国内习惯，统称为建筑设备自动化系统。

综上所述，智能建筑中的建筑智能化系统应包括三大子系统，即建筑设备自动化系统（Building Automation System，BAS）、通信网络自动化系统（Communication Automation System，CAS）、办公自动化系统（Office Automation System，OAS）。智能建筑基本构成如图 1-1所示。

BAS、OAS 和 CAS 这三大系统中又包含各自的子系统。为了能使这三大系统的信息及软、硬件资源共享，建筑物内各种工作和任务共享，科学合理地运用建筑物内全部资源，在智能建筑中，这三个系统应实现一体化集成。即利用计算机网络和通信技术，在三大系统间建立起有机的联系。其核心功能是智能系统，智能系统设备通常放置在智能化建筑环境内的系统集成中心，通过综合布线与各种终端设备连接，并通过计算机对整栋大楼进行动态实时监控，从而实现高度智能化。

通常所说的“3A”大厦指的就是建筑设备自动化（BA）、通信网络自动化（CA）和办公自动化（OA）。也有“5A”的说法，即建筑设备自动化（BA）、通信网络自动化（CA）、办公自动化（OA）、消防自动化（FA，Fire Automation）和保安自动化（SA，Safety Automation），但由于 BA 中已包括 FA 和 SA，所以一般不采用这种说法。

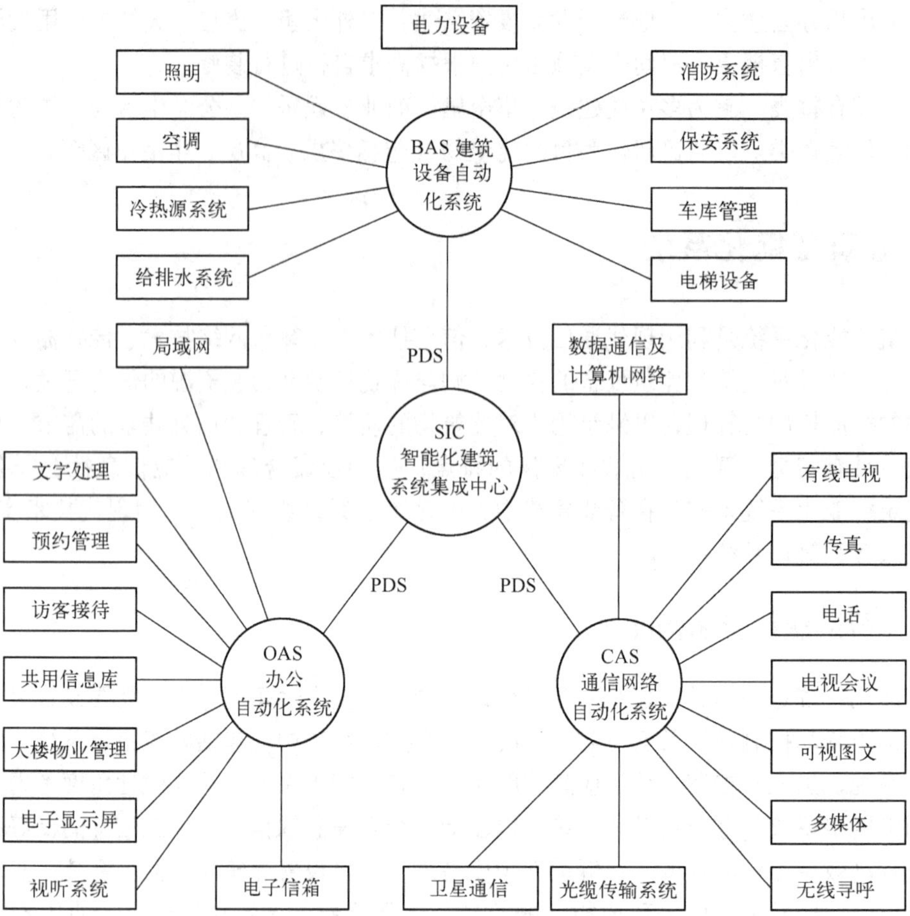

图 1-1　智能建筑基本构成

从用户服务功能角度看，智能建筑可提供三大方面的服务功能，即安全性、舒适性和便利/高效性，如表 1-1 所示。因此，智能建筑可以满足人们在社会信息化新形势下对建筑物提出的更高的功能需求。

表 1-1　智能建筑的三大服务功能

安全性功能	舒适性功能	便捷性方面
火灾自动报警	空调监控	综合布线
防盗报警	给排水监控	VSAT 卫星通信
电梯运行监控	供配电监控	Internet
自动喷淋灭火	供热监控	宽带接入
闭路电视监控	卫星有线电视	用户程控交换机
应急照明	装饰照明	办公自动化
保安巡更	视频点播	物业管理
出入控制	背景音乐	一卡通

1.4.2　智能建筑的3A系统

1. 建筑物自动化系统

建筑物自动化系统采用现代传感技术、计算机技术和通信技术，对建筑物内所有机电设施进行自动控制。这些机电设施包括交配电、给水、排水、空气调节、采暖、通风、运输、火警、保安等系统设备。用计算机对设施实行全自动的综合监控管理，即空调自动化管理、出入口管理，以及对卡识别系统、防盗保安系统、火灾报警系统和各种设备控制与监视系统等进行管理，以保证机电设备高效运行，安全可靠，节能长寿，给用户提供安全、健康、舒适和温馨的生活环境与高效的工作环境。

2. 办公自动化系统

办公自动化系统是智能建筑基本功能之一，是一门综合多种技术的新型学科。它涉及计算机科学、通信科学、系统工程学、人机工程学、控制学、经济学、社会心理学、人工智能等学科。它以行为科学、管理科学、社会学、系统工程学、人机工程学为理论，结合计算机技术、通信技术、自动化技术等，不断使人的部分办公业务活动物化于人以外的各种设备中，并由这些设备与办公人员构成服务于某种目标的人机信息处理系统。

办公自动化系统借助于先进的办公设备，提供文字处理、模式识别、图像处理、情报检索、统计分析、决策支持、计算机辅助设计、印刷排版、文档管理、电子账务、电子函件、电子数据交换、来访接待、会议电视、同声传译等，以取代人工进行办公业务处理，最大限度地提高办公效率、办公质量，尽可能充分地利用信息资源，从而产生更高价值的信息，提高管理和决策的科学化水平，实现办公业务科学化、自动化。办公自动化系统能提供物业管理、酒店管理、商业经营管理、图书档案管理、金融管理、交通票务管理、停车场计费管理、商业咨询、购物引导等多方面综合服务。

3. 通信网络自动化系统

通信网络自动化系统是以结构化综合布线系统为基础，以程控用户交换机（Private Branch Automatic Exchange）为核心，以多功能电话、传真、各类终端为主要设备而建立起来的建筑物内一体化的公共通信系统。这些设备（包括软件）应用新的信息技术构成智能大厦信息通信的“中枢神经”。它不仅保证建筑物内的语音、数据、图像传输，并通过专用通信线路和卫星通信系统与建筑物以外的通信网（如公用电话网、数据网及其他计算机网）连接，而且将智能建筑中的三大系统连接成有机整体，从而成为核心。

智能建筑中的通信网络自动化系统主要包括语音通信系统、数据通信系统、图文通信系统、卫星通信系统以及数据微波通信系统等。通信网络自动化系统发展的方向是综合业务数字网。综合业务数字网具有高度数字化、智能化和综合化能力，它将电话网、电报网、传真网、数据网和广播电视网、数字程控交换机和数字传输系统联合起来，以数字方式统一，并综合到一个数字网中传输、交换和处理，实现信息收集、存储、传送、处理和控制一体化。用一个网络就可以为用户提供包括电话、高速传真、智能用户电报、可视图文、电子邮政、会议电视、电子数据交换、数据通信、移动通信等多种电信服务。用户只需要通过一个标准插口就能接入各种终端，传送各种信息，并且只占用一个号码，就可以在一条用户线上同时打电话、发送传真、进行数据检索等。

智能建筑的 BAS、OAS、CAS 三大子系统通过结构化综合布线有机地联系在一起。它的特点是将所有的语音、数据、视频信号等的布线，经过统一的规划设计，综合在一套标准的布线系统中。对于智能建筑来说，结构化综合布线系统，就如其体内的神经系统一样，起着极其重要的调控作用。

1.5 智能建筑通信网络自动化系统

智能建筑的信息通信系统是智能建筑的“中枢神经”系统，它具备对来自智能建筑内外的各种信息的收集、处理、存储显示、检索和提供决策支持的能力，保证建筑物内语音、数据、图像传输的基础，同时与外部通信网（如电话公网、数据网、计算机网、卫星以及广电网）相连，以满足智能建筑办公自动化和建筑内外通信的需要，提供最有效的信息服务。

智能建筑中的通信网络自动化系统的主要功能如图 1-2 所示。

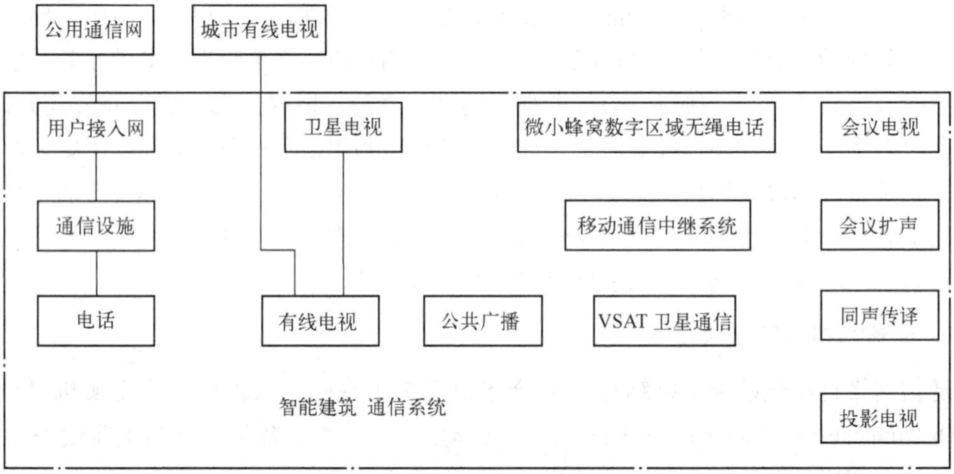

图 1-2 通信网络自动化系统的主要功能

1.5.1 智能建筑通信自动化系统的内容

智能建筑通信网络自动化系统的主要内容包括：

1. 固定电话通信系统

设程控数字用户交换机或采用公网的集中小交换机。

2. 声讯服务通信系统

（1）语音信箱

具有存储外来语音，使电话用户通过信箱密码提取语音留言。可自动向具有那个语音信箱的客户提供呼叫（当语音信箱系统和无线寻呼系统连接后）。通知其提取语音留言。

（2）语音应答系统

通过电话查询有关信息并及时应答服务功能。

3. 无线通信系统

应具备选择呼叫和群呼功能。

4. 卫星通信系统

楼顶安装卫星收发天线和 VSAT 通信系统，与外部构成语音和数据通道，实现远距离通信的目的。

5. 多媒体通信系统

（1）INTERNET（Internet）国际互联网

它可以通过电话网、分组数据网（X25）、数字数据网（DDN）、综合业务数字网（ISDN）、桢中继网（FR）接入，采用的协议是 TCP/IP。

（2）INTRANET（Intranet）

是一个企业或集团的内部计算机网络。

6. 视讯服务系统

（1）可视图文系统

接收动态图文信息。

（2）电子信箱系统

具有存储及提取文本、传真、电传等邮件的功能。

（3）电视会议系统

通过具有视频压缩技术的设备向系统的使用者提供显示近处或远处可观察的图像，并进行同步通话的功能。

7. 电视通信系统

（1）有线电视系统

可接收加密的卫星电视节目以及加密的数据信息。

（2）公共广播系统

业务宣传和时事政治广播、播送背景音乐和广播公共寻呼、火灾事故和突发事故的紧急广播。

此外还有电子信息显示系统（入口大厅）。视频点播（VOD）系统（客房）。同声翻译系统（国际会议厅）。

8. 计算机通信网络系统

应由网络结构、网络硬件、网络协议和网络操作系统、网络安全等部分组成。

1.5.2 通信网络自动化系统的发展趋势

在通信网络设备方面，终端设备向数字化、智能化、多功能化发展，传输链路向着数字化、宽带化发展，交换设备广泛采用数字程控交换机，并向适合宽带要求的ISDN快速分组交换机方向发展。

通信自动化系统本身，正朝着数字化、综合化、智能化和个人化方向发展。

数字化：是指在系统中，全面使用数字技术，包括数字信号传输、数字的交换等。

综合化：是将各种信息源的业务，综合在一个数字通信网络中，为用户提供综合性优质服务，可以通过三网融合技术满足人们对电话、数据、电视、传真业务的需求，而且能满足人们未来对信息服务的更高要求。

智能化：是在通信网络中赋予智能控制功能，使网络结构更具灵活性。

个人化：就是实现个人通信，达到任何人在任何地方，任意时间内能与他人进行通信。采用与网络无关的唯一个人通信号码，不受地理位置和终端的限制，通用于有线和无线通信系统。

在智能建筑中，信息通信技术的重要发展方向之一，就是业务的多媒体化、网络的宽带化。人们利用宽带化信息传输技术，传输多媒体信息，在计算机的参与下，用户之间可以进行相互交谈、视频、共同修改文本、检索数据库等。

1.6 智能建筑的发展

不断发展的人类社会活动需求是建筑不断发展的根本动力，科学技术则是实现建筑两大基本目标——功能与美观的前提和手段。人们对建筑在信息交换、安全性、舒适性、便利性和节能性等诸多方面提出了更高要求。功能的扩展则主要是通过在建筑物内采用各种新型建筑设备来实现。

1. 国外智能建筑的发展

自第一座智能大厦诞生以来，智能建筑蓬勃发展起来，以美国和日本兴建的最多。日本第一次引进智能建筑的概念是在1984年，30余年来，相继建成了墅村证券大厦、安田大厦、KDD通信大厦、标致大厦、NEC总公司大楼、东京市政府大厦、文京城市中心、NIT总公司的幕张大厦、东京国际展示场等。法国、瑞典、英国等欧洲国家和中国香港、新加坡、马来西亚等地区的智能建筑也迅速兴起。据有关统计，美国的智能建筑已超过万幢。

2. 国外智能住宅与智能小区的发展

德国弗劳恩霍夫研究会与11家公司联手合作，建成的世界首座样板“智能住宅”，向人们揭示了未来住宅的前景和计算机技术发展的新趋势。西班牙隆卡建筑事务所推出一种旋转式公寓住宅。位于美国西雅图的Reflex通信公司，从1998开始以其独特的技术提供网络接入及信息访问等服务。美国建筑专家巧妙构思，研制出一种由计算机控制的旋转房屋。日本科技人员在东京的麻布地区修建了一座现代化的房屋，以解决与大自然如何协调的问题。

3. 我国智能建筑的发展

1990年建成的北京发展大厦（18层）可认为是我国智能建筑的雏形。

1995年3月14日，我国工程建设标准化协会正式颁布“建筑与建筑群综合布线系统工程设计规范”。

1995年7月，上海华东建筑设计研究院制定出“智能建筑设计标准”，1996年3月被上海市建委批准为上海市地方标准。

1997年，建设部发布了《建筑智能化系统工程设计管理暂行规定》。

1998年，建设部发布了《智能建筑设计及系统集成资质管理规定》。

1999年，我国开始建设智能住宅小区。建设部于1999年12月，发布了《全国住宅小区智能化系统示范工程建筑要点与技术导则》。

2000年，信息产业部先后主编了推荐性国家标准《建筑与建筑群布线系统工程设计规范（GB/T50311—2000）》和《建筑与建筑群布线系统工程验收规范（GB/T50312—2000）》。

2000年10月，国家建设部和国家质量监督局共同制定和颁布了我国第一个智能建筑设计国家标准《智能建筑设计标准（GB/T50314—2000）》。

2001年，“城市规划、建设与管理数字化工程”列入国家“十五”科技攻关重点项目计划。

2002年，我国颁布了《智能建筑工程质量验收规范（GB50307—2002）》。

2006年，我国修改颁布了《智能建筑设计标准（GB/T 50314—2006）》。

2007年8月，国家建设部发布国家标准《视频安防监控系统工程设计规范（GB50395—2007）》。

2007年10月，国家建设部发布国家标准《综合布线系统工程设计规范（GB50311—2007）》。

2008年6月，我国开始实施国家建设部和国家质量监督局联合发布的《火灾自动报警系统设计规范（GB50116—2008）》。

2010年，由信息产业部与中国电子学会促进编写的《公共广播系统工程技术规范》颁布实施。

2012年6月，国家住房和城乡建设部发布实施《通用用电设备配电设计规范（GB50055—2011）》。

2013年1月，我国开始实施《电子会议系统工程设计规范（YDT5032—2005）》。

2015年3月，国家住房和城乡建设部发布《智能建筑设计标准（GB 50314—2015）》，于2015年11月1日开始执行。

4. 智能建筑的发展趋势

在信息社会中，人们对于现代建筑的概念也在发生变化，传统建筑提供的服务已远远不能满足现代社会和工作环境等方面的要求。智能建筑的出现，将楼宇设备自控系统、通信网络系统、办公自动化系统都融合到综合布线系统，各系统之间实现无缝的有机结合，把现有分离的设备、功能、信息等综合集成到一个互联、统一、协调的系统之中，从而提供一个投资合理、高效、舒适、便利的环境。未来的智能建筑发展将体现在以下几方面。

1）智能化的建筑材料。

2）智能化的建筑结构。

3）智能小区、智能城市。

4）建筑智能化与绿色生态建筑的结合。

本章小结

智能建筑的使用功能和技术性能与传统建筑相比有巨大的优势，从而使这种综合性的高科技建筑物成为现代化城市的一个重要标志。

本章主要介绍了智能建筑的产生背景、定义、特点，以及智能建筑系统的组成和功能，并阐述了智能建筑通信自动化系统的内容和趋势。最后简要介绍了智能建筑的发展情况。

习题

1-1 阐述智能建筑的含义。

1-2 智能建筑的主要组成部分是什么？其主要功能有哪些？

1-3 智能建筑有什么特点？

1-4 在智能建筑中通信网络自动化系统的内容是什么？

1-5 智能建筑中通信网络自动化系统的发展前景如何？

第2章　计算机网络基础

2.1　计算机网络概述

计算机网络也称计算机通信网，是指将地理位置不同的、具有独立功能的多台计算机及其外部设备，通过通信线路连接起来，在网络操作系统、网络管理软件及网络通信协议的管理和协调下，实现资源共享和信息传递的计算机系统。

对于计算机网络的定义，还存在着一些不同的理解，主要有以下四种观点：

1）从逻辑功能看，计算机网络是以传输信息为基础目的，用通信线路将多个计算机连接起来的计算机系统的集合，一个计算机网络组成包括传输介质和通信设备。

2）从用户角度看，计算机网络是一个能为用户自动管理的网络操作系统。由它调用完成用户所调用的资源，而整个网络像一个大的计算机系统一样，对用户是透明的。

3）从连接角度看，计算机网络就是通过线路互连起来的、资质的计算机集合，确切地说就是将分布在不同地理位置上的具有独立工作能力的计算机、终端及其附属设备用通信设备和通信线路连接起来，并配置网络软件，以实现计算机资源共享的系统。

4）从需求的角度看，计算机网络是由大量独立的、但相互连接起来的计算机来共同完成计算机任务的系统。

从整体上来说计算机网络就是把分布在不同地理区域的计算机与专门的外部设备用通信线路互联成一个规模大、功能强的系统，从而使众多的计算机可以方便地互相传递信息，共享硬件、软件、数据信息等资源。简单来说，计算机网络就是由通信线路互相连接的许多自主工作的计算机构成的集合体。

计算机网络的发展经历了以下四个阶段：

第一代计算机网络——远程终端联机阶段。20世纪60年代初，多重线路控制器（Multilane Controller，又称为“面向终端的计算机网”）诞生，它采用由一台中心计算机来为所有用户服务的模式。

第二代计算机网络——计算机网络阶段。1969年美国国防部高级研究计划署（Advanced Research Project Agency，ARPA）实验成功了第一个分组交换网：ARPANET。20世纪70年代末，ARPA开始了一个称为Internet的研究计划，其研究结果就是TCP/IP，并于1983年成为了ARPANET的标准协议。因此1983年被称为因特网的诞生时间。

第三代计算机网络——互联网阶段。1974年，斯坦福大学的两位研究员——瑟夫和康恩发表了互联网络的四项基本原则。

1）小型化、自治。

2）尽力而为的服务。

3）无状态路由器。

4）分散化的控制结构。

1989 年，蒂姆·本尼斯李在欧洲粒子物理实验室主持研制出万维网（WWW）的原型，并架构起全球信息网的三大基本技术——http、html、URL，并将全部技术公之于众，无偿使用。

第四代计算机网络——国际互联网与信息高速公路阶段。20 世纪 90 年代至今，高速网络技术改变了人们对网络的使用习惯，其特点是互联、高速和智能。

2.2 计算机通信网络基本知识

2.2.1 计算机网络的组成

1. 计算机网络的物理组成

计算机网络的物理组成包括硬件、软件和协议三个部分。

（1）硬件

1）主计算机，在一般的局域网中，主机通常被称为服务器，是为客户提供各种服务的计算机，因此对其有一定的技术指标要求，特别是主、辅存储容量及其处理速度要求较高。根据服务器在网络中所提供的服务不同，可将其划分为文件服务器、打印服务器、通信服务器、域名服务器、数据库服务器等。

2）前端处理机（FEP）或通信处理机或通信控制处理机（CCP），负责发送、接收数据，最简单的 CCP 是网卡。

3）路由器、交换机等连接设备，交换机将计算机连接成网络，路由器将网络互联从而组成更大的网络。

4）通信线路，包括有线线路和无线线路。

（2）软件

计算机软件包括应用软件和系统软件。

（3）协议

协议由语法、语义和时序三部分构成。其中语法部分规定传输数据的格式，语义部分规定所要完成的功能，时序部分规定执行各种操作的条件、顺序关系等。目前，典型的网络协议软件有 TCP/IP、IPX/SPX 协议、IEEE 802 标准协议系列等。其中，TCP/IP 是当前计算机网络互联应用最为广泛的网络协议软件。

2. 计算机网络功能组成

计算机网络按照逻辑功能分为资源子网和通信子网两部分。用户资源子网由终端、软件、数据库组成，是所有端节点，包括所有的设备，以及连接这些节点的链路的结合体。通信子网由处理机和链路组成，用于实现传输、转接、加工、变换等功能，如图 2-1 所示。

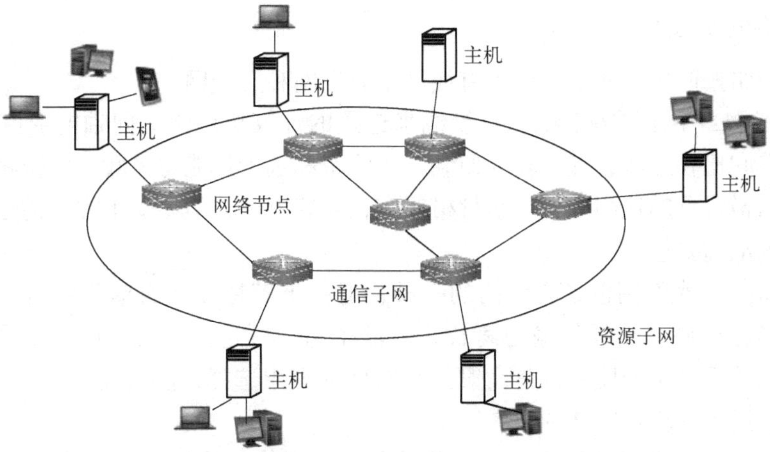

图 2-1　资源子网和通信子网

2.2.2　计算机网络的分类

1. 按照网络的地理覆盖范围分类

计算机网络按照网络覆盖的地理范围可分为局域网、城域网和广域网。

（1）局域网（Local Area Network，LAN）

一般限定在较小的区域内，范围在几十米到十公里，如图 2-2 所示。

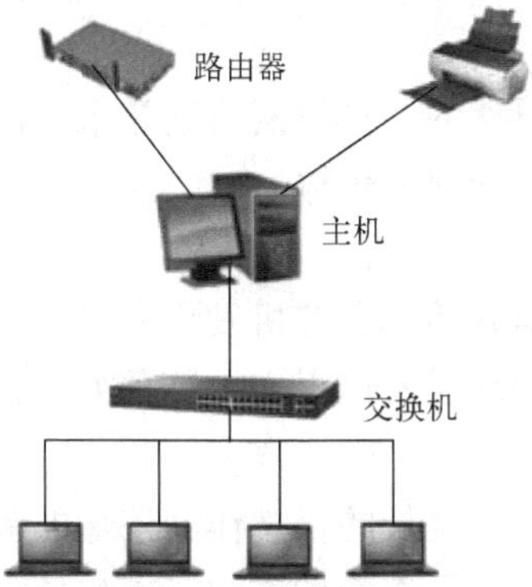

图 2-2　局域网

（2）城域网（Metropolitan Area Network，MAN）

规模局限在一座城市的区域内，范围在十几公里到一百公里。一般采用广域网技术，可以看成是一个小型的广域网。

（3）广域网（Wide Area Network，WAN）

覆盖范围从几百公里到几千公里，网络跨越国界、洲界，甚至达到全球范围，形成国际性的远程网络。例如我国的公共数字数据网（CHINA DDN）、电话交换网（PSDN）等。

2. 按照传输介质分类

计算机网络按照传输介质可分为有线网、光纤网和无线网。

（1）有线网：采用同轴电缆和双绞线来连接的计算机网络。同轴电缆网是常见的一种连网方式。它比较经济，安装较为便利，传输率和抗干扰能力一般，传输距离较短。双绞线网是目前最常见的连网方式。它价格便宜，安装方便，但易受干扰，传输率较低，传输距离比同轴电缆要短。

（2）光纤网：光纤网也是有线网的一种，但由于其特殊性而单独列出，光纤网采用光导纤维作传输介质。光纤传输距离长，传输率高，可达数千兆 bit/s，抗干扰能力强，不会受到电子监听设备的监听，是高安全性网络的理想选择，随着宽带中国计划的实施，正逐步广泛应用于计算机网络中。

（3）无线网：用电磁波作为载体来传输数据，无线网络既包括允许用户建立远距离无线连接的全球语音和数据网络，也包括为近距离无线连接进行优化的红外线技术及射频技术，联网方式灵活方便，随着无线网联网费用的降低，已成为一种快速发展的联网方式。

3. 按拓扑结构分类

计算机网络按照拓扑结构可以分为总线型网络、星形网络、环形网络、树形网络、网格型网络等基本形式。

4. 按交换方式分类

计算机网络按照交换方式可以分为电路交换、报文交换和分组交换。

（1）电路交换

最早出现在电话系统中，早期的计算机网络就是采用此方式来传输数据的，数字信号经过变换成为模拟信号后才能在线路上传输。

（2）报文交换

是一种数字化网络。当通信开始时，源机发出的一个报文被存储在交换器里，交换器根据报文的目的地址选择合适的路径发送报文，这种方式称作存储-转发方式。

（3）分组交换

采用报文传输，但它不是以不定长的报文作为传输的基本单位，而是将一个长的报文划分为许多定长的报文分组，以分组作为传输的基本单位。这种方式灵活性高且传输效率高。这不仅大大简化了对计算机存储器的管理，而且也加速了信息在网络中的传播速度。由于分组交换优于线路交换和报文交换，因此它已成为计算机网络的主流。

2.2.3 计算机网络的主要功能

计算机网络的功能可以归纳为数据通信、资源共享、分布处理、集中管理和均衡负载等方面。这些功能本身也是相辅相成的，下面将分别介绍。

1. 数据通信

数据通信即实现计算机与终端、计算机与计算机之间的数据传输，是计算机网络的最基本的功能。计算机网络主要提供传真、电子邮件、电子数据交换（EDI）、电子公告牌（BBS）、远程登录和浏览等数据通信服务。

2. 资源共享

实现计算机网络的主要目的是资源共享。在计算机网络中可共享的资源有以下几个方面。

（1）硬件资源：包括各种类型的计算机、大容量存储设备、计算机外部设备，如打印机、绘图仪等。

（2）软件资源：包括各种应用软件、工具软件、系统开发所用的支撑软件、语言处理程序、数据库管理系统等。

（3）数据资源：包括数据库文件、数据库、办公资料等。

（4）信道资源：通信信道可以理解为电信号的传输介质。通信信道的共享是计算机网络中最重要的共享资源之一。

3. 分布处理

通过算法将大型的综合性问题交给不同的计算机同时进行处理。用户可以根据需要合理选择网络资源，就近快速地进行处理。这样，不仅可以降低软件设计的复杂性，而且还可以大大提高工作效率和降低成本。

4. 集中管理

计算机网络技术的发展和应用，促使现代化办公、经营管理等发生了很大的变化。目前，已经有了如数据库情报检索系统、交通运输部门的订票系统、军事指挥系统等。通过这些系统可以实现工作的集中管理，从而提高工作效率，增加经济效益。

5. 均衡负荷

计算机网络中的每台计算机都可通过网络相互成为后备机。一旦某台计算机出现故障，它的任务就可由其他计算机代为完成，这样可以避免在单机情况下，一台计算机发生故障引起整个系统瘫痪的现象，从而提高系统的可靠性。而当网络中的某台计算机负担过重时，网络又可以将新的任务交给较空闲的计算机完成，从而提高了每台计算机的可用性。

2.2.4　计算机网络体系结构与协议

1. 计算机网络体系结构

计算机网络由多个互联的节点组成，节点之间要不断地交换数据和控制信息。要做到有条不紊地交换数据，每个节点就必须遵守一整套合理而严谨的结构化管理体系。计算机网络就是按照高度结构化设计方法采用功能分层原理来实现的，即计算机网络体系结构的内容。通常所说的计算机网络体系结构，是指在世界范围内统一协议，制定软件标准和硬件标准，并将计算机网络及其部件所应完成的功能精确定义，从而使不同的计算机能够在相同功能中进行信息对接。

20 世纪 70 年代中期，网络进入了一个新的阶段，国际许多大公司陆续发表了自己的网络体系结构，从而促进了 70 年代后期计算机网络的飞速发展，但是这些网络体系结构都是各大公司根据自己的计算机网络而研发的，不能很好地解决网络之间的互联和异种机入网的问题。为此，国际标准化组织（International Organization for Standardization，ISO）于 1977 年成立了计算机网络标准化分会（ISO/TC97/SC16），并于 1983 年提出了开放系统互联参考模型，即著名的 ISO 7498 国际标准（我国相应的国家标准为 GB/T 9387），记作 OSI/RM。

开放式系统互联（Open System Interconnect，OSI）的目的是使世界范围内的应用系统能够开放式地进行信息交换。OSI 模型确定了网络互联的七个标准层：物理层、数据链路层、网络层、传输层、会话层、表示层和应用层，即 ISO 开放系统互联参考模型，如图 2-3所示。在这一模型中进一步详细规定了每一层的功能，以实现开放系统环境中的互联性、互操作性和应用的可移植性。

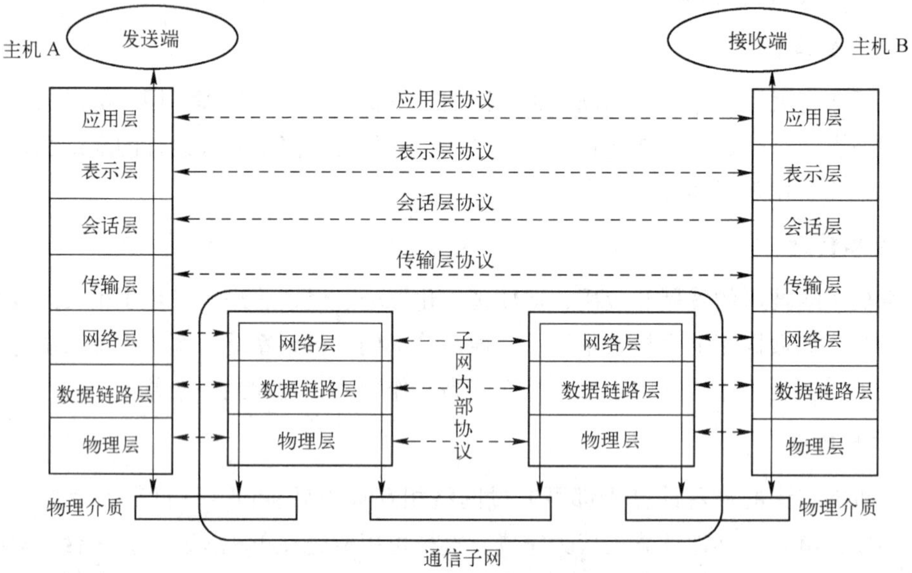

图 2-3 OSI 参考模型示意图

OSI 参考模型中各层的功能如下。

（1）物理层

OSI 的第一层，它虽然处于最底层，却是整个开放系统的基础。物理层为设备之间的数据通信提供传输媒体及互联设备，为数据传输提供可靠的环境。物理层提供对建立、保持和断开物理连接的机械的、电气的、功能的和过程的管理，以保证比特（bit，位）的传送。物理层的媒体包括架空明线、平衡电缆、光纤、无线信道等。

（2）数据链路层

OSI 的第二层，数据链路的建立、拆除，以及对数据的检错、纠错是数据链路层的基本任务，从而保证比特序列组成的数据流准确无误地传送给对方的系统。常用设备有网卡、网桥、交换机。

（3）网络层

OSI 的第三层，本层通过进行逻辑地址寻址来建立两个节点之间的连接，为发送端的运输层送来的数据帧分组，选择合适的路由和交换节点，正确无误地按照地址传送给接收端的运输层。它包括通过互联网络来路由和中继数据；除了选择路由之外，网络层还负责建立和维护连接，控制网络上的拥塞以及在必要的时候生成计费信息。

（4）传输层

OSI 的第四层，提供端与端之间可靠的、透明的数据传输。在建立连接时传输层可以请求服务质量，该服务质量指定可接受的误码率、延迟量、安全性等参数，还可以实现基于端到端的流量控制功能。

（5）会话层

OSI 的第五层，在进程间通信时，建立通信进程的逻辑名字和物理名字之间的联系，提供进程之间建立、管理和终止会话的方法，处理同步与恢复问题。

（6）表示层

OSI 的第六层，用于处理两个通信系统中交换信息的表示方式。为上层用户解决用户信息的语法问题。它包括数据格式交换、数据加密与解密、数据压缩与终端类型的转换。

（7）应用层

OSI 的第七层，为特定类型的网络应用提供了访问 OSI 环境的手段。应用层确定进程之间通信的性质，以满足用户的需要。应用层不仅要提供应用进程所需要的信息交换和远程操作，而且还要作为应用进程的用户代理，来完成一些进行信息交换所必需的功能。

2. 计算机网络协议

网络协议是网络上所有设备（网络服务器、计算机及交换机、路由器、防火墙等）之间通信规则的集合，它规定了通信时信息必须采用的格式和这些格式的意义。组成协议的三个要素分别是：语法、语义和时序。

1）语义是解释控制信息每个部分的意义。它规定了需要发出何种控制信息，以及完成的动作与做出什么样的响应。

2）语法是用户数据与控制信息的结构与格式，以及数据出现的顺序。

3）时序是对事件发生顺序的详细说明。

人们形象地把这三个要素描述为：语义表示要做什么，语法表示要怎么做，时序表示做的顺序。

常见的协议有：TCP/IP、IPX/SPX 协议、NetBEUI 协议等。

（1）TCP/IP（Transmission Control Protocol/Internet Protocol，传输控制协议/网际协议）。TCP/IP 是开放系统互联协议中最早的协议之一，具有标准化、可路由和应用广的优点。TCP/IP 是一个协议簇，包含协议和标准的网络应用两部分，TCP 和 IP 是协议簇中的两个核心协议。TCP 在运输层提供了面向连接的可靠字节流投递服务，IP 在网络层提供了非常可靠的无连接的分组投递系统，TCP/IP 具有支持不同操作系统的计算机网络的互联、支持多种传输介质和网络拓扑结构等特点。TCP/IP 体系结构比 OSI 模型更简便、更流行，是一个被广泛采用的互联协议标准，它与 OSI 的对应关系如表 2-1 所示。

表 2-1 OSI 与 TCP/IP 对比关系表

OSI 参考模式		TCP/IP 参考模式	
7	应用层	4	应用层
6	表示层		
5	会话层		
4	传输层	3	传输层
3	网络层	2	互联层
2	数据链路层	1	网络接口层
1	物理层		

（2）IPX/SPX（Internet Work Packet Exchange/Sequences Packet Exchange，互联网络分组交换协议/顺序分组交换）协议。IPX 具有低开销、高性能的特点，提供分组寻址和路由选择功能，它支持所有的局域网拓扑结构，并保证互连网内信息传输的透明性和一致性。但它不能保证信息可靠到达。SPX 面向连接通信方式，提供保证可靠传递的接口，负责对整个传输数据进行无差错处理，以使顺序分组信息流可靠地交换。所以 SPX 具有一致性和顺序分组传递的特点。IPX/SPX 协议由 Novell 公司开发，是专用于 NetWare 网络的协议，其目的是很好地和 Windows 网络互联。

（3）NetBEUI（NetBIOS Extend User Interface，用户扩展接口）协议 。NetBEUI 是较早开发的一种使用简单、效率高、速度快、占用系统资源少的通信协议。主要应用在早期的微软操作系统里，目前在 Windows 2000 和 Windows XP 中仍然作为默认的协议。由于 NetBEUI 专门为小型局域网络设计，所以它不具有路由功能。如果将 NetBEUI 设为默认协议，通过局域网传输数据将会省时省力。若用 Windows 操作系统组网，除 TCP/IP 外，NetBEUI 协议仍然可以使用。

2.3 局域网

美国电气和电子工程师协会（IEEE）于 1980 年 2 月成立了局域网标准化委员会（简称 IEEE 802 委员会），专门对局域网的标准进行研究，并提出了 LAN（Local Area Network，局域网）的定义。LAN 是允许中等地域内的众多独立设备通过中等速率的物理信道直接互联通信的数据通信系统。

局域网是在一个局部的地理范围内（如一个学校、工厂和机关内），一般是方圆几千米以内，将各种计算机、外部设备和数据库等互相联接起来组成的计算机通信网。它可以通过数据通信网或专用数据电路，与远方的局域网、数据库或处理中心相连接，构成一个较大范围的信息处理系统。局域网严格意义上是封闭型的。局域网可以实现文件管理、应用软件共享、打印机共享、扫描仪共享、工作组内的日程安排、电子邮件和传真通信服务等功能。

局域网是计算机网络发展的一个独立分支，起源于 20 世纪 60 年代末，成熟于 20 世纪 80 年代，广泛应用于 20 世纪 90 年代至今。局域网的典型代表有以下几种。

1）1975 年美国 Xerox 公司的 Ethernet。

2）1975 年英国剑桥大学的 Cambridge Ring。

3）Novell 公司的 NetWare。

4）3Com 公司的 3Com Ether 和 3Plus。

5）IBM 公司的令牌环网。

6）Microsoft 公司的 Windows NT 网。

2.3.1　局域网的特点

1）覆盖范围小。覆盖范围为几十米到十千米。

2）数据传输速率高。局域网络通信传输率为每秒百万分比特（Mbit/s），从 5 Mbit/s、10 Mbit/s 到 100 Mbit/s。随着局域网技术的进一步发展，目前正在向着更高的速度发展（例如 155 Mbit/s、655 Mbit/s 的 ATM 及 1000 Mbit/s 的千兆以太网等）。

3）通信质量较好，传输误码率低。位错率通常在 $10^{-7} \sim 10^{-12}$。

4）支持多种通信传输介质。例如电缆、光纤及无线传输等。

5）建网成本低、周期短。由于网络区域有限，所用通信线路短，网络设备相对较少，从而降低了网络成本，缩短了建网周期。

6）协议简单，结构灵活，便于管理和扩充。

2.3.2　局域网的拓扑结构

局域网通常是分布在一个有限地理范围内的网络系统，一般所涉及的地理范围只有几千米。局域网专用性非常强，具有比较稳定和规范的拓扑结构。常见的几种局域网拓扑结构如下。

（1）总线型网络

用单总线把各个计算机连接起来。如图 2-4 所示。总线型网络的优点是安装简单方便，需要铺设的电缆最短，成本低，某个站点的故障一般不会影响整个网络；缺点是介质的故障会导致网络瘫痪，安全性低，监控比较困难。

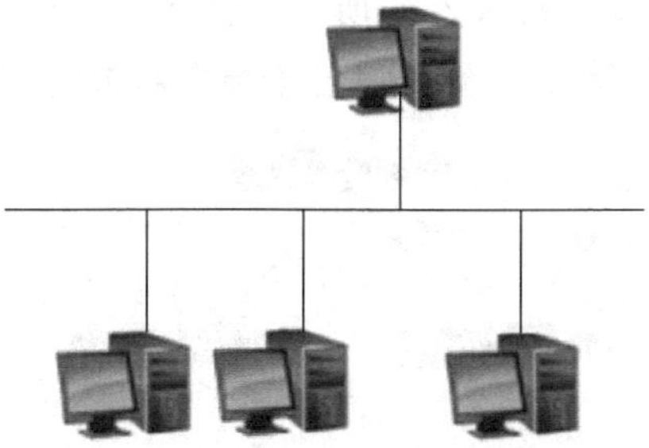

图 2-4　总线型网络

（2）星形网络

每个终端或计算机都以单独的（专用）的线路与中央设备相连。如图 2-5 所示。中央设备一般是交换机或路由器。星形结构的优点是建网容易、节点扩展和移动容易、便于管理、网络传输数据快、重新配置灵活、故障隔离和检测容易；缺点是成本高，依赖中心节点。

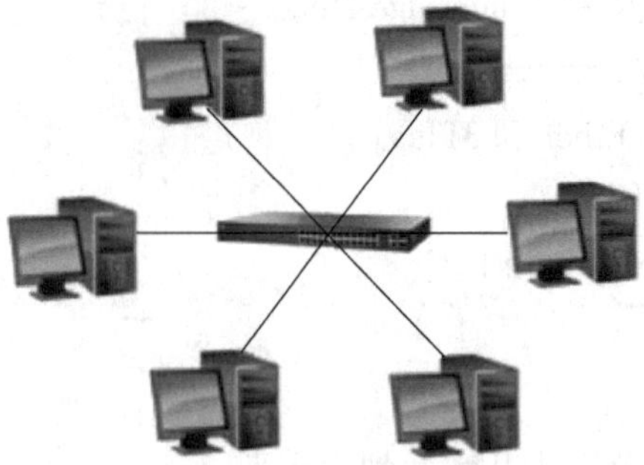

图 2-5 星形网络

（3）环形网络

各站点通过通信介质连成一个封闭的环形，可以是单环，也可以是双环。如图 2-6 所示。环中的信号是单向传输的。环形网络的优点是容易建网、成本低、传输速度较快；缺点是维护困难，扩展性能差。

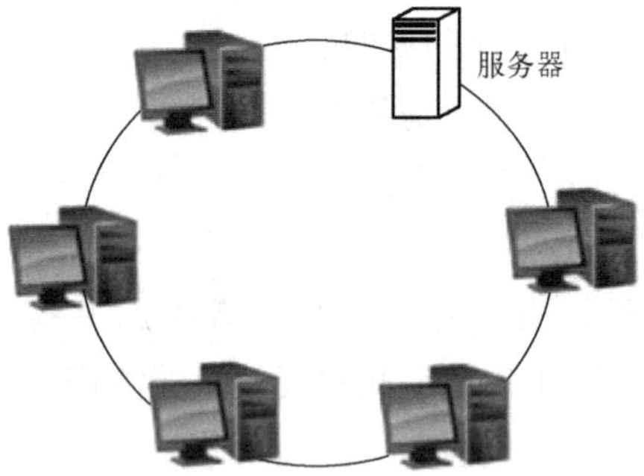

图 2-6 环形网络

（4）树形网络

树形网络也叫多星级网络。树形网络是由多个层次的星形结构纵向连接而成，树的每个节点都是计算机或转接设备。如图 2-7 所示。树形网络的优点是网络总长度短、成本低、易于扩展、故障隔离较容易；其缺点是各个节点对根的依赖性太大。

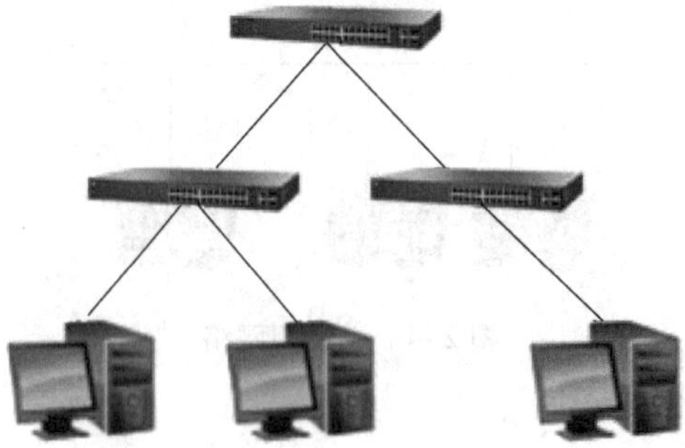

图 2-7 树形网络

（5）混合型网络

由星形和总线型网络结合在一起的网络结构，这样的拓扑结构更能满足较大网络的拓展，解决星形网络在传输距离上的局限，而同时又解决了总线型网络在连接用户数量的限制。这种网络拓扑结构同时兼顾了星形网络与总线型网络的优点，在缺点方面得到了一定的弥补。

2.3.3 局域网的标准化

现国际上有两个组织在积极地从事局域网的标准化工作。一个是国际标准化组织（ISO），它在这方面的工作主要是确保 OSI 参考模型同样能适应局域网的不同要求。另一个为美国电气电子学会工程师协会下属的 IEEE 802 标准化委员会，它制定了一套较完整的局域网的标准，且 ISO 业已同意审议这些标准，并采纳为国际标准。

IEEE 802 又称为 LMSC（LAN /MAN Standards Committee，局域网/城域网标准委员会），致力于研究局域网和城域网的物理层和 MAC 层中定义的服务和协议，对应 OSI 网络参考模型的最低两层（即物理层和数据链路层），IEEE 802 各个协议模型如图 2-8 所示。以下列举部分 IEEE 802 标准。

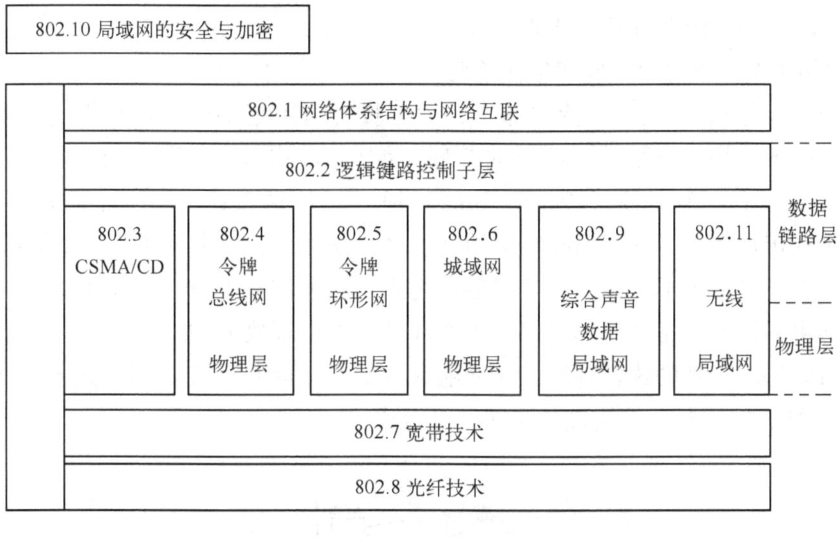

图 2-8　IEEE 802 各协议模型

IEEE 802.1：综述和体系结构、寻址、网络互联和网络。

IEEE 802.2：逻辑链路控制子层。

IEEE 802.3：采用以太网介质访问控制协议 CSMA/CD 访问方式和物理层规范的总线结构标准。

IEEE 802.4：采用令牌传递总线访问方式和物理层规范。

IEEE 802.5：采用令牌环路访问方式和物理层规范。

IEEE 802.6：城域网规范。

IEEE 802.7：宽带技术咨询组，提供有关宽带联网的技术咨询。

IEEE 802.8：光纤技术咨询组，提供有关光纤联网的技术咨询。

IEEE 802.9：综合声音数据的局域网介质访问控制协议及物理层技术规范。

IEEE 802.10：网络安全技术咨询组，定义了网络互操作的认证和加密方法。

IEEE 802.11：无线局域网（WLAN）的介质访问控制协议及物理层技术规范。

2.3.4 高速局域网技术

随着个人计算机处理能力的增强和计算机网络应用的普及，用户对计算机网络的需求日益增加，现在常规局域网已经远远不能满足要求。于是高速局域网（High Speed Local Network）便应运而生。高速局域网的传输速率大于等于 100 Mbit/s，常见的高速局域网有 FDDI 光纤环网、100BASE - T 高速以太网、千兆位以太网、10 Gbit/s 以太网等。

1. FDDI 光纤环网

FDDI（Fiber Distributed Data Interface，光纤分布数据接口）是计算机网络技术发展到高速通信阶段出现的第一个高速网络技术。FDDI 的 IEEE 协议标准为 IEEE 802.8。FDDI 以光纤为传输介质，传输速率可达 100 Mbit/s，采用单环和双环两种拓扑结构。每一个 FDDI 环可以连接 500 台节点，节点间的距离可达 2 km，从而 FDDI 的单环网络范围可达 100 km，若以双环结构来看则可达 200 km。

（1）FDDI 光纤环网的组成和拓扑结构

FDDI 光纤环网的特点是高传输速率、大容量、覆盖范围广、可靠性高、安全性好。为了提高环路的可靠性而采用了“反向双环”结构，如图 2-9 所示。在两个环中数据传输方向相反，其中一个主环（Primary Ring）逆时针传送数据，另一个副环（Secondary Ring）顺时针传送数据。双环拓扑结构的优点之一是冗余，一个环用于信息传送，另一环用于备份。在正常情况下，由主环负责节点之间的数据传输工作，而副环是为了提高网络容错能力和可靠性而准备的备用网络，若主环某一点出现故障或断线，则会立即启动备用的副环，自动形成一新的逻辑环路，从而能有效隔离故障点，使数据传送不受影响。FDDI 网由工作站、集线器、传输设备和网卡等组成。

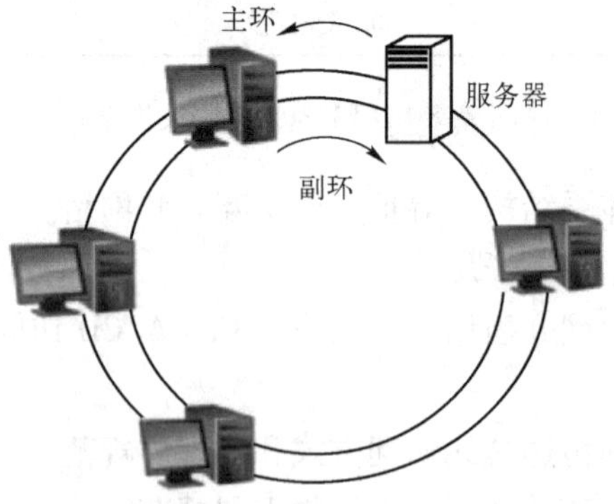

图 2-9 反向双环结构

（2）FDDI 光纤环网的工作原理

FDDI 在 MAC 子层采用与 IEEE 802.5 类似的令牌传送方式作为介质访问制方法，FDDI 采用令牌传递的方法，实现对介质的访问控制。这一点与令牌环类似。不同的是，在令牌环中，数据帧在环路上绕行一周回到发送节点后，发送节点才释放令牌，在此期间，环路上的其他节点无法获得令牌，不能发送数据。所以，在令牌环网中，环路上只有一个数据帧在流动。在 FDDI 中，在令牌释放上采用了早期令牌释放 ETR 技术，发送数据的结点在截获令牌后，可以发送一个或多个数据帧；当数据发送完毕，或规定时间用完，则立即释放令牌，而不管发出的数据帧是否绕行一周回到发送节点。这样，在数据帧还没有回到发送它的节点且被清除之前，其他节点有可能截获令牌，并且发送数据帧。所以，在 FDDI 的环路中可能同时有多个节点发出的数据帧在流动。这样就提高了信道的利用率，增加了网络系统的吞吐量。

2. 100BASE－T 以太网

以太网（Ethernet）指的是由 Xerox 公司创建并由 Xerox、Intel 和 DEC 公司联合开发的基带局域网规范，是当今现有局域网采用的最通用的通信协议标准。以太网使用总线型拓扑结构和 CSMA/CD 技术。以太网发送的数据是按一定格式进行的。以太网的帧是由 8 个字段组成，每一段符合这种格式的数据段称为帧。图 2-10 给出了 IEEE 802.3MAC 帧结构中各字段的定义，各字段的功能如下。

前导码	帧首定界符	目的地址	源地址	类型	LLC 数据	填充字段	帧校验

图 2-10 IEEE 802.3MAC 帧结构

- 前导同步码：占 7 字节，用于接收方的接收时钟与发送方的发送时钟同步，以便数据的接收。
- 帧起始定界符（SFD）：占 1 字节，为 10101011，标志帧的开始。
- 目的地址：占 6 字节，是此帧发往的目的节点地址。它可以是一个唯一的物理地址，也可以是多组或全组地址，用以进行点对点通信、组广播或全局广播。
- 源地址：占 6 字节，是发送帧的源结点地址。
- 长度/类型：占 2 字节，该字段在 IEEE 802.3 和以太网中的定义是不同的，在 IEEE802.3 中该字段是长度指示符，用来指示紧随其后的 LLC 数据字段的长度，单位为字节数。在以太网中该字段为类型字段，规定了在以太网处理完成后接收数据的高层协议。
- LLC 数据：指明帧要携带的用户数据，该数据由 LLC 子层提供或接收。
- 填充字段：长度可从 0～1518 字节，但必须保证帧不得小于 64 字节，否则就要填入填充字节。
- 帧校验：占 4 字节，采用 CRC 码，用于校验帧传输中的差错。

100BASE—T 是一种以 100 Mbit/s 速率工作的局域网（LAN）标准，它通常被称为快速以太网标准，并使用 UTP（非屏蔽双绞线）铜质电缆。传输速率是 100 Mbit/s，发送时间从 100 ns 降到 10 ns。但是它保留了传统 10 Mbit/s 以太网的基本特征，采用相同的帧结构、介质访问控制方法与组网方法。其协议标准为 IEEE 802.3u。图 2–11 所示为 IEEE 802.3U 协议的体系结构。高速以太网的特点是性能价格比高、后续升级容易、移植方便、易于扩展。

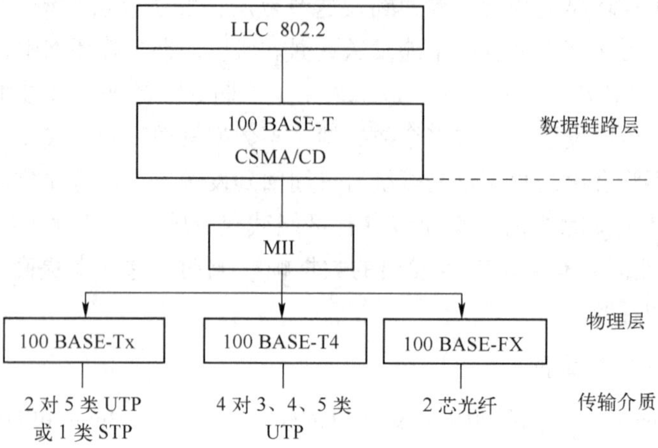

图 2–11　IEEE 802.3U 协议的体系结构

（1）100BASE – T 以太网的组成及拓扑结构

快速以太网和一般以太网的组成相同，即是由工作站、网卡、集线器、中继器、传输介质以及服务器等组成。100BASE – T 快速以太网基本保持了 10BASE – T 以太网的网络拓扑结构，即所有的站点都以星形方式连接到集线器上，在一个网络中最多允许有 2 个中继器。

（2）100BASE – T 以太网的工作原理

100 BASE – T 是以星形拓扑结构实现的，使用 ISO11801 标准。这个标准规定，从集线器到网卡的最大距离为 100 m。实际上，100BASE – T 网络的范围是没有限制的，可以利用交换式集线器和可以叠加共享式集线器来构建所需范围的网络。每一组集结在一起的共享式集线器可用来连接一定数量的站点，而交换式集线器在使用时几乎没有限制，因为它重新生成每一个信号。

3. 千兆以太网

千兆位以太网标准是对以太网技术的再次扩展，其数据传输速率为 1000 Mbit/s 即 1 Gbit/s，因此也称吉比特以太网。千兆位以太网基本保留了原有以太网的帧结构，所以向下和以太网与快速以太网完全兼容。千兆位以太网标准实际上包括支持光纤传输的 IEEE 802.3Z 和支持铜缆传输的 IEEE 802.3ab 两大部分。图 2–12 给出了千兆以太网的协议结构。IEEE 802.3Z 标准在 LLC 子层使用 IEEE 802.2 标准，在 AMC 子层使用 CSMA/CD 方法。在物理层定义了千兆介质专用接口（Gigabit Media Independent Interface，GMII），它将 MAC 子层与物理层分开。这样，物理层在实现 1000 Mbit/s 速率时所使用的传输介质和信号编码方式的变化不会影响 MAC 子层。

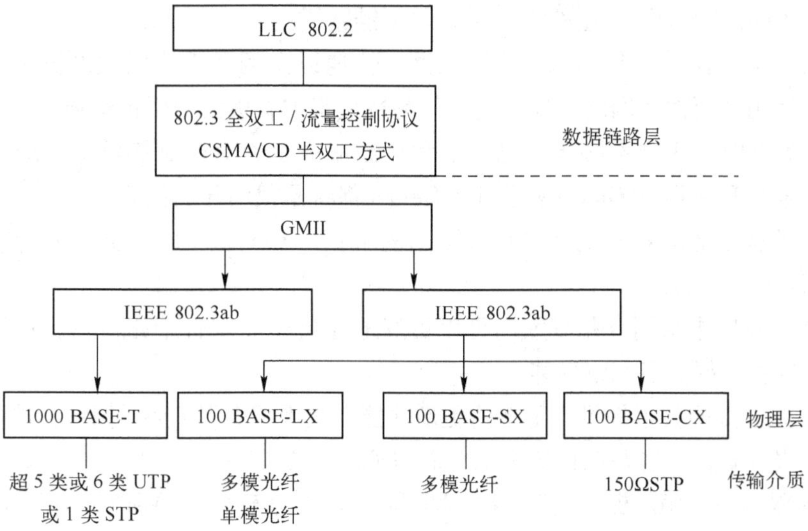

图 2-12 千兆以太网的协议体系结构

千兆以太网有下列 5 个特点：

(1) 简易性。千兆以太网继承了以太网和快速以太网的简易性，因此其技术原理、安装实施和管理维护都很简单。

(2) 扩展性。由于千兆以太网采用以太网、快速以太网的基本技术，因此由 10Base－T、100BASE－TX 升级到千兆以太网非常容易。

(3) 可靠性。由于千兆以太网保持了以太网、快速以太网的安装维护方法，采用星形网络结构，因此网络具有很高的可靠性。

(4) 经济性。由于千兆以太网是 10Base－T 和 100BASE－T 的继承和发展，一方面降低了研究成本，另一方面由于 10Base－T 和 100BASE－TX 的广泛应用，作为其升级产品，千兆以太网的大量应用只是时间上的问题，为了争夺千兆以太网这个巨大市场，几乎所有著名网络公司都生产千兆以太网产品，因此其价格将会下降。千兆以太网与 ATM 等宽带网络技术相比，其价格优势非常明显。

(5) 广泛应用性。千兆以太网为局域主干网和城域主干网（借助单模光纤和光收发器）提供了一种高性能价格比的宽带传输交换平台，使得许多宽带应用能施展其魅力。例如，可以在千兆以太网上开展视频点播业务和虚拟电子商务等。

4. 万兆以太网

2002 年获批了万兆以太网，即 10G 以太网，发布了 802.3ae10GE 标准。常见的有 10GBASE－x 和 10GBASE －T。2006 年 7 月发布了 IEEE 802.3an 标准。2010 年发布了 100 Gbit/s以太网。万兆以太网不仅再度扩展了以太网的带宽和传输距离，更重要的是使得以太网从局域网领域向城域网领域渗透。

万兆以太网有下列 6 个特点。

(1) 在物理层面上。万兆以太网是一种采用全双工与光纤的技术，其物理层（PHY）和 OSI 模型的第一层（物理层）一致，它负责建立传输介质（光纤或铜线）和 MAC 层的连接，MAC层相当于OSI模型的第二层（数据链路层）。

（2）万兆以太网技术基本承袭了以太网、快速以太网及千兆以太网技术，因此在用户普及率、使用方便性、网络互操作性及简易性上皆占有极大的引进优势。在升级到万兆以太网解决方案时，用户不必担心已有的程序或服务是否会受到影响，升级的风险非常低，同时在未来升级到40 Gbit/s甚至100 Gbit/s都将是很明显的优势。

（3）万兆标准意味着以太网将具有更高的带宽（10 Gbit/s）和更远的传输距离（最长传输距离可达40 km）。

（4）在企业网中采用万兆以太网可以更好地连接企业网骨干路由器，这样大大简化了网络拓扑结构，提高了网络性能。

（5）万兆以太网技术提供了更多的更新功能，大大提升了QoS。因此，能更好地满足网络安全、服务质量、链路保护等多个方面需求。

（6）随着网络应用的深入，WAN/MAN与LAN融合已经大势所趋，各自的应用领域也将获得新的突破，而万兆以太网技术让工业界找到了一条能够同时提高以太网的速度、可操作距离和连通性的途径，万兆以太网技术的应用必将为三网发展与融合提供新的动力。

2.4 广域网

广域网（Wide Area Network，WAN）也称远程网（Long Haul Network），通常跨接很大的物理范围，所覆盖的范围从几百公里到几千公里，它能连接多个城市或国家，或横跨几个洲，能提供远距离通信，形成国际性的远程网络。

广域网是由许多交换机组成的，交换机之间采用点到点线路连接，几乎所有的点到点通信方式都可以用来建立广域网，包括租用线路、光纤、微波和卫星信道。而广域网交换机实际上就是一台计算机，由处理器和输入/输出设备进行数据包的收发处理。广域网常用的设备主要有路由器、交换机、调制解调器和通信服务器。

广域网与局域网的区别，如表2-2所示。

表2-2 广域网与局域网区别一览表

属性	局域网（LAN）	广域网（WAN）
覆盖范围	10千米以内	几百到几千千米
协议标准	IEEE 802.3	PPP、HDLC、X.25等
结构特征	物理层	网络层
典型设备	集线器	路由器
终端组成	计算机	计算机、局域网、城域网
网络特点	覆盖范围小、用户少，配置简单	主要提供面向通信的服务， 覆盖范围广、通信的距离远、技术复杂

2.4.1　广域网分类

广域网根据网络使用类型可以分为公共传输网络、专用传输网络和无线传输网络。

1. 公共传输网络

一般是由政府电信部门组建、管理和控制，网络内的传输和交换装置可以提供（或租用）给任何部门和单位使用。

公共传输网络大体可以分为两类：

（1）电路交换网络：主要包括公共交换电话网（PSTN）和综合业务数字网（ISDN）。

（2）分组交换网络：主要包括 X. 25 分组交换网、帧中继和交换式多兆位数据服务（SMDS）。

2. 专用传输网络

专用传输网络是由一个组织或团体自己建立、使用、控制和维护的私有通信网络。一个专用网络起码要拥有自己的通信和交换设备，它可以建立自己的线路服务，也可以向公用网络或其他专用网络进行租用。

专用传输网络主要是数字数据网（DDN）。DDN 可以在两个端点之间建立一条永久的、专用的数字通道。它的特点是在租用该专用线路期间，用户独占该线路的带宽。

3. 无线传输网络

无线传输网络主要是移动无线网，典型的有 GSM 和 GPRS 技术等。

2.4.2　广域网技术

常用的广域网技术包括公用电话交换网（PSTN）、分组交换网（X. 25）、数字数据网（DDN）、帧中继、交换式多兆位数据服务（SMDS）和异步传输模式（ATM），综合业务数据网（ISDN），非对称数字环路（ADSL）等技术。

广域网的连接分为两种方式：专线连接和交换连接。其中交换连接可分为电路交换连接、分组/信元交换连接。常见的广域网技术所采用的连接方式如图 2-13 所示。

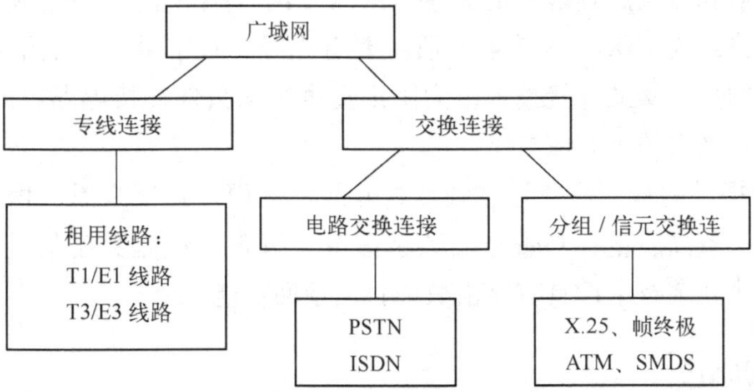

图 2-13　广域网连接方式

下面分别介绍几种常见广域网技术。

1. 公用电话交换网（PSTN）

公共电话交换网（Public Switched Telephone Network，PSTN）是以电路交换技术为基础的用于传输模拟话音的网络。PSTN 采用分级交换方式，由三个部分组成：本地回路、干线和交换机。其中干线和交换机一般采用数字传输和交换技术，而本地回路（也称用户环路）基本上采用模拟线路。

用户可以使用普通拨号电话线或租用一条电话专线进行数据传输，使用 PSTN 实现计算机之间的数据通信是最廉价的，但由于 PSTN 线路的传输质量较差，而且带宽有限，再加上 PSTN 交换机没有存储功能，因此 PSTN 只能用于对通信质量要求不高的场合。目前通过 PSTN 进行数据通信的最高速率不超过 56 Kbps。

2. 分组交换网（X. 25）

X. 25 是在 20 世纪 70 年代由国际电报电话咨询委员会 CCITT 制定的“在公用数据网上以分组方式工作的数据终端设备 DTE 和数据电路设备 DCE 之间的接口”。X. 25 于 1976 年 3 月正式成为国际标准。X. 25 对应于 OSI 参考模型底下三层，分别为物理层、数据链路层和网络层。

X. 25 的物理层用于定义主机与物理网络之间物理、电气、功能以及过程特性。X. 25 的数据链路层描述用户主机与分组交换机之间数据的可靠传输，包括帧格式定义、差错控制等。X. 25 的网络层描述主机与网络之间的相互作用，网络层协议处理诸如分组定义、寻址、流量控制以及拥塞控制等问题。

X. 25 网络的突出优点是可以在一条物理电路上同时开放多条虚电路供多个用户同时使用；网络具有动态路由功能和复杂完备的误码纠错功能。X. 25 分组交换网可以满足不同速率和不同型号的终端与计算机、计算机与计算机间以及局域网 X. 25 之间的数据通信。X . 25 网络提供的数据传输率一般为 64 kbit/s。

3. 数字数据网 DDN

数字数据网（Digital Data Network，DDN）是一种利用数字信道提供数据通信的传输网，它主要提供点到点及点到多点的数字专线或专网。DDN 由数字通道、DDN 结点、网管系统和用户环路组成。DDN 的传输介质主要有光纤、数字微波、卫星信道等。DDN 采用了计算机管理的数字交叉连接技术，为用户提供半永久性连接电路，即 DDN 提供的信道是非交换、用户独占的永久虚电路。

DDN 为用户提供的基本业务是点到点的专线。从用户角度来看，租用一条点到点的专线就是租用了一条高质量、高带宽的数字信道。DDN 专线是数字信道，其质量高、带宽宽，并且采用热冗余技术，具有路由故障自动迂回功能。

2.4.3 广域网协议

ISO/OSI 开放系统互连参考模型 7 层协议同样适用于广域网，但广域网只涉及低 三层：物理层、数据链路层和网络层，它将地理上相隔很远的局域网互联起来。广域网能提供路由器、交换机以及它们所支持的局域网之间的数据分组/帧交换。

1. 物理层协议

广域网的物理层协议描述了如何提供电气、机械、操作和功能的连接到通信服务提供商所提供的服务。广域网物理层描述了数据终端设备（DTE）和数据通信设备（TCE）之间的接口。连接到广域网的设备通常是一台路由器，它被认为是一台 DTE。而连接到另一端的设备为服务提供商提供接口，这就是一台 DCE。

WAN 的物理层描述了连接方式，WAN 的连接基本上属于专用或专线连接、电路交换连接、包交换连接等三种类型。它们之间的连接无论是包交换或专线还是电路交换，都使用同步或异步串行连接。

许多物理层标准定义了 DTE 和 DCE 之间接口的控制规则，如 EIA/TIA－232、EIA/TIA－449、EIA－530、EIA/TIA－612/613、V. 35、X. 21 等。

2. 数据链路层协议

在每个 WAN 连接上，数据在通过 WAN 链路前都被封装到帧中。为了确保验证协议被使用，必须配置恰当 的第二层封装类型。协议的选择主要取决于 WAN 的拓扑和通信设备。WAN 数据链路层定义 了传输到远程站点的数据的封装形式并描述了在单一数据路径上各系统间的帧传送方式。

3. 网络层协议

著名的广域网网络层协议有 CCITT 的 X. 25 协议和 TCP/IP 中的 IP 等。

2.5　综合业务数字网系统

通信技术飞速发展，各种通信设备不断出现，如数字电话、多功能终端（传真机等）、视频终端、数据终端等，为保证不同设备的接口和传输速率的要求，需要建立相应的电信网络。目前，为此而设置的网有：公用电话交换网、公用电报网、电路交换公共数据网和分组交换公共数据网等，这样势必造成每出现一种业务，就需要建立一个专业网，这显然是不行的。

在网络综合方面最早的尝试开始于 20 世纪 80 年代初期，首先提出了综合业务数字网（Integrated Service Digital Network，ISDN）的概念及技术。在 ITU 的建议中，ISDN 是一种在数字电话网（IDN，该网能够提供端到端的数字连接）的基础上发展起来的通信网络，ISDN 能够支持多种业务（包括电话业务以及非电话业务）。ISDN 的最重要特征是能够支持端到端的数字连接，并且可实现传统语音业务和分组数据业务的组合，使数据和语音能够在同一网络中传递。

2.5.1　ISDN 的定义

ISDN 是在综合数字网（Integrated Digital Network，IDN）的基础之上发展起来的一种能提供数据连接的电信网络形态，它把电话、电报、传真、数据、图像和计算机等不同源的电信业务合并在一个网内传送和处理，实现了交换局之间的数字化，同时实现用户二级双向数据传输，它是数字技术和电信业务互相结合的电信网络。

1. 从定义角度分析 ISDN 的特性

（1）ISDN 是一个全数字的网络，实现了端到端的数字连接。现代电话网络中采用了数字程控交换机和数字传输系统，在网络内部的处理已全部数字化，但是在用户接口上仍然用模拟信号传输话音业务。而在 ISDN 中，用户环路也被数字化，不论原始信息是语音、文字，还是图像，都先由终端设备将信息转换为数字信号，再由网络进行传送。

（2）由于 ISDN 实现了端到端的数字连接，它能够支持包括语音、数据、图像在内的各种业务，所以是一个综合业务网络。从理论上说，任何形式的原始信号，只要能够转变为数字信号，都可以利用 ISDN 来进行传送和交换，实现用户之间的信息交换。

（3）各类业务终端使用一个标准接口接入 ISDN。同一个接口可以连接多个用户终端，并且不同终端可以同时使用。这样，用户只要一个接口就可以使用各类不同的业务。

2. 从应用的角度分析 ISDN 的特性

（1）多路性。对大部分用户来说，ISDN 的最大优点是其具有多路性。ISDN 用户可以在一对双绞线上提供两个 B 信道（每个 64 kbit/s）和一个 D 信道（16 kbit/s），同时使用多种业务。

（2）传输质量高。ISDN 采用端到端的数字连接，不像模拟线路那样会受到静电和噪声的干扰，因此传输质量很高。由于采用了纠错编码，ISDN 中传输的误码特性比电话网传输数据的误码特性至少改善了 10 倍。

（3）综合性。ISDN 提供各种业务，用户只需一个入网接口，就能使用网络提供的各种业务，例如，用户可以在一个基本速率接口上接入电话、计算机、会议电视和路由器等设备。

（4）高速数据传输。使用 ISDN，最高的数据传输速率可达 128 kbit/s，且是全双工的，是一般 V.90 调制解调器的理论上行速率的 2 倍多。

2.5.2 ISDN 的网络组成及功能

1. ISDN 网络组成

ISDN 网络通常由 3 部分组成：用户网、本地网和长途网。如图 2-14 所示。

（1）用户网指用户所在地的用户设备和配线，在 ISDN 环境下，用户的进线方式比电话网用户要复杂得多，一般用户网有总线型、星形和网状 3 种结构。

（2）本地 ISDN 网的建设以 ISDN 端局为基础。ISDN 端局是为用户提供 ISDN 业务的最主要部分，实现 ISDN 功能需要在用户到端局之间使用 ISDN 用户信令，即 DSS1，在 ISDN 端局之间或端局与汇接局间采用共路信令。

（3）长途网是用于互联所有本地网的一组设备。因此长途网的数字化就是引入数字

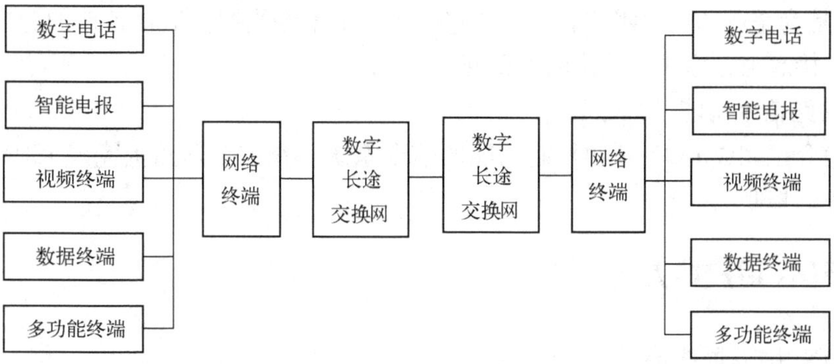

图 2-14　ISDN 网络组成

长途传输设备及数字长途交换设备，以及在长途网上开通 7 号信令成为实现 ISDN 长途传输与服务的基础。

2. ISDN 的功能体系结构

ISDN 网功能体系结构如图 2-15 所示。

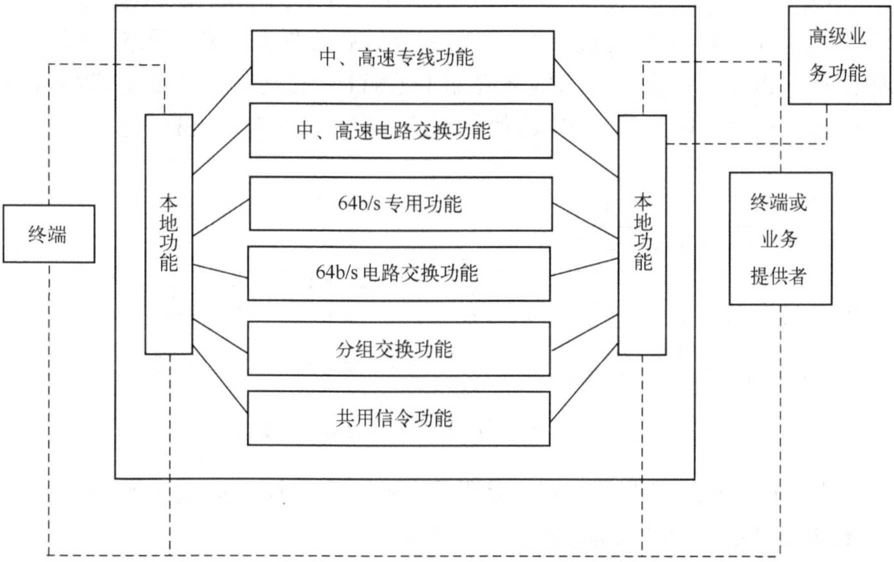

图 2-15　ISDN 的功能体系结构

（1）电路交换功能

在 ISDN 中，电路交换功能的基准传输速率是 64 kbit/s、2 × 64 kbit/s 和 6 × 64 kbit/s 中速电路交换功能或更高速率电话交换的功能。

（2）分组交换功能

分组交换与电路交换不同，它是将用户发来的一整份报文分割成若干定长的数据块（即分组），使这些数据块以“存储转发”方式在网内传输。

（3）专线功能

专线功能是指不利用 ISDN 网的交换功能，在终端建立永久或半永久连接的功能。IS-

DN 的专线是为企业和机关团体服务的。它们通过租用专线把分散在各地的分支中的小交换机相互连接起来，形成本单位的专用网。

（4）共路信令功能

共路信令是完成 ISDN 呼叫控制功能的信令系统。在信令通路上完成 ISDN 基本业务和补充业务的控制。

2.5.3 ISDN 用户接入

1. ISDN 用户/网络接口

ISDN 用户/网络接口是网络用户与网络本身之间的联络通道，通过它实现在一个网络中使用端到端的数字连接，提供语音和非语音的多种综合业务。ISDN 用户/网络接口是 ISDN 的关键技术，在 ISDN 技术发展中起着举足轻重的作用。

2. ISDN 用户接入的参考配置

ISDN 的基本配置包括了许多终端、终端适配器（TA）、网络终端设备（NT）、线路终端设备和交换终端设备。如图 2-16 所示，ISDN 终端分为标准 ISDN 终端（TE1）和非标准 ISDN 终端（TE2）。TE1 通过 4 根、2 对数字线路连接到 ISDN 网络。TE2 连接 ISDN 网络要通过 TA。网络终端也被分为网络终端 1（NT1）和网络终端 2（NT2）两种类型。图 2-16 中，R、S、T、U 等是 ISDN 组件之间的连接点，被称为 ISDN 参考点。

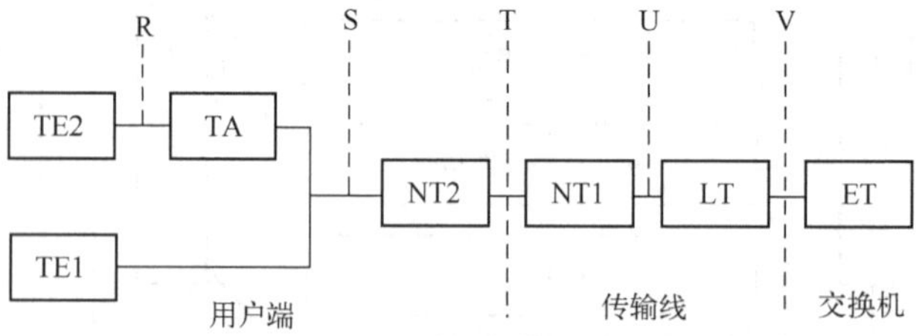

图 2-16　ISDN 用户接入网络的参考配置图

（1）标准 ISDN 终端（TE1）：TE1 是符合 ISDN 接口标准的用户设备，如数字电话机、G4 传真机和可视电话终端等，接入 S/T 参考点。

（2）非标准 ISDN 终端（TE2）：TE2 是不符合 ISDN 接口标准的用户设备，TE2 需要经过终端适配器 TA 的转换，才能接入 R 参考点。

（3）终端适配器 TA：完成适配功能，包括速率适配和协议转换等，使 TE2 能够接入 ISDN。

（4）网络终端 1（NT1）：NT1 是放置在用户处的物理和电器终端装置，它属于网络服务提供商的设备，是网络的边界。通过 U 参考点接入网络，采用双绞线，距离可达 1000 m。

（5）网络终端 2（NT2）：NT2 又称为智能网络终端，如数字 PBX、集中器等，它可以完成交换和集中的功能。通过 T 参考点接入 NT1。T 参考点采用 4 线电缆。如果没有 NT2 就是一个住宅系统，此时 S 和 T 可以合在一起，称 S/T 参考点。

2.6　智能建筑中的宽带网络接入

2.6.1　宽带接入基本知识

网络接入技术特别是宽带网络接入技术是目前互联网研究和应用的热点。如何将远程的计算机或计算机网络以合适的性能价格比接入互联网是目前网络接入技术研究的重点。

用户要使用 Internet 上的资源时，必须将自己的计算机接入 Internet，用户一旦接入 Internet，便成为其中的一员，可以访问 Internet 中提供的各类服务与丰富的信息资源。

ISP 是用户接入 Internet 的服务代理和用户访问 Internet 的入口点。所谓 ISP（Internet Service Provider，ISP），就是 Internet 服务提供者，具体是指为用户提供互联网接入服务、为用户定制基于互联网的信息发布平台，以及提供基于物理层面上技术支持的服务商，包括一般意义上所说的网络接入服务商（Internet Access Provider ，IAP）、网络平台服务商（Internet Platform Provider ，IPP）和目录服务提供商（Internet Directory Provider，IDP）。

ICP（Internet Content Provider，信息内容服务提供者）是指利用 ISP 线路，通过设立的网站提供信息服务，其内容包括允许用户在其域名范围内进行信息发布和信息查询。

IDC（Internet data Center，互联网数据中心）是作为网络接入服务业务的一个重要的网络服务平台，它通过与某一骨干网高速连接，借助丰富的网络资源向网站企业和传统企业提供大规模、高质量、安全可靠的专业化服务器托管、空间租用、网络批发带宽、电子商务等业务。

SP 是指短信息内容服务提供商，它是互联网技术与移动通信技术相融合的产物，是移动通信和互联网的增值服务，它以互联网为载体，以文字短信息、多媒体彩信等为产品，向移动终端用户提供文字、声音、图像等内容服务。

Internet 接入技术根据其传输介质可分为有线接入和无线接入两大类，接入技术的具体分类如表 2-3 和表 2-4 所示。

表 2-3　有线接入技术的主要类型

接入方式	说　明
拨号接入	
ISDN 接入	综合业务数字网
ADSL 接入	非对称数字用户线
HFC 接入	混合光纤/同轴电缆
光纤接入	光纤接入网
DDN 接入	数字数据网
LLC	电力线上网

表 2-4　无线接入技术的主要类型

固定接入		移动接入
微波	一点多址	无线寻呼
	固定无线接入	蜂窝移动电话
卫星	VSAT	无绳电话
	直播卫星	卫星移动

2.6.2　常见的接入方式

1. 拨号接入方式

拨号接入方式一般都是通过调制解调器将用户的计算机与电话线相连，通过电话线传输数据。利用 Modem 拨号接入 Internet 的方式如图 2-17 所示。

其中，ISP 为因特网服务提供商，PSTN 为公用电话交换网，RAS 为远程接入服务器。

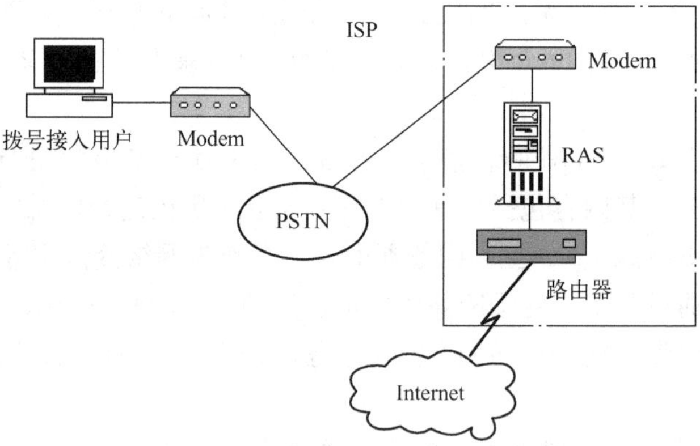

图 2-17　拨号接入方式示意图

（1）设备安装方式

1）首先要向当地电信局申请 ADSL 服务，办理 ADSL 手续。

2）安装网卡：将网卡插入计算机主板扩展槽，然后安装网卡驱动程序。由于现在计算机中的部件越来越多，所以在网卡安装中最容易出现的问题就是中断冲突，请注意合理调整避免冲突。

3）安装滤波器：滤波器有三个接口，分别为电话信号输入、电话信号输出、数据信号输出。输入端连接入户线，如果家里有分机的话，千万不能在分线器后面接入滤波器。电话信号输出接电话机，这样您可以在上网的同时进行通话。

4）安装 ADSL Modem：通上电源后，将数据信号输出接到 ADSL Modem 的电话 LINK 端口。当您正确连接后，其面板上面的电话 LINK 指示灯会亮，说明已正确连接。用交叉网线将 ADSL Modem 和网卡连接起来，一端接到网卡的 RJ45 端口上，另一端接到 ADSL Modem 的以太网端口上，当 ADSL Modem 面板的网卡 LINK 灯亮了就可以了。

（2）软件设置方式

1）首先安装网卡驱动程序，并安装 TCP/IP。

2）下载并安装支持 PPPoE 协议的虚拟拨号软件。

2. 数字数据网

数字数据网（Digital Data Network，DDN）是利用数字通道传输数据信号的数据传输网。DDN 可提供点对点、点对多点透明传输的数据专线，为用户传输数据、图像、声音等信息。数字数据网一般用于向用户提供专用的数字数据传输信道，或提供将用户接入公用数据交换网用的接入信道，也可为公用数据交换网提供交换节点间的数据传输信道。数字数据网一般不包括交换功能，只采用简单的交叉连接与复用装置，如果引入交换功能，就构成数字数据交换网。

数字数据网的主干传输为光纤传输，采用数字通道直接传送数据，传输质量高，目前可达到的最高传输速率为 155 Mbit/s。DDN 专线需要从用户端铺设专用线路进入主干网络，用户端还需要专用的接入设备和路由器。

数字数据网与传统的模拟数据网相比具有以下优点。

（1）传输质量好。一般模拟信道的误码率在 $1\times10^{-6}\sim1\times10^{-5}$，并随着距离和转接次数的增加而质量下降，而数字传输则是分段再生不产生噪声积累，通常光缆的误码率会优于 1×10^{-8} 以上。

（2）利用率高。一条脉码调制（PCM）数字话路用于传输数据时，实际可用达 48 kbit/s 或 56 kbit/s，通过同步复用可以传输 5 个 9.6 kbit/s 或更多的低速数据电路，而一条 300～3400 Hz 标准的模拟话路通常只能传输 9.6 kbit/s 速率，即使采用复杂的调制解调器（MODEM）也只能达到 14.4 kbit/s 和 28.8 kbit/s。

（3）不需要价格昂贵的调制解调器。对用户而言，只需一种功能简单的基带传输的调制解调器，价格只有三分之一左右。

一个数字数据网主要由四部分组成。

（1）本地传输系统。指从终端用户至数字数据网的本地局之间的传输系统，即用户线路，一般采用普通的市话用户线，也可使用电话线上复用的数据设备。

（2）交叉连接和复用系统。复用是将低于 64 kbit/s 的多个用户的数据流按时分复用的原理复合成 64 kbit/s 的集合数据信号，通常称之为零次群信号，然后再将多个零次群信号按数字通信系统的体系结构进一步复用成一次群即 2.048 Mbit/s 或更高次信号。

（3）局间传输及同步时钟系统。局间传输多数采用已有的数字信道来实现。在一个 DDN 网内各节点必须保持时钟同步。通常采用数字通信网的全网同步时钟系统，也可采用多用多卫星覆盖的全球定位系统（GPS）来实施。

（4）网络管理系统。无论是全国骨干网，还是一个地区网应设网络管理中心，对网上的传输通道，用户参数的增删改、监测、维护与调度实行集中管理。

3. 光纤接入网

光纤通信是以光纤为传输媒介，光波为载波的通信系统，其载波——光波具有较高的频率（约 10^{14} Hz），因此光纤具有很大的通信容量。

光纤通信的主要优点是：传输频带宽，通信容量大；传输损耗低，中继距离长，适用于长途传输；抗电磁干扰，不会产生串光，信号串扰小，传输质量高，保密性好；光纤体积小，重量轻，便于运输和敷设；耐化学侵蚀，适用于特殊环境；原材料资源丰富，节约有色金属。

光纤通信的主要缺点是：光纤弯曲半径不宜过小；光纤的端面制备和连接技术要求较高，且需要专门的设备；分路、耦合操作烦琐。

光纤通信系统的种类很多，但其基本构成原理是相同的，主要由光发射机、光纤光缆、光中继器和光接收机组成，如图 2-18 所示。此外，系统中还包含了一些互连和光信号处理部件，如光纤连接器、隔离器、光开关等。

图 2-18　光纤通信系统组成原理图

光发射机的主要任务是将电信号直接调制到光载波上，然后送往光纤光缆传输。光纤光缆在结构上主要由纤芯和包层组成，其主要功能是传送光信号，完成信号的传输任务。光中继器的主要功能是使传输中衰减了的信号得到补偿，使产生畸变的光信号脉冲波形得到恢复，以实现远距离传输。光接收机的主要任务是将接收到的光信号转换成原始电信号，经放大、整形、再生恢复原形后，送到电接收端机。它主要由耦合器、光电检测器和解调器组成。

光纤接入网（OAN）是采用光纤作为主要传输媒介来取代传统双绞线的一种宽带接入网技术。也是今后接入网发展的主要方向。这种接入网方式在光纤上传送的是光信号，而交换局交换的和用户接收的均为电信号，所以需要在发送端将电信号通过电/光（E/O）转换变成光信号，在接收端利用光网路单元（ONU），进行光/电（O/E）转换，才可实现中间线路的光信号传输，将光信号恢复为电信号送至用户设备。光纤接入网示意如图 2-19。

图 2-19　光纤接入网示意图

（1）光纤接入网的主要特点

1）可以传输宽带交换型业务，新建系统具有较高的性能价格比，且传输质量好，可靠性高，保密性好。

2）一般不需要中继器，但由于众多用户所导致的光功率分配，有可能需要采用光纤放大器进行功率补偿。

3）市场前景良好，可以提供多种业务，应用范围广阔。

4）投资成本大，网络管理复杂，远端供电较难等。

（2）光纤接入网的分类

根据光网络单元（ONU）与用户位置的远近，OAN 又分可成若干种专门的传输结构，主要包括：光纤到路边（FTTC）、光纤到楼（FTTB）、光纤到家（FTTH）或光纤到办公室（FFFO）等，具体如图 2-20 所示。在北美一般采用一种称为光纤环路系统（FITL，Fiber In The Loop）的网络形式，与上面讲的 FTTC、FTTB 等基本一致，在一般分析与讨论中可不予区分。

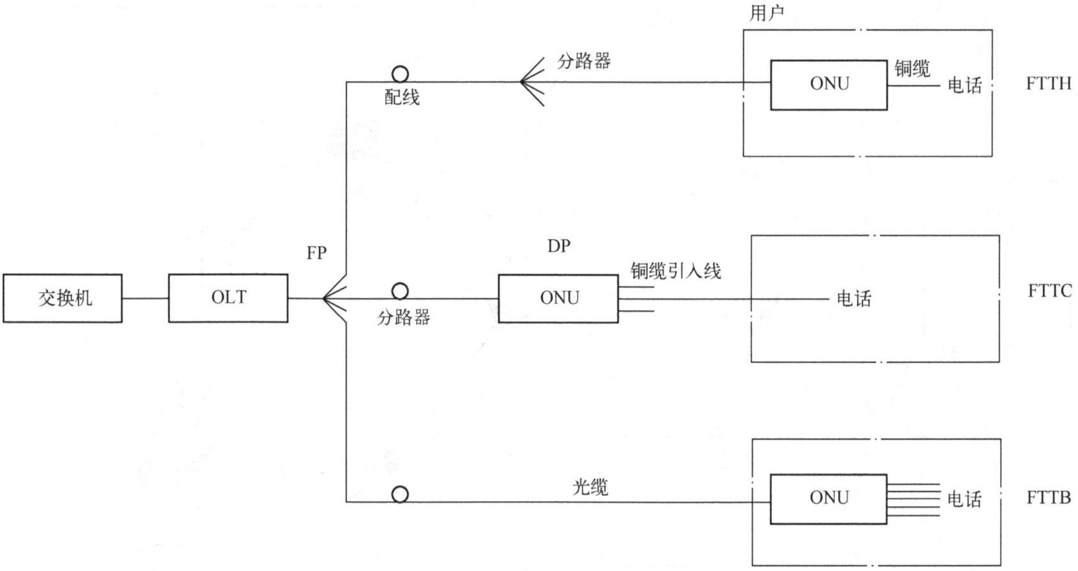

图 2-20　光接入网的应用类型

① 光纤到路边（FTTC）

在 FTTC 结构中，ONU 是设置在路边的入孔或电线杆上的分线盒处，即 FP 点，但一般都是放在 DP 点。此时从 ONU 到各个用户之间的部分仍为双绞铜线对，从而可以充分利用现有的铜线设施。若要传输宽带图像业务，则这一部分可采用同轴电缆。

② 光纤到楼（FTTB）

FTTB 是 FTTC 的一种变形，不同之处仅在于将 ONU 直接放到了大楼内（一般为居民住宅公寓或单位办公楼等），并由多对双绞线将业务分送给各个用户。FTTB 的光纤化程度比 FTTC 更进了一步，由于此时光纤已敷设到楼，因而更适于高密度用户区，也更接近于长远发展目标。

③ 光纤到家（FTTH）

在 FTTC 的结构中，如果将设置在路边的 ONU 换成无源光分路器，然后将 ONU 移到用户家里，就形成了 FTTH 结构。FTTH 是接入网的最终解决方案，即从本地交换机一直到用户全部都是采用光纤线路，中间没有任何铜线，也没有有源电子设备，是一种全透明的网络，从而为用户提供了宽带交互式业务。另外可避免外界干扰、避免雷击，便于供电等。2013 年，国务院发布实施“宽带中国”战略，决定在全国范围内加快宽带网络升级改造，推进光纤入户，统筹提高城乡宽带网络普及水平和接入能力。随着宽带中国的推进，FTTH 将成为光接入的主要方式。

（3）无源光网络（PON）

无源光网络（Passive Optical Network，PON）是一种点对多点的光纤传输和接入技术，下行采用广播方式、上行采用时分多址方式，PON 传输速率下行为 622 Mbit/s 或 155 Mbit/s，上行为 155 Mbit/s。可以灵活地组成树形、星形、总线型等拓扑结构，在光分支点只需要安装一个简单的光分支器即可，是一种纯介质网络。基本结构如图 2-21 所示。

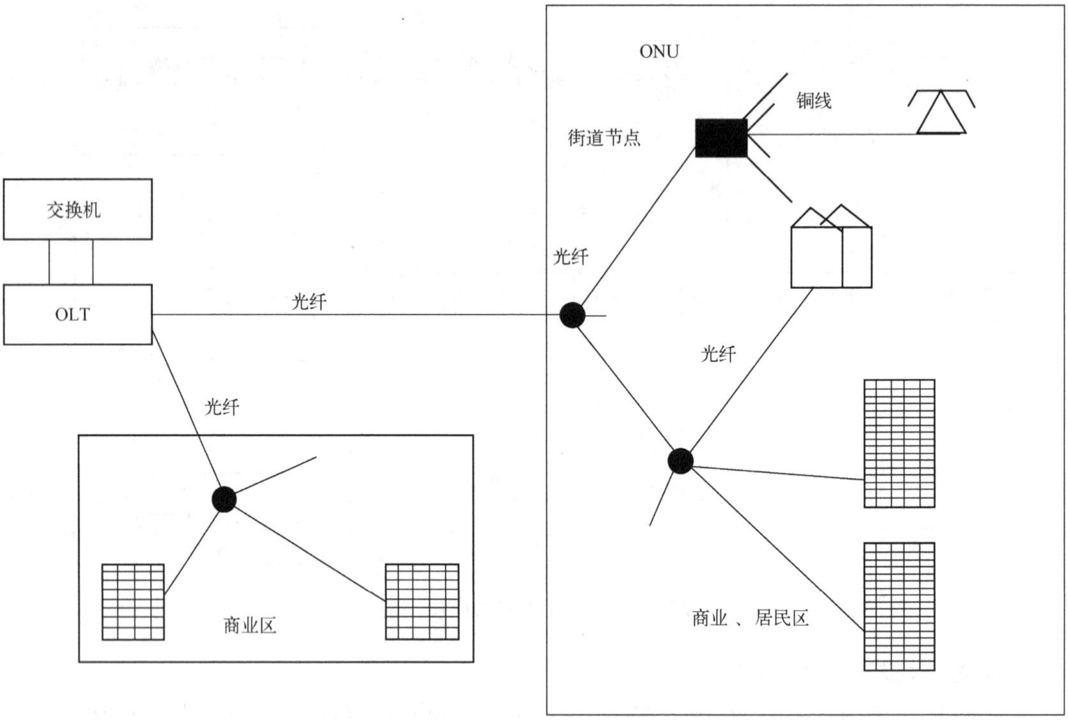

图 2-21　无源光网络（PON）

无源光网络主要采用无源光功率分配器（耦合器）将信息送至各用户。由于采用了光功率分配器，使功率降低，因此较适合于短距离使用，若需传输较长距离，或用户较多，可采用光纤放大器（EDFA）来提高功率。无光源网络具有节省光缆资源、带宽资源共享、节省机房投资、建网速度快、综合建网成本低等优点。

在各种宽带接入技术中，无源光网络以其容量大、传输距离长、成本较低、全业务支持等优势成为热门技术。之前已经逐步商用化的无源光网络主要有 TDM - PON（APON、EPON、GPON）和 WDM - PON，它们的共同特点是：

1）可升级性好、低成本，接入网中去掉了有源设备，从而避免了电磁干扰和雷电影响，减少了线路和外部设备的故障率，降低了相应的运维成本。

2）业务透明性较好，高带宽，可用于任何制式和速率的信号，能比较经济地支持模拟广播电视业务，支持三重播放（Triple play，语音、视频、数据）业务。

3）高可靠性，提供不同业务优先级的 QoS 保证，适应宽带接入市场 IP 化的发展潮流，适于大规模应用。

无源光网络的电源供给问题主要是指对 ONU 的供电，其实现方法主要包括：

1）中心供电。中心供电是指由端局或其他节点经电缆网对 ONU 供电，其特点是可以利用现有电缆设施，不用在 ONU 处安装维护电池，且成本低，但供电距离不能太长，雷电影响较为敏感。

2）本地供电。本地供电是指利用本地市电就近给 ONU 供电，其特点是方便，维护成本低，但受环境限制。

3）太阳能供电。在 ONU 处增设太阳能电池板，其特点是安全、维护量小，但受天气、环境影响较大。

本章小结

1. 计算机网络也称计算机通信网，是指将地理位置不同的具有独立功能的多台计算机及其外部设备，通过通信线路连接起来，在网络操作系统、网络管理软件及网络通信协议的管理和协调下，实现资源共享和信息传递的计算机系统。

2. 计算机网络的组成：物理组成包括硬件、软件、协议三个部分；逻辑功能方面分为资源子网和通信子网两部分。

3. 计算机网络的分类：按照网络覆盖的地理范围可分为：局域网、城域网、广域网；按照传输介质可分为：有线网、光纤网、无线网；按照拓扑结构可以分为：为总线型网络、星形网络、环形网络、树形网络、网格型网络等；按照交换方式可以分为：电路交换、报文交换、分组交换。

4. OSI 模型确定了网络互联的七个标准层：物理层、数据链路层、网络层、传输层、会话层、表示层和应用层，即 ISO 开放系统互联参考模型。

5. 网络协议是网络上所有设备（网络服务器、计算机及交换机、路由器、防火墙等）之间通信规则的集合，它规定了通信时信息必须采用的格式和这些格式的意义。组成协议的三个要素分别是：语法、语义、时序。常见的协议有：TCP/IP、IPX/SPX 协议、NetBEUI 协议等。

6. 局域网是在一个局部的地理范围内（如一个学校、工厂和机关内），一般是方圆几千米以内，将各种计算机、外部设备和数据库等互相连接起来组成的计算机通信网。它可以通过数据通信网或专用数据电路，与远方的局域网、数据库或处理中心相连接，构成一个较大范围的信息处理系统。

7. 高速局域网（High Speed Local Network）的传输速率大于等于 100 Mbit/s，常见的高速局域网有 FDDI 光纤环网、100BASE－T 高速以太网、千兆位以太网、10 Gbit/s 以太网等。

8. 广域网是通常跨接很大的物理范围，覆盖的范围从几百千米到几千千米，连接多个城市或国家，或横跨几个洲，能提供远距离通信，形成国际性的远程网络。常用的广域网技术包括公用电话交换网（PSTN）、分组交换网（X. 25）、数字数据网（DDN）、帧中继、交换式多兆位数据服务（SMDS）和异步传输模式（ATM）、综合业务数据网（ISDN）、非对称数字环路（ADSL）等技术。

9. ISDN 是在综合数字网（Integrated Digital Network，IDN）的基础之上发展起来的一种能提供数据连接的电信网络形态，它把电话、电报、传真、数据、图像和计算机等不同源的电信业务合并在一个网内传送和处理，实现了交换局之间的数字化，同时实现用户二级双向数据传输，它是数字技术和电信业务互相结合的电信网络。ISDN 网络通常由 3 部分组成：用户网、本地网和长途网。

10. 光纤接入网（OAN）是采用光纤作为主要传输媒介来取代传统双绞线的一种宽带接入网技术。

习题

2-1 计算机网络的含义。

2-2 计算机网络的物理组成包括哪几部分？

2-3 协议由哪三部分构成？

2-4 OSI 模型的七个标准层是什么？

2-5 公共传输网络分为哪几类，有什么特点？

2-6 简述计算机网络的特点。

2-7 列举出 4 种常见的局域网拓扑结构及其特点。

2-8 简述局域网和广域网的区别。

2-9 简述 ISDN 的功能。

2-10 光纤接入网如何分类？

第3章　有线电视系统

3.1　有线电视系统的组成

有线电视也叫电缆电视（Cable Television，CATV），是用射频电缆、光缆、多频道微波分配系统（MMDS）或其组合来传输、分配和交换声音、图像及数据信号的电视系统。它是相对于无线电视（开路电视）而言的一种新型广播电视传播方式，是从无线电视发展而来的。有线和无线电视有相同的目的和共同的电视频道，不同的是信号的传输和服务方式以及业务运行机制。有线电视仍保留了无线电视的广播制式和信号调制方式，并未改变电视系统的基本性能。

有线电视系统最初是为了解决偏远地区收视或城市局部被高层建筑遮挡影响收视而建立的公用天线系统。真正意义上的CATV出现在20世纪50年代后期的美国，人们利用卫星、无线、自制等节目源通过线路单向广播传送高清晰、多套的电视。进入90年代后，我国CATV建设如雨后春笋般发展起来。本着更清晰、更多套的原则，网络从300MHz邻频传输逐步升级，高带宽、光缆化成为城市CATV建设的基础，HFC（Hybrid Fiber - Coaxial，光缆/同轴电缆混合）网络在全国范围内初具规模。除传输模拟视频外，还有很多的频带资源留给数字视频传输和双向数据通信，利用HFC网络可以较好地支持Internet访问等。

3.1.1　有线电视的特点

电视系统一般包括节目发送、传输和接收三个部分。有线电视把录制好的节目通过线缆（电缆或光缆）传输，将电视信号送给用户，再用电视机重放出来。有线电视不向空中辐射电磁波，所以又叫闭路电视。由于电视信号通过线缆传输，不受高楼山岭等阻挡，所以收视质量好。它还可以采用邻频传输，不像无线电视为防止干扰，在一个地区必须采用隔频发射，所以频谱资源得以充分利用，能提供更多的频道节目。有线电视通过线缆还能实现信号的双向传输，能够提供交互式的双向服务，也可以很容易实现收费管理，开展多种有偿服务。有线电视台不需要昂贵的发射机和巨大的铁塔，所以建台费用低，有利于快速发展。同无线电视比较，有线电视有如下优点：

（1）收视节目多，图像质量好。在有线电视系统中可以收视当地电视台开路发送的电视节目，包括VHF和UHF各个频道的节目。有线电视采用高质量信号源，保证信号的高水平，因为用电缆或光缆传送，避免了开路发射的重影和空间杂波干扰等问题。

（2）有线电视系统可以收视卫星上发送的我国以及国外C波段及Ku波段电视频道的

节目。

（3）有线电视系统可以收视当地有线电视台（或企业有线电视台）发送的闭路电视。闭路电视可以播放优秀的影视片，或是自制的电视节目。

（4）有线电视系统传送距离远，传送的电视节目多，可以很好地满足广大用户看好电视的要求。当采用先进的邻频前端及数字压缩等新技术后，频道数目大为增加。

（5）根据地方有线电视台和企业有线电视台的经验，有线台比个人直接收视既经济实惠，又可以极大地丰富节目内容。对于一个城市而言，将会再也看不到杂乱无章的天线群，而是集中的天线阵，使城市更加美化。

（6）有线电视随着技术的不断发展和人民生活水平的不断提高，还可以进一步发展。例如电视频道数目可以不断增加，自办节目也可以不断增加，而且还可以发展双向传送功能，利用多媒体技术把图像、语言、数字、计算机技术综合成一个整体进行信息交流。

3.1.2 有线电视的组成

有线电视系统是一个复杂的完整体系，它由许多各种各样的具体设备和部件按照一定的方式组合而成。从功能上来说，任何有线电视系统无论其规模、繁简程度怎样，都可抽象成如图 3-1 所示的物理模型，也就是说，任何有线电视系统均可视为由前端、传输系统、用户分配网三个部分组成。

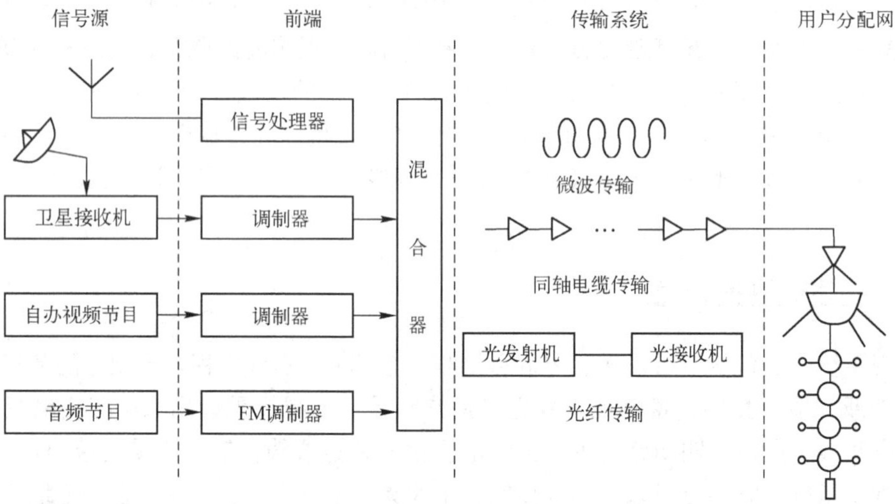

图 3-1　传统有线电视系统的基本组成

（1）前端系统

前端是位于信号源和干线传输系统之间的设备，用以处理由卫星地面站以及由天线接收的各种无线广播信号和自办节目信号。它是系统信号处理的中枢，是整个系统的心脏。其任务是把从信号源送来的信号进行滤波、变频、放大、调制、混合等，使其适于在干线传输系统中进行传输。例如，对于当地强信号电视台发出的信号，一般要经过频率变换，把该频道的节目转换成其他频道，在线路中传输，以避免强无线信号直接窜入用户电视而出现重影干扰；在VHF系统中，也需要把天线上接收到的UHF信号转换成VHF的标准频道或增补频道，以免传输时信号损失太大。从卫星接收机、微波接收机输出的视频、音频信号，以及自办广播电视节目中产生的视频、音频信号，还需要进行调制，使其变为高频信号，才能进入混合器，使各个不同的节目互不干扰地在线路中传送。在邻频传输系统中，还应采用高质量的频道处理器来处理要传输的信号，以避免相邻频道的干扰等。

前端设备的性能，对整个系统的信号质量起着决定性的作用。大型有线电视系统的前端不止一个，其中直接与系统干线或与作干线用的短距离传输线路相连的前端称为本地前端；经过长距离地面或卫星线路把信号传递给本地前端的前端称为远地前端；设置于服务区域的中心，其输入来自本地前端及其他可能信号源的辅助前端称为中心前端。一般说来，一个有线电视系统只有一个本地前端，但却可能有多个远地前端和多个中心前端。

在本地前端中采用的邻频前端主要有两种类型，一是频道处理器型，即把电视接收天线收到的开路电视信号先下变频至图像载频为38 MHz、伴音载频为31.5 MHz的中频信号，然后再经过中频处理器对信号进行处理，使之适合邻频传输的要求，最后再经过一个上变频器，把经过处理的中频信号变为所要传输的高频信号。另一种类型是调制器型，即把天线收到的开路信号，通过一个解调器变成视频和音频信号，再经过一个调制器变成中频信号，经过中频处理和上变频变为高频信号输出。这种方式的特点是在前端采用清一色的调制器来代替下变频器。当采用标准解调器时，可采用视频处理技术来提高信号质量，使输出的视频、音频信号都是高质量的，与演播室质量相类似，但标准解调器的成本太高。若采用普通解调器，在解调过程中难免对信号质量有损伤。在价格相同的情况下，调制器方式得到的信号质量比频道处理器型要差一些。

（2）干线传输网络

干线传输系统的任务是把前端输出的高频电视信号高质量地传输给用户分配系统，其传输方式主要有光纤、微波和同轴电缆三种。

光纤传输是通过光发射机把高频电视信号转换至红外光波段，使其沿光导纤维传输，到接收端再通过光接收机把红外波段的光变回高频电视信号，光纤传输具有频带很宽（好的单模光纤带宽可达10 GHz以上，因而可容纳更多的电视频道）、损耗极低（利用1.55 μm的光纤，传输1 km的损耗仅0.2 dB）、抗干扰能力强、保真度高、性能稳定可靠等突出的优点。前几年，由于激光器和光导纤维的价格较贵，使光纤传输的应用受到限制。随着技术的进步，光纤传输的成本不断降低，当干线传输距离大于3 km时，光纤的成本反而比电缆干线要低。故在干线传输距离大于3 km的系统，在传输方式上应首选光纤传输。

微波传输是把高频电视信号的频率变到几GHz到几十GHz的微波频段，或直接把电视信号调制到微波载波上，定向或全向发射。在接收端再把它变回高频电视信号，送入用户分配系统。微波传输方式不需要架设电缆、光缆，只需安装微波发射机、微波接收机及收发天线即可。因而施工简单、成本低，工期短、收效快，而且更改线路容易，所传输信号质量也较高。缺点是容易受建筑物的阻挡和反射，产生阴影区或形成重影。由于雨、雾、雪等对微波信号有较大的衰减，给多雨、多雾、多雪地区的应用带来不便。

电缆传输是技术最简单的一种干线传输方式，具有成本较低、设备可靠、安装方便等优点。但因为电缆对信号电平损失较大，每隔几百米就要安装一台放大器，引入较多的噪声和非线性失真，使信号质量受到严重影响。一般只在小系统或大系统中靠近用户分配系统的最后几公里中使用。同轴电缆网采用树枝形结构，其结构如图 3-2 所示。这种网络性价比较高，但较难扩展，适用于传输距离 10 公里范围内的同轴电缆网。由于前端设备多频道播出能力的提高，对传输干线的要求相应提高，除使用优质低耗的电缆外，前馈、功率倍增、ALC 等先进技术以及集成放大器模块技术得到了广泛的采用。另外，每隔一定距离还必须插入一级宽频带的干线放大器，以均衡地提高信号电平，即所谓自动电平控制（ALC）和自动斜率控制（ASC）电路。另外，放大器还应具有温度补偿电路。

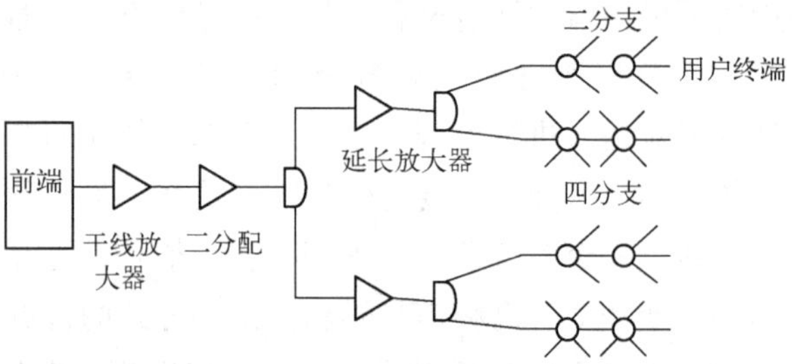

图 3-2　树枝形结构的电缆传输形式

传输网络中，根据需要可选择不同类型的干线放大器、中间桥接、终端桥接等放大器。但是，应当注意，主干线上应尽可能减少分支，保持干线上串接放大器数量最少为优。

（3）用户分配网络

用户分配网络是整个系统的最后部分，它以最广的分布直接把来自干线传输系统的信号合理地分配给各个用户，使各用户收视信号达到标准要求。

用户分配系统由支线放大器、分配器、分支器、用户终端以及它们之间的分支线、用户线组成。分支线和用户线一般采用较细的电缆，以降低成本和便于施工。分配器和分支器是为了把信号分配给各条支线和各个用户的无源器件，要求有较好的相互隔离和合适的输出电平。支线放大器的任务是为了补偿支线中的信号损失，以带动更多的用户。与干线放大器在中等电平下工作不同，支线放大器通常在高电平下工作，输出电平在 100 dBμV 左右。

3.1.3　有线电视频带划分

（1）标准频道

我国国家无线电管理委员会划分给广播电视用的标准频道一共有 68 个频道，最低频率是 48.5 MHz，最高频率是 958 MHz，每个频道的带宽都是 8 MHz。现第 5 频道已划给调频广播使用，目前由广播电视使用的只有 47 个频道（1 ~ 4，6 ~ 48）。以上这些频道称为标准频道。这些频道的频率是不是连续的呢？回答是否定的，中间存在间隔。我国广播电视标准频道分为两个波段，即甚高频（VHF）段和特高频（UHF）段，甚高频（VHF）段包括 1 ~ 12 频道，特高频（UHF）段包括 13 ~ 68 频道，其中甚高频（VHF）段又分为 VI（又称 VL）段和Ⅷ（又称 VH）段，特高频（UHF）段又分为 UIV 段和 UV 段。

各频段的频率范围分布如下：

VI 频段：1 ~ 4 频道，频率范围 48.5 ~ 84 MHz，但 3、4 频道之间有 3.5 MHz 的频率间隔。

Ⅷ频段：6 ~ 12 频道，频率范围 167 ~ 223 MHz。

调频广播频段：位于 VI 和Ⅷ之间，频率范围 87 ~ 108 MHz。

UHF 频段分成两个部分：

UIV 频段：13 ~ 24 频道，频率范围 470 ~ 566 MHz。

UV 频段：25 ~ 68 频道，频率范围 606 ~ 958 MHz。这 68 个频道的频谱分布如图 3-3 所示。

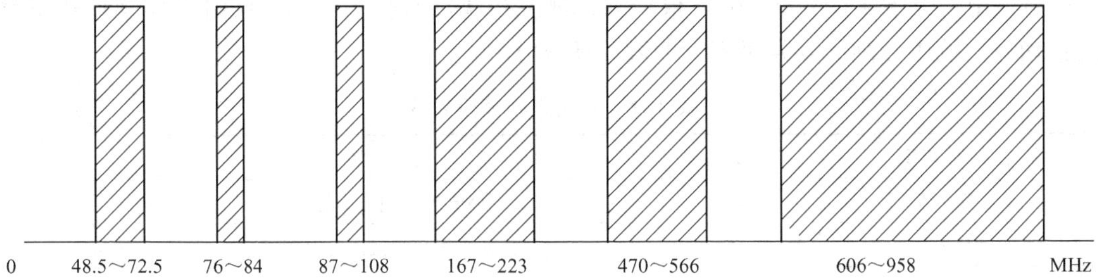

图 3-3　标准频道的频率分布

（2）增补频道

从图 3-3 看出，在调频广播与 6 频道之间有 59 MHz 的间隔，在 12 频道与 13 频道之间有 247 MHz 的间隔，在 24 频道与 25 频道之间有 40 MHz 的间隔。这些频率被分配给邮电、军事、通信等部门，开路电视信号不能采用，否则会造成电视与通信等的互相干扰。因为有线电视系统是一个独立的、封闭的系统，一般不会与通信等造成互相干扰，可以采用这些频率以扩展节目的套数。我们把在标准频道间隔中设置的、并不对外发射的频道称为有线电视系统中的增补频道。在 5 频道和 6 频道之间，除调频广播外，还有 59 MHz 的间隔，可以传 7 套电视节目，我们选择 111 ~ 167 MHz 这个范围，并分别命名为增补 1 频道 ~ 增补 7 频道，在 12 频道和 13 频道之间有 247 MHz 的间隔，也可以增加 30 个增补频道，分别命名为增补 8 ~ 增补 37 频道。在 24 频道和 25 频道之间有 40 MHz 的间隔，可以增加 5 个增补频道，分别命名为增补 38 ~ 增补 42 频道。双向传输的有线电视系统，既可以将前端信号传输分配到各个用户，又可以从用户或信号分配点将信息传输到前端和其他用户，电视信号从前端设备传向用户的方向，称为下行方向，反之称为上行方向。

目前，双向传输有线电视有空间分隔和频率分割两种。空间分隔方式是两路独立的单向有线电视的组合，它的传输干线、放大器等全部设备都有两套。空间分隔多用于光缆传输系统，它采用多根光纤，其中一部分传下行信号，另一部分传上行信号。频率分割在同轴电缆电视里得到广泛应用，它将整个 CATV 使用频段分成两部分，频率较高的部分一般传送下行信号，频率较低的部分传送上行信号。双向传输有线电视网较之单向传输网，在前端、干线和系统输出口均需增加设备。如果只是回传视音频信号，前端就要增加频道处理器，如果回传的是状态监测数据信号，还要有计算机等运算、处理、显示信息的设备。干线上要用双向滤波器，用户终端还要配备拾取和发出指令的计算机、电话、摄像机、调制解调器等设备。所以双向传输有线电视系统更加复杂。

双向传输有线电视网的最大特点是可提供交互式业务，这一特点在有线电视会议上得到充分体现，它缩短了参会者在时间、空间上的距离，同面对面交谈的会议几乎没有区别。它还可以实现交互式电视服务，例如电视节目点播（VOD）、电视购物、资料查询、电视电话。利用回传信息功能还可以实现防盗、防火、保安监测报警。所以双向传输有线电视是今后的发展方向。

（3）频率划分

有线电视系统采用 860 MHz，根据国家标准和现行的技术现状，同时考虑到现在主流技术趋势，按中分割法其频率划分如表 3-1 所示：

表 3-1　有线电视频段划分

频段/MHz	功　能
5～25	网络管理及地址信息上传
26～75	初级用户数据信息上传
76～87	上下传输隔离
88～108	下传调频广播信号、DAB
110～550	下传模拟电视信号、QPSK 专业数据信号
550～750	下传 HDTV 的数字电视信号及数据业务
750～860	未来的其他上传信息

3.2　有线电视信号的传输

有线电视的信号传输分为有线传输和无线传输两种。有线传输常用同轴电缆和光缆为介质。无线传输根据传输方式和频率分为多频道微波分配系统（MMDS）和调幅微波链路系统（AMLS）。

3.2.1　混合同轴电缆/光纤（HFC）传输

传统有线电视系统一直以同轴电缆作为传输介质，随着光导纤维-光缆的问世，以及近年来有线电视光器件、光设备的应用开发等技术的迅速发展，使得光缆作为一种新型先进的传输介质，在通信和电视传输方面得到了广泛的应用，出现了有线传输的新局面。随着光纤传输技术的发展与成熟，近年来我国大部分地区已经开通光缆电缆混合网（HFC）或正在进行传输网改造，少数城市或县区已逐步实现全光网络，光纤传输是有线电视发展的方向。

利用光纤传送有线电视，不仅大大扩展了传输距离，提高了信号质量，而且容易实现双向传输，能够适应不断增长的业务需求，从而带动了有线电视向双向综合业务网络发展。有线电视光缆传输与电缆传输相比具有以下优点。

（1）频带宽，传输容量大

频带的宽窄代表了可以传输信息容量的大小。目前，实用单波长光通信速率已达到10 Gbit/s。有线电视模拟光传输的带宽可达1 GHz。可以在一根光纤内同时传输数十路模拟广播电视信号和几百路数字信号。

（2）传输损耗小，适合远距离传输

光纤在1310 nm波长处损耗为0.35 dB/km左右，在1550 nm波长处只有0.2 dB/km左右，远远小于同轴电缆的衰减量。采用直接强度调制的1310 nm系统可无中继传输40 km；1550 nm系统利用几个EDFA级连，可以将数十路电视信号传输达200 km。而一般直径较大的同轴电缆每公里损耗达数十分贝。此外，还有两个特点：其一是在全部有线电视传输频道内具有相同的损耗（频率特性好），不需加入均衡器；其二是损耗几乎不随温度变化。

（3）保真度高

由于光纤传输不像同轴电缆那样需要相当多的中继放大器，因而没有噪声和非线性失真叠加。另外，光频噪声以及光纤传输系统的非线性失真很小，不需频率均衡，因而光纤多路电视传输系统的信噪比、交调、互调等性能指标都较高。加上光纤系统的抗干扰性能强，基本上不受外界温度变化的影响，从而保证了传输信号的质量。同时，光纤中传输的信号不易泄漏，保密性好。

（4）抗电磁干扰性能强

由于光纤由石英及其掺杂物质等非金属材料构成，因而它不受电磁场干扰，雷电、高压电也不会侵入而产生触电或毁坏设备等事故。同时，光纤抗化学腐蚀能力强，安全可靠。它是一种既抗干扰又不干扰其他电子设备的传输介质。

（5）重量轻，敷设方便

光缆细而轻，即使是多芯光缆，无论是出厂运输，施工中的搬运，都较电缆方便得多。光缆既能架空，又能埋设，容许的弯曲半径小，便于敷设。

（6）性能价格比高

光纤的主要原材料是石英，地球上的石英可以说是取之不尽的原料，因此它较之依赖于金属为原料的电缆而言在价格上极具竞争潜力。光端机的价格也在逐年下降，利用光缆传输已比电缆传输具有价格上的优势。

（7）维护简单

因光纤系统有源设备少，调试简单，减小了日常维护的工作量。而且，较先进的系统具有网络管理系统，可以自动采集、分析系统中各设备的工作状况，并传送回前端，能实现故障自动定位、报警。

目前，由于设备器材昂贵和技术上的难度等因素，在有线电视系统中全光缆系统很少使用，采用较多的是光缆电缆混合网（HFC）。HFC 通常由光纤干线、同轴电缆支线和用户配线网络三部分组成，从有线电视台出来的节目信号先变成光信号从前端到光节点直接采用光缆传输，在光节点到用户之间再用同轴电缆分配入户。一般把装有包括光接收机、上行光发射机等设备叫作光节点，具有双向传输功能，与前端的光端机构成光纤双向传输链路，光节点和用户之间的分配网络仍用同轴电缆进行分配。它与早期 CATV 同轴电缆网络的不同之处主要在于，在干线上用光纤传输光信号，在前端需完成电 - 光转换，进入用户区后要完成光 - 电转换。HFC 网络构成如图 3-4 所示。

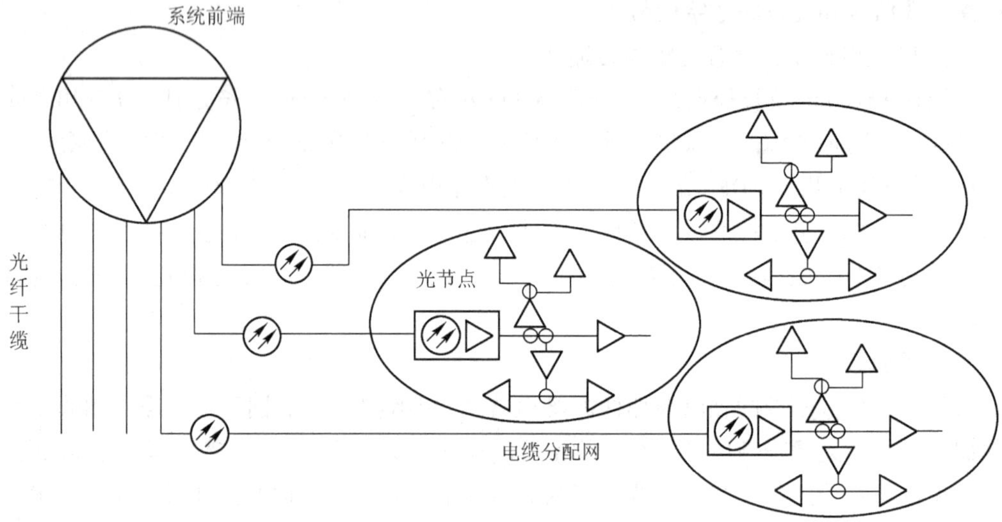

图 3-4　HFC 网络结构示意图

在系统前端，光发射机将要传输有线电视的电信号转换成光信号并进行光功率放大，经由光分路器分成多路后分别送至光缆传送到各个光节点，在光节点由光接收机再将其放大变换成电信号输出给电缆分配网络进行分配到户。若为双向系统，在光节点则还有上行光发射机将上行信号反传给前端（通过另一根光纤），再由前端的光接收机将其接收并转换成电信号供前端处理。

根据光缆网络结构分类，光缆网络结构分树形、星形和环形等。

（1）树形网络拓扑结构

光纤树形网类似于树形同轴电缆网，呈树枝状，如图 3-5 所示。

树形网的优点是除了网络节点外，无任何有源器件。但其缺点也较明显，光无源器件多，造成链路损耗较大，节点数目不能太多，光无源器件容易产生光信号失真，为保证系统的指标，对光接收机要求较高；另外，如果树形网中主干线断开将影响大片用户，树形结构也不适合于向上开发通信业务。因此，有线电视系统较少采用树形光网络。

（2）星形网络拓扑结构

星形网结构是指以有线电视前端为中心，以多条光缆向四周辐射，光发射机发出的光

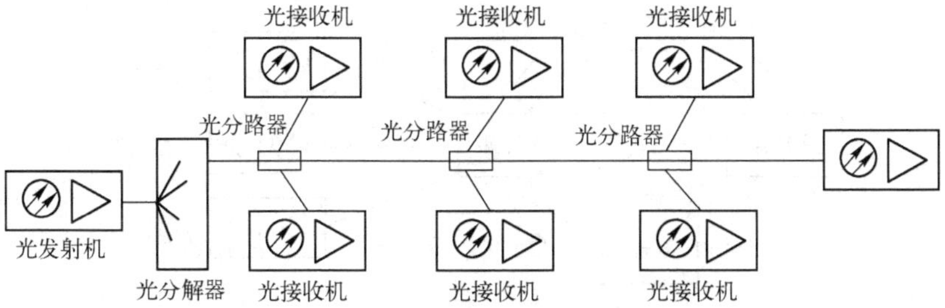

图 3-5　树形网络拓扑结构

信号通过光分路器以独立纤芯与各个光节点相连接，形成独立光链路。所传送的信号自前端通过光发射机和光分路器与各个光节点之间实现点对点传输。星形网结构的各个光节点之间互不关联，具有互交式功能，各个光节点均可对前端独立回传信号。结构如图 3-6 所示。

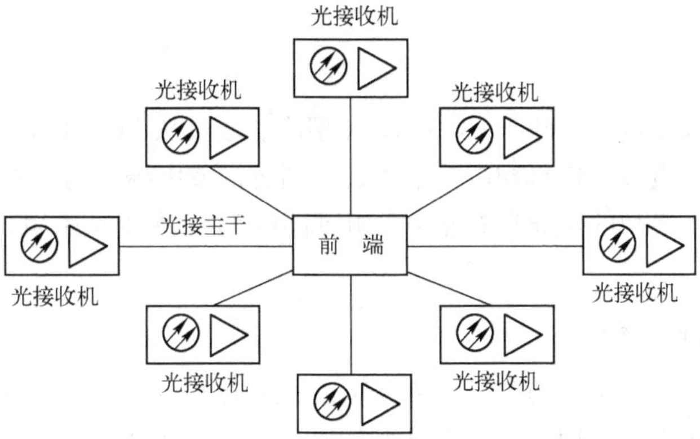

图 3-6　星形网络结构图

星形网络的优点是光分配一次到位，所用光分路器少，光路全程损耗小，具有同样大小光输出功率的光发送机传输距离远，可以减小发送机台数或选用较小光功率激光模块。星形网络的某一条光纤断开，只影响局部用户。

星形网结构适合大型有线电视网络，特别是大、中城区网和城乡光纤联网应用。由于星形网中是点（前端）对点（光节点）传输，所以网络的可靠性高，但是所用的光缆纤芯数相对较多。一般情况下，多采用 1550 nm 或 1310 nm 的调幅光发射机，在网内可传输模拟信号和数字信号。

（3）环形网络拓扑结构

环形网是指所有光节点均共用一条公共光链路，自成一个封闭回路，每个光节点仅与前后光节点相连，每个光节点可实现双向或单向传输，各个光节点组成环状，信号自前端输出，依次从一个光节点流向下一个光节点，最后返回前端。一般讲，环形网都是双环网，而光节点均为双接收功能和双回传功能。环形网络结构如图 3-7 所示。

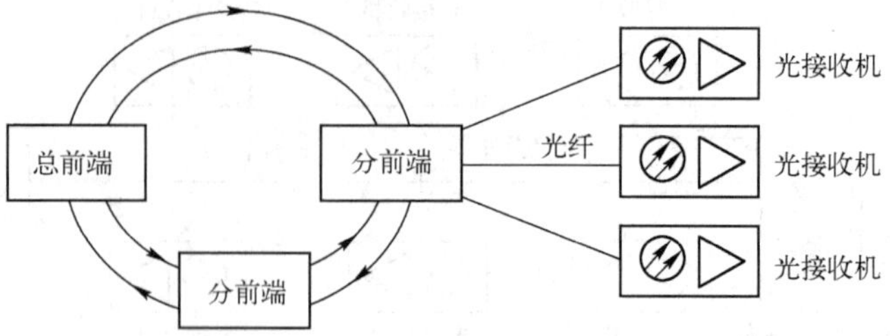

图 3-7　环形网络结构

环形网络的优点是：节目双向传输，具有一主一备两条沿相反方向传输的双数字光纤环作为整个网络的光纤主干，可靠性高，覆盖范围大。当双光纤环中的某一环发生断裂时，可自动倒换到另一环上，信号不会中断；系统的链路损耗小，增加了网络的网径和容量，一般来说网络周长可达200 km，由于数字光纤环网投入比较大，一般用于省级和地区级以上的有线电视骨干网，一般市级和县级有线电视网很少采用。

3.2.2　微波传输

微波一般是指频率范围为0.3 ~ 300 GHz，相应的波长从1 m ~ 1 mm 的电磁波。微波最早被用来传送电话、电报、传真和电视节目，并通过微波中继站构成了覆盖全国大部分地区的微波传输网络。最初的微波电视信号采用调频方式，占用频带宽，一般仅传送1 ~ 2个频道信号。

1. 微波传输系统的特点

电视信号微波传输系统应用广泛，数字微波也有迅猛的发展。微波传输技术使电缆、光缆不能到达的地区也可以拥有丰富的电视节目。与同轴电缆和光缆传输相比较，微波传输具有以下一些优点。

（1）微波传输适用于地形较复杂（如需跨过河流、山谷）以及由于建筑物和街道的分布，使铺设电缆、光缆较为困难的地区。另外，利用微波可跳过面积较大的无居民区，以避免铺设没有收入的传输线路，造成不必要的浪费。

（2）由于不需要铺设大量的有线传输媒质，微波传输的建造费用少，建网时间短，维护方便。而且在50 km 视距范围内，微波传输是相当稳定的。因此，在传输距离较远时，微波传输具有较高的性能价格比。

（3）微波传输的定向性较好，传输频率高，因此其抗天电干扰和工业干扰的能力较强。

（4）微波传输易于与前端和电缆分配网络接口。还可以传输加扰电视，与付费电视相兼容。

微波传输的缺点：微波传输有严格的频率管理，选用微波传输方式应事先向当地无线电管理机构申请频率；微波传输容易受雨、雪等气候现象干扰，易受障碍物阻挡。

2. 微波传输系统分类

有线电视微波传输系统又称为多路微波传输系统。它是将空闲的2.5 ~ 2.7 GHz 的 S

频段以及 12.7～13.25 GHz 的 Ku 频段用来传输微波电视节目，微波传输的信号可以是模拟电视信号，也可以是数字的或数字压缩的电视信号。

按照所传送电视信号的调制方式，微波系统可分为残留边带调幅（VSB/AM）调制、频率（FM）调制和数字微波电视三类。调幅（VSB/AM）微波系统与电视调制制式相同，不存在制式的转换问题，且具有设备简单、造价低、可靠性高等优点，因此得到了广泛的应用。

VSB/AM 微波系统通常又分为两类：调幅微波链路（AML）系统和多频道多点微波分配（MMDS）系统。MMDS 系统是全向辐射电磁波的多路微波分配系统，一般它是作为一个本地信号分配系统，微波电视信号直接到达用户家庭或集体接收点，具有与无线电视相似的属性。MMDS 的频率范围为 2.5～2.69 GHz，带宽为 190 MHz；AML 是定向辐射的多路微波传输系统，它的频率范围为 12.7～13.25 GHz，带宽为 550 MHz。目前国内以 MMDS 系统为主。AML 和 MMDS 系统各自的特点与区别如表 3-2 所示。

表 3-2　AML 和 MMDS 系统各自的特点与区别

项　目	AML	MMDS
频率范围/GHz	12.7～13.25	2.5～2.7
带宽（容量）	550M（PAL 制 59 个频道）	200M（PAL 制 23 个频道）
天线辐射	多点定向，即点对点（或多点）定向传输	全方向性，即点对面传输
传输方向	双向传输	只能单向传输
成本及性能	成本高，系统功能复杂，性能指标较高，可达到光缆传输的质量	投资少，成本低，系统简单
用途	点对点（或多点）传输，用作主干线，适用于大型区域联网	点对面传输，不适于作为主干线，只能作为支线、分支线，通常接小型电缆分配网络，也可直接入户

3. 微波传输的主要设备

微波传输的主要设备包括微波发射机、微波接收机、微波中继器和天线等。

（1）微波发射机

微波发射机分单频道发射机和宽带发射机两种。单频道发射机输入的视频（V）和音频（A）信号先经中频调制器变为 38 MHz 的中频信号，然后上变频为微波信号，经带通滤波器后，再通过放大器输出额定功率。图像和伴音分开处理，最后输出的微波图像功率要大于微波伴音功率。双工器把微波图像信号和微波伴音信号合为一路，送入微波频道合成器。频道合成器用来将各个单频道发射机输出的微波电视信号混合成一路，经馈线送至发射天线。而宽频带发射机输入 VHF、UHF 各频道电视信号经前置放大器放大，电调衰减器调节到合适的电平，再与本振信号在混频器中群上变频为微波电视信号，然后经滤波、放大处理后，经馈线送至发射天线。单频道微波发射机组成框图如图 3-8 所示。

采用单频道发射机可灵活配置频道，技术性能较好，但成本较高；宽频带发射机不能改变各频道之间的相对位置关系，技术性能较单频道发射机差，但在传输相同频道数目情况下，其成本较低。发射机的功率通常有 1 W、5 W、10 W、20 W、50 W、100 W 等几种，

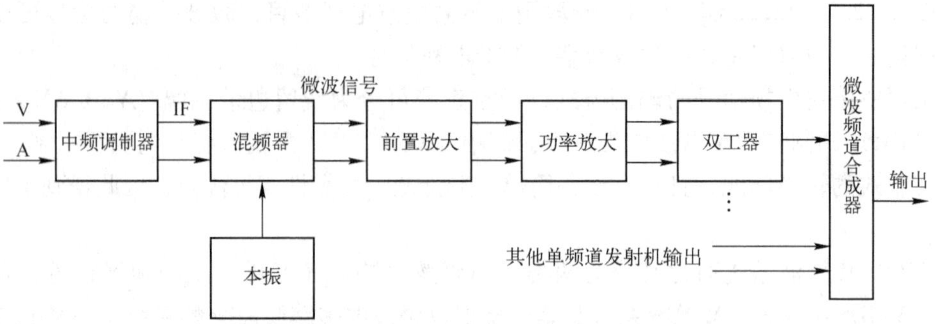

图 3-8　单频道发射机组成框图

实际选用功率应根据服务区的距离与面积决定。微波视距传播特性往往决定了覆盖的界线，因此发射机功率太大是不必要的。

（2）微波中继器

微波中继器又称为微波转发器、微波转播站。它用于传输距离超出 50 km 或传输路径有障碍不能直接传输至接收点的地区。微波中继器的主要作用是将接收到的微波电视信号进行功率放大后再发送出去，中间没有变频过程，也不需要制式转换。

（3）微波接收机

微波接收机主要由下变频器以及其供电电源、接收天线和馈源组成。输入的微波电视信号在进行低噪声预放大后，由混频器下变频至有线电视标准频道（VHF、UHF 或增补频道），经放大后输出送至前端，或者送入用户的电视机直接收看。通常群下变频器有多种本振频率可供选择，本振频率不同，其输出频段也不同。采用哪种本振频率的群下变频器，一般由系统的频率配置规划来确定。微波接收机组成框图如图 3-9 所示。

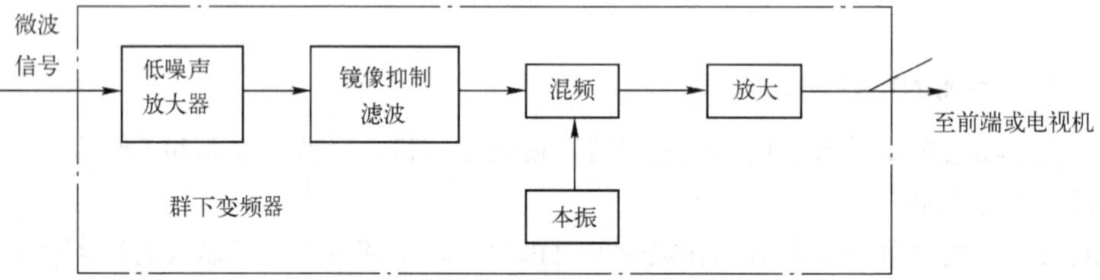

图 3-9　微波接收机原理框图

（4）天线

为了有效地发射（或接收）微波电视信号，天线和馈线也是非常重要的一部分。微波传输使用的馈线有椭圆波导、空心电缆和泡沫介质电缆。

发射天线通常采用板状抛物面天线、栅网状抛物面天线、喇叭天线和缝隙天线等多种类型。当用于干线传输时，要选用定向天线；当连接分配网络或直接入户时，则选用全方向性天线。天线方向图通常为圆形或心形等几种，以适应服务区分布的要求。发射天线应安装在铁塔或高层建筑物上，其高度与要求的覆盖范围有关。

接收天线通常采用小型定向天线，如矩形抛物面天线、八木天线等。为了保证在视距范围之内，接收天线的架设高度应为 15 ~ 25 m。发射天线和接收天线之间不应有高层建筑物、小山等障碍物遮挡。

3.3　有线电视系统的设备

1. 前端设备

前端设备主要由天线放大器、制式转换器、频道调制器、频道放大器和混合器等组成，是有线电视系统的心脏。

（1）天线放大器

天线放大器主要在前端部分使用，用来放大天线接收下来的微弱信号，以改善整个系统的载噪比。天线放大器分为宽带型和频道型两种。

（2）制式转换器

制式转换器能将 3.58 MHz 的 NTSC 制式的彩色电视信号转换成彩色副载波 4.43 MHz 的 PAL 制式的彩色电视信号，以符合我国电视制式的需求。

（3）频道调制器

频道调制器将卫星接收机送出的视音频信号调制为射频电视信号。

（4）频道放大器

频道放大器即单频道放大器，它用在 CATV 的前端，后面一般是混合器，因为各频道的信号电平是参差不齐的，只有经过频道放大器的增益调整，才可使各频道的输出电平大致相同。

（5）混合器

混合器的作用是把所接收到的多路电视信号混合在一起，合成一路信号输送出去，而又不相互干扰。混合器的高通、低通滤波器还具有滤除干扰波的作用，能消除电视的重影现象。混合器可分为频道混合器和频段混合器。

2. 传输分配网络

传输分配网络分为有源网络和无源网络。无源分配网络只有分配器、分支器和传输电缆等。有源分配网络除包括这几部分外，还增加了干线放大器和分配放大器。

（1）干线放大器

该放大器专门用在系统的干线传输部分，用来弥补信号在同轴电缆中传输所产生的衰减。其特点是增益不高，输出电平也不高，但考虑到电缆衰减的频率特性和温度特性，一般均具有自动增益控制（AGC）和自动斜率控制（ASC）的功能。高质量的干线放大器则同时具有上述两种功能，称之为具有自动电平控制功能的干线放大器（ALC）。干线放大器带宽的上限根据系统干线中所传输信号的最高频率来决定，一般为 40 ~ 860 MHz。干线放大器一般只有一个输出端口，但有时为了满足系统整体的需要，有些干线放大器除了一个主输出端口外，还有若干个输出端口，这些端口的输出信号的电平要略高于主输出端口的信号电平，以满足通过不太长的分支线直接供用户端分配的要求。这种干线放大器称为干线分支放大器。另一些干线放大器的输出端口的输出信号的电平略低于主输出端口输出的信号电平，以满足干线其他支路的传输，这种干线放大器称为干线分配放大器。

（2）分配放大器

分配放大器通常置于干线传输的末端，作为提高干线放大器输出端口的信号电平，满足分配网络信号的要求，它和在系统前端部分使用的宽带放大器属于同一类型。

分配放大器（线路放大器）是用于传输过程中因用户增多、线路延长后，补偿信号损失的放大器，一般采用全频道放大器。全频道放大器在频带内的增益偏差不能太大，这样当多个频道信号传输中，高端和低端信号增益偏差不会太大。

（3）分配器

分配器在共用天线电视系统中，将一路信号均等地分成几路信号输出，常用的有二分配器、三分配器、四分配器和六分配器等。

分配网络的设计是根据用户终端分布情况来确定网络的组成形式，然后按每个用户终端的信号电平为（68 ± 6）dB 的要求确定所用器件的规格、数量。在设计过程中，应考虑到分配器的分配损耗、分支器的插入损耗及电缆的损耗等因素。工程上，通常采用下列数据。分配器的分配损耗：二分配器为 4 dB，三分配器为 6 dB，四分配器为 8 dB。

（4）分支器

分支器是从干线上取出一部分信号送到支线上去，分支器一般由变压器型定向耦合器和分配器组成。定向耦合器的功能是以较小的插入损耗从干线取出部分信号功率，经衰减后由分配器输出，当输出端有反向干扰信号时，对主电路输出无影响。分支器与分配器组合使用可组成各种传输分配网络。在一分支器的支路输出端上接上二分配器，就成为二分支器，接上四分配器就成为四分支器。

分支器的插入损耗：对于 VHF 频段的信号，在电缆上每串接一个分支器，信号损耗可按 1 ~ 1.5 dB 计算；对于 UHF 频段，则可按 2.5 ~ 3 dB 计算。

（5）视频电缆

在传输分配网络中，各元件之间的连接线一般选用同轴电缆。同轴电缆由一根导线作芯线，周围充填聚乙烯绝缘物，外层为屏蔽铜网，保护层为聚乙烯护套。同轴电缆的阻抗特性为 75 Ω，在 CATV 系统中广泛使用，常用的型号有 SYWV、RG6 等。在前端与传输部分分配网络之间的主干线一般用 SYWV – 75 – 9，传输网络中的干线可用 SYWV – 75 – 7，从分配网络到用户终端的分支线可用 SYWV – 75 – 5。同轴电缆应单独配管敷设，不能靠近强电流线路平行敷设。电缆的损耗可按所选用的电缆的型号及长度计算。

3. 用户终端

共用天线电视系统的用户终端为供给电视机信号的接线盒，称为电视插座板，有单孔和双孔之分。单孔插座仅输出电视信号；双孔插座既有电视信号，又有调频广播信号。

4. 光缆

CATV 的光纤（缆）传输就是通过光发送机将 CATV 系统内的全部全频电视信号调制成波长 1310 nm 的激光信号，经光纤（缆）传输后，由光接收机再还原成高频电视信号。

从光发送机到光接收机之间的通道称为光链路，其两端的光发送机和光接收机称为光端机。光链路的技术指标取决于光端机，其中信号的载噪比取决于光接收机，而复合二次互调比和合成三次差拍比则取决于光发送机。

随着光纤（缆）和光端机技术的日趋成熟，成本呈降低趋势，目前，当干线传输距离大于3 km时，采用光纤（缆）传输的造价并不高于电缆传输。而且距离越远，越能显示出光纤（缆）传输的优越性，性能价格比越高。

3.4 有线数字电视系统

为适应数字电视广播和未来高清晰度电视广播的传输需求，并满足不断增长的数据业务对网络带宽的需求，有线电视系统的数字化已全面启动实施。国家广播电影电视总局在1997年将有线电视业务定位为基本业务、扩展业务、增值业务等三类业务，以推动有线电视系统的数字化。HFC网络结构的改造是数字化建设的主要方面，根据网络覆盖地域的实际情况，建设环形或星形结构的光纤骨干网，尽量将光节点下移，以缩小同轴电缆分配系统的用户规模；拓宽电缆分配系统的传输带宽，优化回传通道的设计，改善上行信道的传输特性。

数字有线电视系统与模拟有线电视的主要区别有两点：一是前端系统是融合了电视、计算机、数字通信等技术，含有数字电视播出、用户管理等硬件和软件的综合系统；二是用户端需要增加数字机顶盒以便开展各项业务。有线电视系统的数字化的最直接的好处是：

1）提高频谱利用率，增加频道容量。

2）有条件接收、加强网络管理。

3）开发交互式业务、增加网络收益。

数字有线电视的传输标准目前已实施的有北美的ATSC标准和欧洲的DVB标准，我国有线数字电视系统采用DVB－C数字有线电视广播系统标准。有线数字电视系统中规定了有线网络内上行传输和下行传输的频率划分，或者标示为反向传输和正向的频率划分。上行信道的频段划分为高分割、中分割和低分割三种方式，高分割的上行频率范围为5～87 MHz，中分割频率范围为5～65 MHz，低分割频率范围为5～42 MHz。我国采用中分割方式，频段划分标准如表3-3所示。

表3-3 有线电视系统的频段划分

符 号	频段/MHz	业务内容	符 号	频段/MHz	业务内容
R	5～65	上行传输	A	108～550	模拟电视
X	65～87	过渡带	D1	550～750	数字电视
FM	87～108	调频广播	D2	750～1000	数据通信

1. 有线数字电视系统的组成

有线数字电视系统一般由数字模拟混合前端、光纤干线传输网络、同轴电缆用户分配系统三大部分组成，数字模拟电视信号采用一定的数字混合后，经放大后供给光发射机，电信号经光发射机转变为光信号，再经光分路器送入光缆。在接收端由光接收机转变为电信号，送入同轴电缆分配系统，最后传送至用户。一个典型的数字有线电视系统的组成如图 3-10 所示。

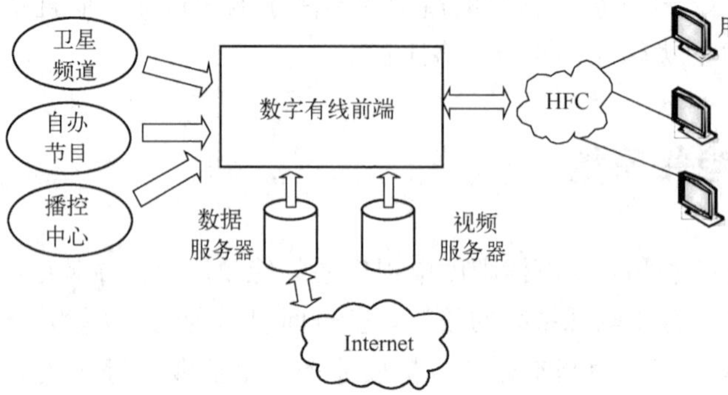

图 3-10　数字有线电视系统

目前，许多省市的有线电视台已进行以数字节目播出为主的数字化改造，而前端系统的改造则决定了整个系统开展业务的能力。前端系统将接收到的数字卫星节目信号直接送入复用器，或将模拟电视信号进行相应的编码后也送入复用器，复用器完成多套节目的复用后通过调制器，借助光纤传输到用户终端。随着有线电视数字化的推进，条件接收系统（CA）、用户管理系统（SMS）、中文电子节目指南（EPG）及各种业务系统逐渐在全国开始推广。

数字有线前端主要由以下几个部分组成：数字电视信源系统、业务系统、存储播出系统、复用加扰系统、条件接收系统、用户管理系统、编码调制系统、回传处理系统，以及其他辅助系统。数字有线电视前端系统的一般结构如图 3-11 所示，下面对各主要部分进行简单说明。

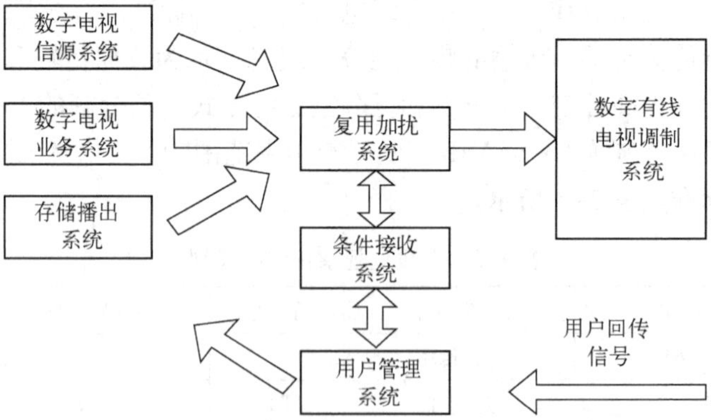

图 3-11　数字有线电视前端系统的结构图

（1）数字有线电视信源系统

数字电视信源系统包括数字卫星信号的接收系统、模拟信号的编码系统、SDH 网络信号的分接、转换系统。该系统以后还将逐步具有传输来自宽带IP等多种网络节目源的能力，它的特点是将信号进行一定格式转换，使之成为符合DVB-C标准的TS流信号，它对节目的内容不加以编辑和存储，只起到节目转发的作用。凡是符合DVB标准的数字卫星接收机可以直接输出TS流信号，而对于传统的模拟信号或非标准的数字视音频信号需要通过压缩编码系统将其转换成TS流信号。

数字电视的压缩编码系统的功能是将模拟的视音频信号数字化，采用广播级MPEG-2的编码方式进行编码，并实时传输到视频服务器或直接到复用器。数字电视节目复用系统将多路单节目数字视频流复合成单路多节目数字视频流，并符合DVB传送标准，调整节目带宽实现多节目的数字广播，并确保与CA及其他系统的良好配合。

（2）存储播出系统

存储播出系统包括节目素材上载与收录系统、节目存储与节目库管理系统、节目预编/审核系统、准视频点播（NVOD）系统和专业频道管理播出系统。该系统的特点是可以对多种格式节目进行上载，收录存储多种传输方式的节目，并将其转换成TS流文件，并且支持手动和自动采集方式；对节目库中存储的文件进行分类编目，提供高效的文件检索功能；对（延时）播出的节目进行监审/编辑的功能；通过准视频点播（NVOD）系统和专业频道管理播出系统完成节目播出。

（3）业务系统

目前，DVB业务在世界上许多国家已经实现。有线电视台播出前端对素材和信息进行编辑和整理，采用DVB-DATA标准对信息进行封装，完成播出TS流的打包；接收端机顶盒集成相应接收模块完成对数据信息的解析。目前，国内的业务系统包括数据广播、Internet接入、实时股票信息等。

（4）复用加扰系统

复用加扰系统将从数字有线前端输入的信号，根据码率进行节目、数据信息复用并完成加扰，形成若干个频道的码流。根据使用设备的不同，系统的结构也各不相同，有些复用器内置加扰模块，信号在复用器的内部可以完成加扰，有些复用器内部不具有加扰模块，需要外接独立加扰设备。多路复用器是整个系统的核心部分，相当于交通枢纽中心，把不同方向运载的货物经过复用器，根据用户的不同需求重新装到不同的车上从不同的路径运到不同的用户手中。

（5）用户管理系统

用户管理系统与条件接收系统使用专用的接口进行连接，主要对网络中的信号进行商品化定义、管理以及用户收看节目的权限控制和收费。用户管理系统主要对用户信息、用户设备信息、节目预定信息、用户授权信息、财务信息等进行处理、维护和管理，同时可为其他子系统提供用户授权管理的基本数据库信息。

用户管理系统包括用户档案信息、用户收视信息、银行收费系统和用户结算及授权信息的管理。实现服务提供、最终用户反馈和统计记录以及用户智能寻址和收费管理等。

（6）条件接收系统（CA）

条件接收系统只允许具有授权的用户使用相对应的业务，而未经授权或权限受限的用户不能使用相关业务。条件接收系统是通过对各项数字电视广播业务进行授权管理和接收控制来实现各项功能。该系统是一个复杂的综合性的系统，系统涉及了多种技术，包括系统管理技术、网络技术、加解扰技术、加解密技术、数字编解码技术、数字复用技术、接收技术、智能卡技术等，同时也涉及业务开展、用户管理、节目管理、收费管理等信息管理应用技术。

条件接收系统是数字电视接收控制的核心技术保障系统。该系统可以按不同情况对数字电视广播业务按时间、频道和节目进行管理控制。在用户端，未经授权的用户将不能对加扰节目进行解扰，而无法收看节目。条件接收是现代信息加密技术在数字电视领域的具体应用。

2. 有线数字电视特点

有线数字电视系统的优点是易于实现前端与用户间的双向交互式传输，向用户提供方便的视频点播（VOD）、信息查询、上网浏览以及电视购物等功能。有线数字电视是一项全新的有线电视服务系统，与传统的模拟电视相比，有线数字电视有以下特点和优势。

（1）内容更精彩。提供了更多的基本电视节目，使用户在享受广播电视服务的同时，还能够享受到如股票、生活服务、市政公告、天气预报、交通信息等各种资讯信息的服务。

（2）节目更个性。100 多个专业化电视节目使用户能够按照自己的需要，点播自己想看的电视节目，可以享受如在线游戏、短信等多种交互式点对点的娱乐和信息等服务。

（3）收视更方便。独特的电子节目指南为用户提供了一张电子版的电视节目报。

（4）图像更清晰。能够提供更加清晰的图像质量和优美的音质，用户可以享受到高清晰度电视节目和电影院的音响效果。

（5）频道更丰富。有线电视数字化使频谱资源得到了充分的释放，模拟电视一般只能传输 50 套左右。而有线数字电视节目容量可以达到 500 套，能够提供丰富多彩的节目。

3.4.1 数字电视基本知识

数字电视是高科技的产物，数字电视是指从节目摄制、制作、编辑、存储、发送、传输，到信号接收、处理、显示等全过程完全数字化的电视系统。数字电视系统建成后将成为一个数字信号传输平台，它使整个广播电视节目制作和传输质量显著改善，图像的清晰度是现有模拟电视的几倍，信道资源利用率大大提高，在技术上可以达到同时播出 500 套节目的容量。数字电视具有丰富的电视节目并且提供其他增值业务如数据广播、视频点播、电子商务、软件下载、电视购物、资讯服务、互动游戏等功能。

数字电视采用了包括超大规模集成电路、计算机、软件、数字通信、数字图像压缩编解码、数字伴音压缩编解码、数字多路复用、信道纠错编码、各种传输信道的调制解调以及高清晰显示器等技术，它是继黑白电视和彩色电视之后的第三代电视。

数字电视按其传输视频（活动图像）比特率的大小粗略划分为 3 个等级，即普及型数字电视（PDTV）、标准清晰度数字电视（SDTV）、高清晰度数字电视（HDTV）。三者的区别主要在于图像质量和信号传输时所占信道带宽的不同。

1）普及型数字电视（PDTV）采用逐行扫描，视频比特率为 1～2 Mbit/s，显示清晰度为 300～350 线，只有 VCD 级图像分辨率。

2）标准清晰度电视（SDTV）采用隔行扫描，视频比特率为 4～6 Mbit/s，显示清晰度为 350～400 线，图像质量相当于演播室水平，显示图像分辨率为 720×576（PAL 制）或 720×480（NTSC 制），成本较低，具备数字电视的各种优点。

3）数字高清晰度电视 HDTV（High Definition Television）是目前世界上发达国家积极开发应用的高新电视技术，它采用数字信号传输技术，比普通模拟电视信号传输具有更强的抗干扰性能。HDTV 采用隔行扫描，视频比特率为 18～20 Mbit/s，显示清晰度为 800～1000 线，图像质量可达或接近于 35 mm 宽银幕电影的水平，显示图像分辨率达 1920×1080 像素，幅型比为 16:9，配合多声道数字伴音，适合大屏幕观看。

其中 PDTV 是属于 SDTV 的最低等级，是针对中国国情而专门命名的，美国和欧洲在 SDTV 和 HDTV 之间，都分别使用增强清晰度电视（EDTV），它采用逐行扫描，视频比特率为 6～10 Mbit/s，显示清晰度为 400～500 线。

HDTV 是一种电视业务，原 CCIR（国际无线电咨询委员会，现改名为 ITU）给高清晰度电视下的定义是："高清晰度电视是一个透明的系统，一个视力正常的观众在观看距离为显示屏高度的 3 倍处所看到的图像的清晰程度，与观看原始景物或表演的感觉相同。"图像质量的视觉效果可达到或接近 35 mm 宽银幕电影的水平。

HDTV 具有以下鲜明的特点：

1）图像清晰度在水平和垂直方向上均是常规电视的 2 倍以上。

2）扩大了彩色重显范围，使色彩更加逼真，还原效果好。

3）具有大屏幕显示器，画面幅型比（宽高比）从常规电视的 4:3 变为 16:9，符合人眼的视觉特性。

4）配有高保真、多声道环绕立体声。

目前数字电视标准有三种：美国的 ATSC、欧洲的 DVB 和日本的 ISDB，其中前两种标准用得较为广泛，特别是 DVB 已逐渐成为世界数字电视的主流标准。

（1）ATSC 标准

ATSC 是美国高级电视系统委员会的简称，于 1995 年经美国联邦通信委员会正式批准作为美国的高级电视（ATV）国家标准。ATSC 标准规定了一个在 6 MHz 带宽内传输高质量的视频、音频和辅助数据的系统，在地面广播信道中可靠传输约 19 Mbit/s 的数字信息，在有线电视频道中可靠传输 38 Mbit/s 的数字信息，使该系统能提供的分辨率达常规电视的 5 倍之多。

ATSC 被加拿大、韩国、阿根廷、中国台湾以及墨西哥采用，亚洲及中北美洲的许多国家也正在考虑使用。

（2）DVB 标准

DVB 即数字视频广播，是欧洲广播联盟组织的一个项目，目前已有 220 多个组织参加。DVB 项目的主要目标是找到某一种对所有传输媒体都适用的数字电视技术和系统。

因此，它的设计原则是使系统能够灵活地传送 MPEG－2 视频、音频和其他数据信息，使用统一的 MPEG－2 传送比特流复用，使用统一的服务信息系统、统一的加扰系统（可有不同的加密方式）、统一的 RS 前向纠错系统，最终形成一个统一的数字电视系统。不同传输媒体可选用不同的调制方式和通道编码方法，其中，DVB－S 采用 QPSK，DVB－C 采用 QAM，DVB－T 采用 COFDM。所有的 DVB 系列标准完全兼容 MPEG－2 标准，同时制定了解码器公共接口标准、支持条件接收和提供数据广播系统等特性。目前，DVB 已经扩展到欧洲以外的国家和地区。欧洲的 DVB 重点放在 SDTV，其 COFDM 制式的地面广播正在欧洲各国陆续开播。卫星的 MPEG－2/DVB－S 广播已于 1996 年开播。

（3）ISDB 标准

日本数字电视 ISDB 标准于 1993 年 9 月制定。其核心内容包括既传送数字电视节目又传送其他数据的综合业务服务系统。视频编码、音频编码、系统复用均遵循 MPEG－2 标准，传输信道以卫星为主。迫于欧洲和美国的发展速度，将原定于 2005 年才开始数字电视广播的计划改为 2000 年开始，并提出了 ISDB－T 制式。使数字电视地面广播再次出现三大制式并存的局面。

ATSC 与 DVB 标准在信道传输方式、数字音频压缩标准和节目信息表上都有所差别。同时美国 ATSC 标准关注的是 UHF 和 VHF 频道的数字地面 HDTV，在 6 MHz 信道内只提供 19.3 Mbit/s 的固定码率，而欧洲 DVB 以单一系统方式针对 SDTV 和 HDTV，可用于所有广播媒体。在设计上码率可变，在 8 MHz 内可选择 4.9～31.7 Mbit/s 不同的传输码率。

上述 3 个标准的不同点主要表现在以下几方面：

1）在传输方面，美国首先考虑的是地面广播信道，而欧洲和日本考虑卫星信道。

2）在图像规格方面，美国考虑地面广播 HDTV，欧洲强调图像可分级性，日本强调多种数字业务集成，不只传一种 HDTV 信号。

3）数字调制方式方面，美国地面广播采用 8－VSB 或 16－VSB，欧洲和日本地面广播采用 COFDM；而有线广播均采用 QAM，卫星广播均采用 QPSK。

4）在音、视频编码复用方面，除美国采用 AC－3 外，其余均采用 MPEG－2。

3.4.2 数字电视机顶盒

1. 数字机顶盒的功能

有线电视网络正在向数字化、网络化、产业化方向发展，有线电视网络提供综合信息业务的关键设备之一是用户终端设备数字机顶盒。机顶盒（Set Top Box，STB）起源于 20 世纪 90 年代初的欧美。机顶盒的主要作用是用普通模拟电视机收看数字电视节目或数字高清晰度电视节目，同时具备网络和有条件接收功能，这种机顶盒被称为数字电视机顶盒。根据传输媒体的不同，数字电视机顶盒又分为数字卫星机顶盒（DVB－S）、地面数字电视机顶盒（DVB－T）和有线数字电视机顶盒（DVB－C）三种，三种机顶盒的硬件结构主要区别在于解调部分。

数字机顶盒是利用有线电视网络向用户提供综合信息业务的终端设备。从广义上说，凡是与电视机连接的网络终端设备都可称为机顶盒。它可以支持几乎所有广播和交互式多媒体应用，诸如数字电视广播接收、数据广播、电子节目指南、准视频点播、视频点播、电子邮件、因特网接入以及 IP 电话等。

数字机顶盒的基本功能是接收数字电视广播节目，同时具有所有广播与交互式多媒体应用功能。主要包括以下几方面：

（1）电子节目指南（EPG）。电子节目只能给用户提供一个容易使用、界面友好、可以快速访问想看节目的方式，用户可以通过该功能看到一个或多个频道甚至所有频道上近期将播放的电视节目。同时，EPG 可提供分类功能，帮助用户浏览和选择各种类型的节目。

（2）高速数据广播。高速数据广播能给用户提供股市行情、票务信息、电子报纸、热门网站等各种信息。

（3）软件在线升级。软件在线升级可看成是数据广播的应用之一。数据广播服务器按 DVB 数据广播标准将升级软件传播下来，机顶盒能识别该软件的版本号，在版本不同时接收该软件，并对保存在存储器中的软件进行更新。

（4）Internet 接入和电子邮件发送。数字机顶盒可通过内置的电缆调制解调器方便地实现 Internet 接入功能。用户可以通过机顶盒内置的浏览器上网，发送电子邮件。同时机顶盒也可以提供各种接口与 PC 相连，用 PC 与因特网连接。

（5）有条件接收。有条件接收的核心是加扰和加密，数字机顶盒应具有解扰和解密功能。到目前为止，围绕数字机顶盒的数字视频、数字信息与交互式应用三大核心功能开发了多种增值业务。

（6）支持交互式应用。数字机顶盒具有双向通信能力，可以为每个用户提供视频点播功能，使用户能在他希望的时间和地点观看到想看的节目，还可以进行互动游戏等。

2. 有线电视数字机顶盒的基本原理

数字电视机顶盒接收各种传输介质来的数字电视和各种数据信息，通过解调、解复用、解码和数据解析，在模拟电视机上观看数字电视节目和各种数据信息。有线数字电视机顶盒接收数字电视节目、处理数据业务和完成多种应用的解析。信源在进入有线电视网络前完成两级编码，一级是传输用的信道编码，另一级是音、视频信号的信源编码和所有信源封装成传输流。与前端相对应，接收端机顶盒首先从传输层提取信道编码信号，完成信道解调；其次是还原压缩的信源编码信号，恢复原始音、视频流，同时完成数据业务和多种应用的接收、解析。

有线数字电视机顶盒的原理框图如图 3-12 所示。机顶盒由高频头（调谐器）、QAM 解调器、TS 流解复用器、MPEG-2 解码器、PAL/NTSC 视频编码器、音频 D/A、嵌入式 CPU 系统和外围接口、CA 模块等组成。具有交互功能的机顶盒则需要回传通道。

数字电视机顶盒的工作过程如下：高频头接收来自有线网的高频信号，通过 QAM 解调器完成信道解码，从载波中分离出包含音、视频和其他数据信息的传送流（TS）。传送流中一般包含多个音、视频流及一些数据信息。解复用器则用来区分不同的节目，提取相应的音、视频流和数据流，送入 MPEG-2 解码器和相应的解析软件，完成数字信息的还

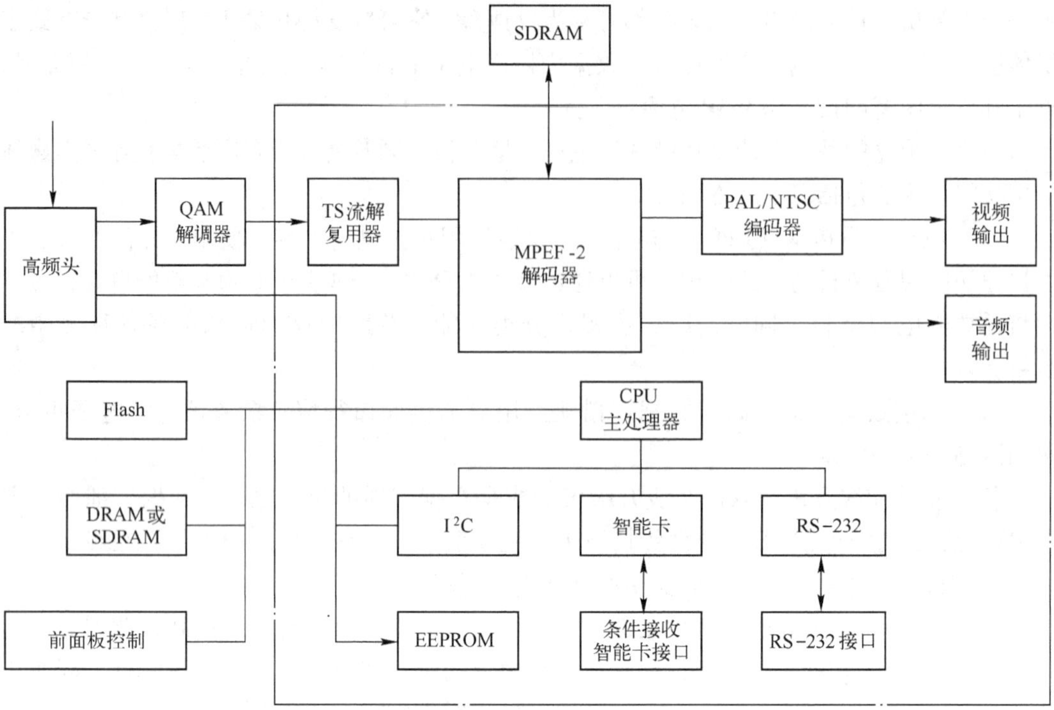

图 3-12 有线数字电视机顶盒原理框图

原。对于付费电视，条件接收模块对音、视频流实施解扰，并采用含有识别用户和进行记账功能的智能卡，保证合法用户正常收看。MPEG-2 解码器完成音、视频信号的解压缩，经视频编码器和音频 D-A 转换，还原出模拟音、视频信号，在常规彩色电视机上显示高质量图像，并提供多声道立体声节目。

3. 有线电视数字机顶盒的基本结构

有线数字电视机顶盒从结构上分硬件系统和软件系统。

为实现实时的解复用和数据信息处理，目前的系统大多采用专用芯片，将 CPU 内存、DVB 通用解扰器、MPEG-2 传输解复用器、MPEG 视音频解码器以及 PAL 解码器集成，形成 STB 的核心芯片。

（1）调谐和解调。有线电视信号范围为 47～860 MHz，由于频带内是多路信号频分复用的，因此首先通过调谐器取出需要的 RF 信号，经过下变频后进入 64QAM 解调器。

（2）解复用。解复用器将复用在一起的传送流（TS）进行解复用，区分不同的节目，提取相应的视、音频和数据流，分别送入 MPEG-2 解码器和相应的解析软件，完成数字信息的还原。

（3）解压缩。解压缩模块主要由 MPEG-2 视音频解码器构成，完成音、视频信号的解压缩功能。

（4）视音频信号处理与接口。数字机顶盒的“外设”是电视机或显示器和音响系统，数字视音频信号必须经视音频处理器转换为与外设接口相适应的视音频信号如分量视频

Y/C，复合视频（CVBS）输出等。

（5）模拟视音频信号。调谐器完成射频选择转换，模拟解调器解调出视音频信号。

（6）线缆调制解调器（Cable Modem）。开展交互式应用，需要考虑上行数据的调制编码问题。有线双向网使用带有 Cable Modem 芯片的数字机顶盒，利用有线电视频道内 5～65 MHz 频段进行回传信号的传输。在下行方向大多采用 QPSK 或 QAM 调制方式。

（7）CPU 系统。CPU 与存储器模块用来存储和运行软件系统，并对各模块进行控制。

（8）加解扰模块。在有线电视运营中，付费电视是一种增值业务，要求数字机顶盒具备电视信号的加解扰功能，即 CA 系统。

在数字电视技术中，软件技术占有重要的地位。除了视音频的解码由硬件实现外，包括电视内容的重现、操作界面的实现、数据广播业务的实现，以及和 Internet 的互联都需要软件来实现。可以将数字机顶盒分为 4 层，如图 3-13 所示。

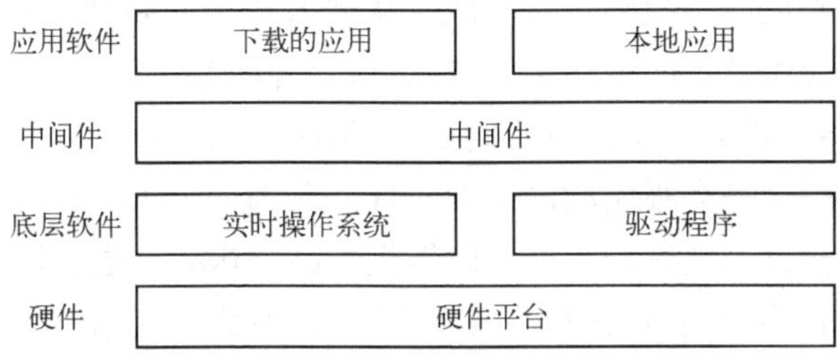

图 3-13　数字电视机顶盒的组成

从底向上分别为：硬件平台、底层软件、中间件、应用软件。其中，硬件平台通过驱动程序实现驱动硬件的功能，如射频解码器、传输解复用器、A/V 解码器及视频编码器等；底层软件提供操作系统内核以及各种硬件驱动程序；应用软件包括本机存储的应用程序和下载的应用程序，这些应用程序实现了机顶盒的各种功能；中间件将应用程序与依赖于硬件平台的底层软件分隔开来，使应用程序不依赖于具体的硬件平台，从而将应用的开发变得更加简捷，使产品的开放性和可移植性更强。

3.5　智能建筑中的视频会议系统

视频会议是利用通信网络、多媒体技术和计算机技术等现代信息技术实现两个或两个以上地点之间的图像和声音的实时传输，并且允许用户交互通信的技术。采用视频会议的方式，可以使身处两个会场或多个会场的与会者，既能听到其他会场与会人员的声音，又能看到其他会场的图像，可通过出示实物、图纸等来增强现场感，还可以通过传真或共享电子白板及时传送相关文件、图表或讨论问题等，从而缩短与会者的距离，改善会场气氛，使与会者“身临其境”。

视频会议系统的历史可追溯到 20 世纪 60 年代初，当时美国电报电话公司（AT&T）曾推出过模拟视频会议系统——Picture phone。进入 70 年代以后，视频会议开始采用数字信号处理技术和数字传输方式。到 80 年代中期，通信技术发展迅猛，信息编解码技术的成熟，使得视频会议设备的实用性大为提高。但此时的视频会议系统由于价格和技术的因素，仍只限于高档会议室的视频会议应用，从而限制了视频会议的进一步普及。在20世纪90年代初期，第一套国际标准H.320获得通过，不同品牌产品之间的兼容问题得到解决。配合H.261视频压缩集成电路技术的开发，视频会议系统呈现小型化发展的趋势。在1992~1995年，中小型视频会议系统成为视频会议应用中的主要产品。视频会议系统在90年代中期的另一个发展趋势是桌面型产品开始成熟。到了20世纪90年代后期，随着IP网络的迅速发展和普及，人们对视频业务的需求量急剧增加，这促进了基于TCP/IP的视频会议标准的形成和视频会议产品的发展。进入21世纪以来，随着国家级骨干网、宽带城域网以及接入网的建设和完善，视频会议作为一种便捷、高效的应用系统在各个国家各行各业都开始普及。基于传统电路交换的高清晰度会议电视系统已经得到广泛应用，基于网络的H.323标准的视频会议系统逐渐成为视频会议产品的主流。目前，从大型会议室型视频会议系统到桌面型视频会议系统，从嵌入式产品到计算机平台上的软件产品，应有尽有。作为系统应用支撑的视频会议技术，在不同带宽范围其发展的侧重点不同。在高带宽（2~10 Mbit/s）领域，将重点研制更好的算法以产生更高质量的图像、声音，满足如实时转播、远程医疗等高级应用的需要；在中带宽（384 kbit/s~2 Mbit/s）领域，研究的重点是对现有的会议电视进行改进，以提供更高分辨率、更高帧数的图像和更好的声音；在低带宽（384 kbit/s以下）领域（多用于手机等移动通信终端），重点研究如何在保证基本图像、声音质量的前提下，尽可能多地压缩数据，使其能以更低的速率传输。

1. 视频会议系统的功能

视频会议系统的主要功能是通过终端向用户呈现所需的视频画面、声音以及各种数据，为此需要视频会议终端具有各种特定会议功能并支持多种通信协议及会议控制方式，因此视频会议系统的功能有时也称为视频会议终端的功能。

（1）应用层协议支持功能

视频会议系统的运行必须遵循一定的国际标准，如H.320或H.323等协议。以基于网络运行的视频会议系统为例，系统要支持H.323协议，提供在H.255.0建议中描述的服务，对H.245控制信道、数据信道和呼叫信令信道，必须提供可靠的端到端服务；对音频信道、视频信道和RAS信道，必须提供可靠的端到端服务。服务可以是双工或单工、单播或多播，取决于应用、终端能力和网络配置。

（2）参加会议能力

系统应该具备预约会议的能力，能够进行点对点呼叫和多点音视频会议呼叫，能够实现自动或人工控制应答呼叫的功能，能够选择音频会议或视频会议。

（3）语音编解码功能

终端可以根据需要选择支持Ct7XX系列标准编码格式或其他非标准专用编码格式。对于基于网络的视频会议终端，可以根据会议需要在MC的控制下进行声音编码动态转换，即在较高速率编码与较低速率编码方式之间进行切换。当网络拥塞时，可将高速率编码方式转换为低速率编码方式，以便从媒体流的源端进行流量控制以缓解拥塞状况；当网络资源宽松时，可以将低速率编码方式转为高速率编码方式，以提高语音质量。

（4）图像编解码功能

终端必须支持 H. 261QCIF，可以根据需要支持 H. 261CIF、H. 263QCIF、H. 263CIF、H. 264CIF 等编码格式，也可以采用其他技术成熟、互通性好的压缩编码格式。对于基于 IP 网络的视频会议终端，还应该可以根据会议需要在 MC 的控制下进行编码速率的动态转换。当网络拥塞时，可将高速率编码方式转换为低速率编码方式，以便从媒体流的源端进行流量控制从而缓解拥塞状况；当网络资源宽松时，可以将低速率编码方式转换为高速率编码方式，以提高图像质量。随着通信网络带宽的增加和视频压缩技术的飞速发展，更高的视频图像分辨率和帧速率（如 PAL 视频为 25 帧/s）成了许多终端必备的能力。

（5）数据通信功能

数据通信功能用于支持诸如静态图像、二进制文件等的传输，以及实现电子白板等。例如，H. 323 协议规定支持数据通信功能是可选的；数据通信采用 T. 12X 系列协议，其中的 T. 126 对应多点电子白板，T. 127 对应多点文件传输，T. 128 对应多点应用共享。

（6）QoS 功能

服务质量控制已逐渐成为视频会议终端的必备功能，如基于 IP 网络的视频会议终端支持 RTP/RTCP 流控制传输。RTP 是 H. 323 标准中规定的在传输时延较低的 UDP 上实现实时传输的协议，其目的是提供时间信息和实现流同步，提供数据传输和服务质量的端到端监控，提供管理传输质量的 QoS 信息，增强 RTP 的功能。当应用程序开始一个 RTP 会话时将使用两个端口，一个给 RTP，另一个给 RTCP。RTP 本身不能为按顺序传送数据包提供可靠的传送机制、流量控制和拥塞控制，只能通过 RTCP 来提供。

（7）主席控制功能

视频会议系统一般应具备主席功能，终端在会议中可通过申请成为主席。主席终端应具备如下基本的会议控制功能：选看会场、广播会场、查询终端列表、点名发言、申请发言、释放主席令牌（交回主席控制权）；还具备一些扩展的会议控制功能，如添加和删除会场、声音控制、延长会议、摄像机远程遥控等。非主席终端具备的功能有申请主席、查询终端列表、申请发言、退出会议、数据会议等。

（8）维护管理功能

视频会议终端应该能够与网守进行交互，完成系统控制和连通性保证，能够进行故障处理，通过环回测试进行资源维护和故障定位，进行本地维护、系统升级和远程维护管理。

2. 视频会议系统的组成

视频会议系统主要由终端设备、通信网络、多点控制单元（Multipoint Control Unit，MCU）和会议管理软件 4 部分组成，如图 3-14 所示。其中，终端设备和 MCU 是视频会议系统所特有的；通信网络是适宜传输视频会议信号的各类通信网，视频会议的设备要在通信网络上运行，就必须满足通信网络的协议和标准。

（1）终端设备

视频会议终端设备将视频、音频、数据、信令等各种数字信号分别进行处理后组合成一路复合的数字码流，再将它转变为与用户网络接口兼容、符合通信网络协议的帧结构送

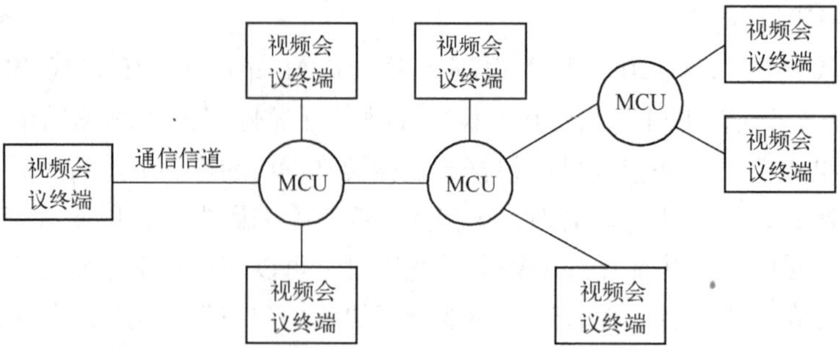

图 3-14　视频会议系统的结构

到信道中进行传输。终端设备主要有编解码器、摄像机、监视器、传声器、扬声器、音视频合成器等。

（2）通信网络

视频会议的传输介质可采用光缆、电缆、微波以及卫星等各种数字信道。在用户接入网的范围内，还可以采用 HDSL、ADSL 等设备进行传输。视频会议业务可以在现有的多种通信网络中展开，如 SDH、DDN、ISDN、ATM 或帧中继网络等。视频会议系统主要是利用通信网络传送活动或静态图像、语音、数据以及系统控制等信号。

（3）多点控制单元

目前各种网络本身的通信控制机制中，还不能完全满足视频会议系统所要求的多点对多点通信控制功能。因此，除了终端设备、通信线路外，视频会议系统要进行多点视听信息传输与转换，还必须增设多点控制单元（MCU）。MCU 根据一定规程处理视频、音频信号，控制各个会场之间的信息传输与切换。MCU 就像电话网中的交换机一样，按用户的要求分配给应连接的信道，完成信息的转接。

（4）会议管理软件

会议管理软件包括协议处理、音频与视频信号处理、协同工作管理和图形用户接口等。

3. 系统的分类

目前，市场上的视频会议系统可以分为软件视频会议系统和硬件视频会议系统。

软件视频会议是基于 PC 架构的视频会议现场画面通信方式，主要依靠 CPU 处理视、音频编解码工作，其最大的特点是廉价，且开放性好，软件集成方便。但软件视频在稳定性、可靠性方面还有待提高，视频质量普遍无法超越硬件视频系统，它当前的市场主要集中在个人和企业，政府、大型企业也逐渐开始慢慢接受，并越来越多地运用到会议当中。

硬件视频会议是基于嵌入式架构的视频通信方式，依靠 DSP + 嵌入式软件实现视音频处理、网络通信和各项会议功能。其最大的特点是性能好、可靠性高，大部分中高端视讯应用中都采用了硬件视频方式，但随着技术的发展，其市场份额正逐渐被软件所占领。

4. 网络拓扑结构

（1）星形结构

所有的终端都接到一个 MCU 上。如图 3-15 所示。

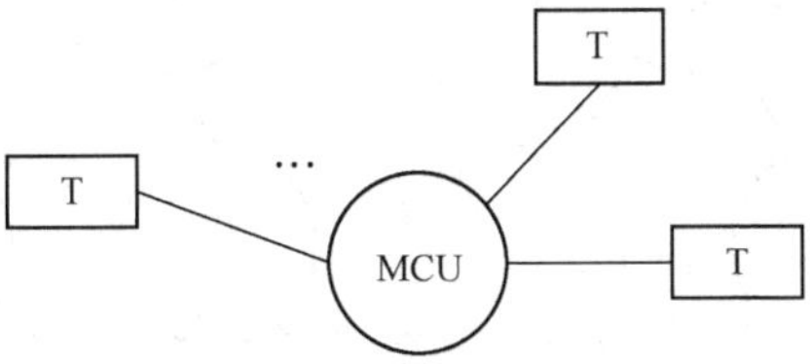

图 3-15　会议电视星形结构拓扑结构

（2）哑铃形结构

终端被连接到两个 MCU 上，这两个 MCU 互相连接在一起。如图 3-16 所示。

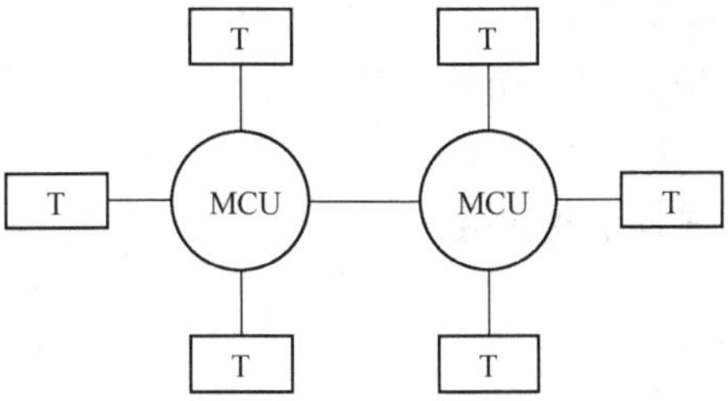

图 3-16　会议电视哑铃形结构拓扑结构

（3）MCU 星形结构

多个 MCU 组成星形结构，终端接到 MCU 上。如图 3-17 所示。

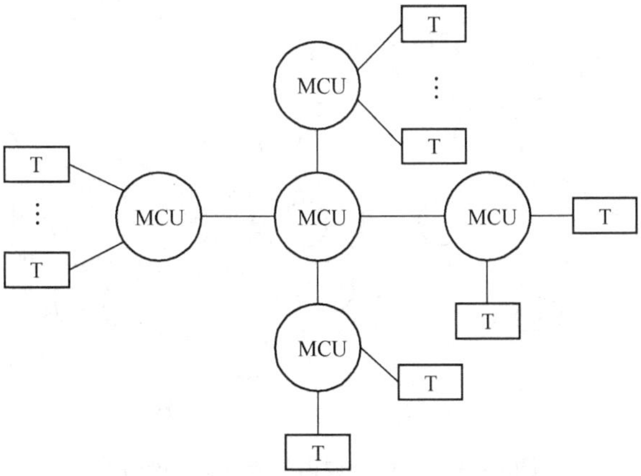

图 3-17　会议电视 MCU 星形结构拓扑结构

（4）分层结构

多个 MCU 组成分层网络，终端连接到 MCU 上。如图 3-18 所示。

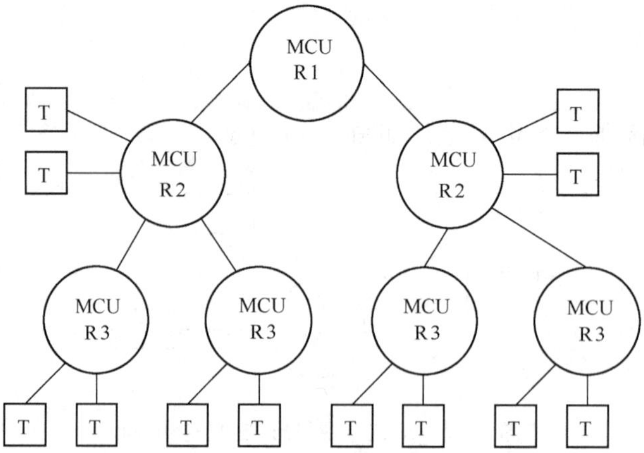

图 3-18 会议电视分层结构拓扑结构

图 3-18 中，M. MCU 表示主 MCU；MCU R1，MCU R2，MCU R3 分别表示第一级 MCU，第二级 MCU，第三级 MCU；T 表示会议终端。

以 MCU 设备为主构成多种网络拓扑结构，为会议电视系统提供了灵活多变的应用方式。

图 3-19 为我国会议电视骨干网的组成。

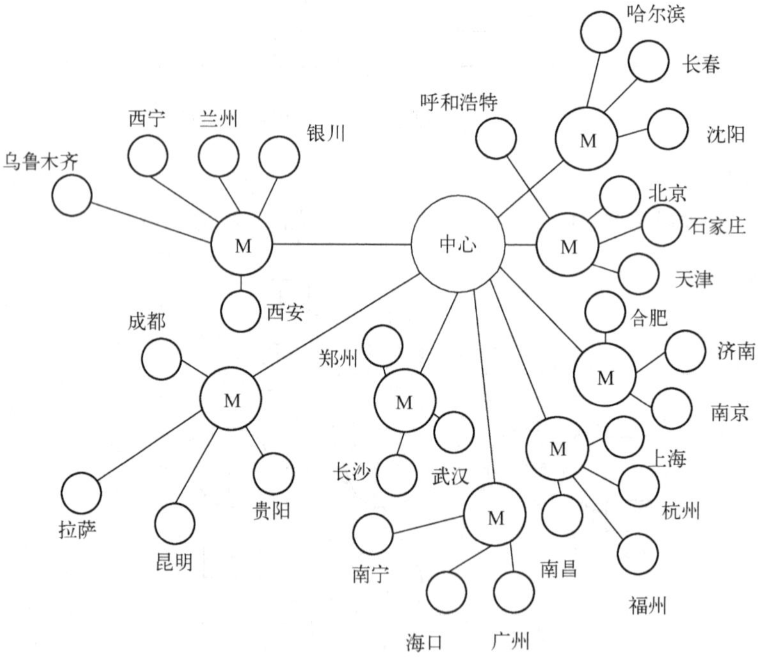

图 3-19 我国会议电视骨干网的组成

5. 视频会议系统的应用

视频会议以其快捷、实时、低成本、省时等特点，得到了广泛的推广和应用。它的应用将会在以下领域发挥优势：

1）政府级行政会议。

2）商业领域：会晤、谈判、业务管理。

3）紧急救援、抗灾防洪。

4）远程医疗。

5）远程教学。

6）保安系统（视频监控）。

7）国防军事：侦察、可视指挥等。

8）办公自动化。

3.6　交互式电视

随着数字电视技术的日趋成熟，以及各地数字电视节目的陆续开播，特别是当今信息时代的需要，传统的单向传输的数字电视逐渐向数字交互式电视发展。所谓交互式电视（Interactive Television，ITV）就是在节目之间或节目内，用户可以随时收看自己喜爱的节目，即视频点播（VOD）；在收看电视的过程中，可以随时调出节目主要演员或体育运动员的资料，或者查看剧情简介；还可以通过宽带网络进行电视购物、远程教学、远程医疗、家庭银行等服务。

交互式电视是一种非对称双工形式的新型电视技术，它已迅速成为信息高速公路中最热门的话题之一。交互式电视改变了人们被动接收电视信息的传统方式，是一种受用户控制的电视技术，电视技术中通常把完成交互式电视功能的传输系统称为交互式电视网。

1. 交互式电视的主要实现形式

交互式电视系统是近年来新出现的一种新的信息服务形式，它为普通的电视机增加了交互能力，交互式电视的主要实现形式有以下三种。

（1）在线交互

将交互内容在线上轮播，用频道带宽换取用户进入的时间，让用户等待时间不超过轮播的一个周期。主要应用于股票资讯、网站浏览以及 NVOD 等大众内容传播业务。优点是不受用户数量的限制，系统造价低。缺点是频道资源利用率低，内容数量受频道限制较大，交互功能弱。

（2）中央交互

通过交互网络与播出中心的直接连接实现各种交互，是交互的最高境界。优点是功能最全面，缺点是使用成本高，用户数量受交互网络带宽限制。

（3）分布互动

以集中管理、分散播出的方式通过紧靠观众的分布式播出中心实现各种交互业务。优点是网络资源利用率高，交互性能好，缺点是系统成本相对较高，管理系统较复杂。

互动电视的实现方式要依据国情，针对我国用户基数大、居住较集中、收入差异大的现状，应采取在线交互和分布交互相结合，利用大网在线交互为大众提供廉价服务，在小区建立与大网相连的交互分播中心，提供个性化交互服务，先选择一些高端小区做试点。这样就可以通过大网套小网的方式，一步到位把所有的用户阶层都覆盖起来，然后针对不同的特点去分别应用。具体实施过程中，在一个城市里用城域网做在线交互，用小区网做分布交互网。

2. 交互式电视系统的组成

交互式电视系统的组成从大的方面来讲，包括电视节目源、视频服务器、宽带传输网络、家庭用户终端和管理收费系统五个部分。

（1）电视节目源

媒体管理及制作单位要提供 VOD 的服务，首先要将节目内容数字化。拥有内容丰富、画面清晰、声音优美的电视节目源，是交互式电视服务所必需的前提条件。而且可以利用电影和电视联合的优势，以及数字电视中加密和条件存取的功能，来扩大交互式电视节目的数量和质量。

（2）视频服务器

视频服务器是交互式电视系统中的关键设备，虽然它不直接与用户接触，但它的性能好坏对于实现 VOD 和扩大电视的应用范围起着重要的作用。视频服务器实际上就是一个存储和检索视频节目信息的服务系统。因此视频服务器必须具备大容量、低成本存储、迅速准确响应和安全可靠等特性。

（3）宽带传输网络

视频流从视频服务器到家庭用户是通过传输网络进行的。传输网络包括主干网和用户分配网。目前主干网比较统一，都是利用 SDH、ATM 或 IP 技术的光纤网络，但是用户分配网则因提供交互式电视业务的行业不同而分为三类。

1）广播电视行业采用的是有线电视网即光纤同轴电缆混合网（HFC），一般是光纤到路边，同轴电缆进户，多采用 750 MHz 系统。其中的 5 ~ 65 MHz 为上行信号频段，110 ~ 550 MHz 为 CATV 模拟信号通道，550 ~ 750 MHz 频段为数字信号通道，每个 8 MHz 的频道采用 64QAM 调制；可以提供 8 ~ 10 个经 MPEG - 2 压缩后的视频流通过，是比较理想的宽带传输网络。

2）电信行业采用的是以非对称数字用户线路（ADSL）为特点的公众电话网。采用这种方式的优势是现有的电话用户比有线电视用户多，易于普及，缺点是带宽不够只能采用 MPEG - 1 方式，且用户离交换中心不能超过 6 km。

3）计算机公司采用局域网（LAN），利用第 5 类线为用户服务。LAN 的带宽在 10 ~ 100 MB 以上，可以满足需要。但是其传输距离不远，只能用于用户密集的区域，如机关大楼、酒店等。

（4）家庭用户终端

用户终端是广大用户实现交互电视的重要工具。用户终端可以分为三种：多媒体计算机、交互式电视接收机、电视机加机顶盒的方式。多媒体计算机或交互式电视接收机与电视机相比具有不能比拟的优点，但价格相对较贵，一般用户可采用电视机加机顶盒的方式，通过控制机顶盒来完成选择节目、遥控节目运行等操作。

（5）管理收费系统

交互式电视和数字电视是一种可以提供给不同的观众，满足各自不同需求服务的电视形式，需要有地址编码和寻址功能，还可按提供的不同内容和数量，进行有偿服务。因此需要有一种安全可靠、有效合理的管理收费系统。

3. 有线电视视频点播

视频点播（Video On Demand，VOD）是一种典型的交互式业务，并正引起电视界和通信界的高度重视。有线电视视频点播（VOD）就是用户通过一定的通信方式（市话、有线电视用户上行信号）将所需点播的节目信息提供给前端，前端按照用户的点播要求随时下传（点到点）用户所需的电视节目信号。也就是说，用户在家里可随时点播自己想看的有线电视台服务器存储的各种电视节目，实现人与电视系统的直接对话，使人们看电视由被动式向主动式变化，极大地丰富了人们的文化生活。

有线电视交互式 VOD 系统由前端处理系统、宽带交换网络、用户接入网、用户终端设备（机顶盒加电视机）等几个部分组成。视频点播 VOD 系统框图如图 3-20 所示。

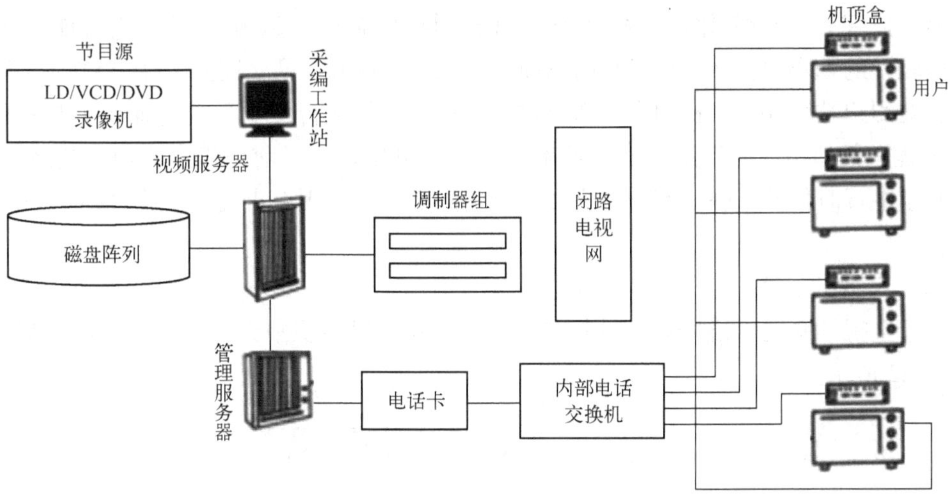

图 3-20 VOD 系统框图

视频点播系统由采编工作站、视频服务器、客户点播端及相应的网络系统组成。当有用户向服务器发出请求时，服务器端将点播的视频流调制到有线电视网；客户端通过机顶盒解码，在电视机上实现全动态视频的实时回放。点播的视频节目可以多种多样，既可以是影视节目、体育比赛等，也可以是由服务方提供的自制节目，如商务信息、餐饮、旅游景点介绍等。通过与酒店管理系统的联网，客人还可在房间里方便地查询自己的消费情况等。系统扩展后可以完成因特网接入、网络浏览和电子邮件以及交互式多媒体信息服务的要求。

目前视频点播按其交互性的程度，分为全视频点播（TVOD）和准视频点播（NVOD）两种。

（1）全视频点播

全视频点播系统具有双向对称的传输容量，人们能够完全实现独立收视，可实时地控制节目播放，并可在收视过程中控制所点播的节目快进、快退、暂停等。但它对前端、传输网络及终端都有严格的要求。全视频点播组成框图如图 3-21 所示。

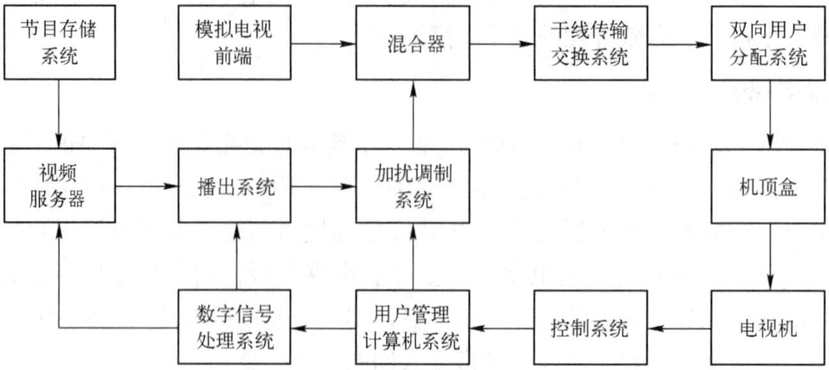

图 3-21　全视频点播的原理示意图

该系统在前端部分需要增加用户管理计算机系统、视频服务器系统、超大容量的节目存储器、数字信号处理系统、播出系统、加扰调制系统等；传输网络需要有性能优良、覆盖范围较广的 SDH 光纤环形网和具有双向传输功能的 HFC 网，需要采用 ATM 或 IP 交换技术；在用户端增加一个机顶盒，负责进行点播指令的上行传输和对点播节目的解压、解码（解扰）的播出。由于该系统技术难度大、价格昂贵，目前尚未进入商业化运营。但随着数字电视时代的来临，有线电视数字传输的实现，全视频点播系统将最终走进人们的生活。

（2）准视频点播

由于全视频系统价格昂贵，目前在我国的有线电视系统中大多采用准视频点播系统，如图 3-22 所示。

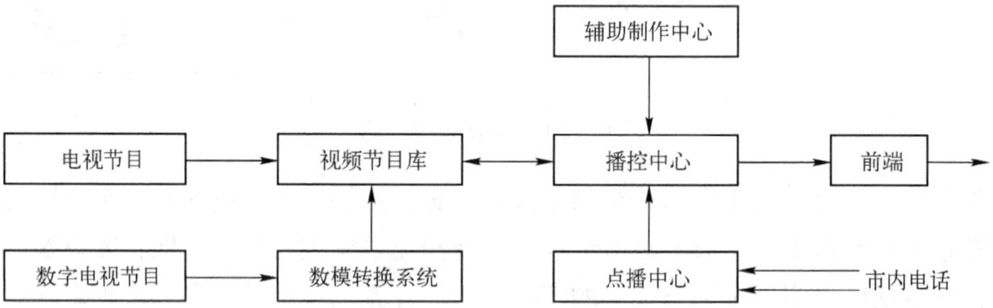

图 3-22　准视频点播系统示意图

由图 3-22 可知，系统对有线电视台的前端、传输网络和用户终端不需要改变任何设备即可实现视频点播。用户是通过电话由电信局的电话网传输到有线电视机房的 VOD 设备来实现点播。VOD 设备主要由点播中心、播控中心、视频节目库、数模转换系统组成。其主要功能如下：

1）点播中心用于接收用户打入的电话并对其点播的节目进行自动编辑。它可以同时接入多部用户打入的电话，按其要求自动安排节目播出时间，并对用户的语音进行检查、修改以决定是否播出。同时，还可以在节目播出时加字幕和照片等。

2）播控中心主要用于自动播出节目。它把点播中心制作的节目、留言、字幕按要求及时地播出。

3）辅助制作中心主要用于字幕、歌单、广告、图文页等制作，以便在用户点播时播出。

4）数模转换系统用于将数字电视信号转换成模拟电视信号，并对各种节目源和视频文件进行录制，存放于视频节目库中，供播出使用。

5）视频节目库用于视频节目的存放。

本章小结

1. 有线电视是指从电视台将图像、声音信号以闭路传输方式送至电视机的系统。我国有线电视起步晚，发展迅速，用户基数大，在未来的几年内，将成为世界第一大有线电视用户。

2. 有线电视频道可分为标准频道和增补频道，每个频道带宽为 8 MHz。

3. 有线电视线系统由前端、干线传输系统、用户分配网三个部分组成。前端是处理由卫星地面站以及由天线接收的各种无线广播信号和自办节目信号；干线传输系统把前端输出的电视信号传输给用户分配系统；用户分配网络把干线传输系统的信号分配给各个用户。

4. 有线电视传输系统有同轴电缆、光缆、微波以及多种混合型媒质，主要分为同轴电缆电视系统、同轴电缆光缆混合网（HFC）、微波电视传输系统等。其作用是将前端输出的电视信号传输至用户分配系统，再由用户分配系统将电视信号传输至用户。

5. 数字电视系统根据传输方式的不同可分为三类，即地面数字电视系统、卫星数字电视系统和有线数字电视系统。数字电视是高科技的产物，目前数字电视标准有三种：美国的 ATSC、欧洲的 DVB 和日本的 ISDB，其中前两种标准用得较为广泛，特别是 DVB 已逐渐成为世界数字电视的主流标准。

6. 数字机顶盒是利用有线电视网络向用户提供综合信息业务的终端设备。交互式电视（ITV）就是在节目之间或节目内，用户可以随时收看自己喜爱的节目，即视频点播；有线电视交互式 VOD 系统由前端处理系统、宽带交换网络、用户接入网、用户终端设备（机顶盒加电视机）等几个部分组成。

7. 视频会议是利用通信网络、多媒体技术和计算机技术等现代信息技术实现两个或两个以上地点之间的图像和声音的实时传输，并且允许用户交互通信的技术。

习题

3-1　简述同轴电缆 SYKV－75－5 的含义。

3-2　为什么要求干线放大器具备 AGC 及 ASC 功能？

3-3　简述 MMDS 系统的特点。

3-4　画出 HFC 网组成框图。

3-5　常见的光网络有哪些？各自有什么特点？

3-6　数字电视系统分几类？各采用什么标准？

3-7　什么是数字电视？分为哪三个等级？

3-8　什么是交互式有线电视？

3-9　什么是视频点播？它有哪两种形式？

3-10　有线电视的特点包括哪些？

3-11　有线电视的基本组成包括哪些部分？

3-12　一个电视频道中包含了几种载波信号？相互之间的频率差为多少？

第 4 章　卫星通信系统

4.1　卫星通信系统概述

4.1.1　卫星通信的定义

卫星通信是指利用人造地球卫星作为中继站转发无线电波，在两个或多个地球站之间进行的通信。它是在微波通信和航天技术基础上发展起来的一门新兴的无线通信技术。其无线电波频率使用微波频段（300 MHz～300 GHz，即波段 1 m～1 mm）。这里，地球站是指设在地球表面（包括地面、海洋和大气中）的无线电通信站，而把用于实现通信目的的人造卫星称为通信卫星，这种利用人造地球卫星在地球站之间进行通信的通信系统，则称为卫星通信系统。

卫星通信是宇宙无线电通信的形式之一。通常，把以宇宙飞行体为对象的无线电通信统称为宇宙通信，这里宇宙站是指设在地球大气层之外的宇宙飞行体（如人造通信卫星、宇宙飞船等）或其他天体（如月球或别的行星）上的通信站。宇宙通信包括三种基本形式：

1）地球站与宇宙站之间的通信。

2）宇宙站之间的通信。

3）通过宇宙站的转发或反射进行的地球站之间的通信。

通常，人们把第三种形式的宇宙通信称为卫星通信。当卫星是静止卫星时称为静止卫星通信。这里说的地球站是指设在地球表面（包括地面、海洋或大气层）的通信站。

利用卫星进行通信的过程如图 4-1 所示，图中 A、B、C 等分别表示进行通信的各地球站，例如地球站 A 通过定向天线向通信卫星发射无线电信号，先被通信卫星天线接收，再经转发器放大和变换，由卫星天线转发到地球站 B，当地球站 B 接收到信号后，就完成了从 A 站到 B 站的信息传递过程。其中，从地球站发射信号到通信卫星接收所经过的通信路径称为上行链路，而通信卫星将信号再转发到其他地球站的通信路径则称为下行链路。

目前，绝大多数通信卫星是地球同步卫星（静止卫星）。早在 1945 年英国学者克拉克就在其著作中指出，利用人造卫星可以实现人们梦寐以求的全球通信。他设想以三个间隔为 120°的人造卫星，等距离地设置在赤道上空大约 36000 km 的轨道上，即可实现全球通信。1957 年 10 月 4 日，苏联成功发射了第一颗人造地球卫星斯普特尼（Sputnik），开创了人类走向太空的新纪元。之后，人造卫星就被广泛用于宇宙观测、气象观测、通信及

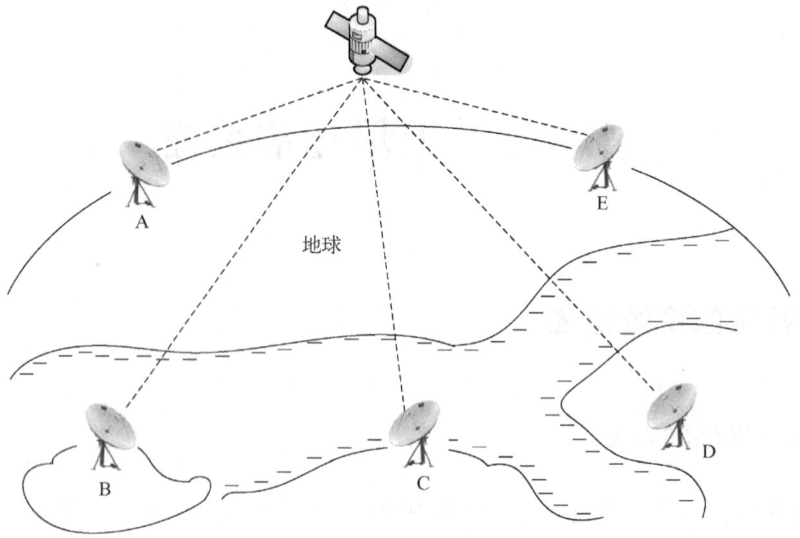

图 4-1　卫星通信过程示意图

广播电视等领域。

静止卫星的运行轨道是赤道平面内的圆形轨道，距地面约36000 km。它运行的方向与地球自转的方向相同，绕地球旋转一周的时间，即公转周期恰好是24 h，和地球的自转周期相等，从地球上看去，如同静止一般，故叫静止卫星。静止卫星并不是说卫星真的静止不动，而是与地球同步运行，故又叫同步卫星。由静止卫星作中继站组成的通信系统称为静止卫星通信系统或称同步卫星通信系统，可以实现在不同卫星覆盖区域内的地球站之间的通信。显然，从理论上来讲，只要三颗卫星等间隔排列，就可以实现全球通信，这是其他任何通信方式所不可能实现的。目前，国际卫星通信和绝大多数国家的国内卫星通信大都采用静止卫星通信系统，如图 4-2 所示。例如，由国际通信

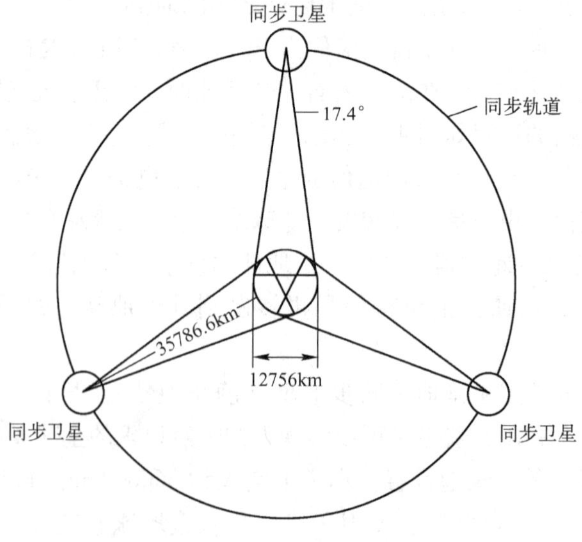

图 4-2　全球同步卫星通信的示意图

卫星组织负责建立的世界卫星通信系统（INTELSAT，IS），就是利用静止卫星实现全球通信的。静止卫星所处的位置分别在太平洋、印度洋和大西洋上空，它们构成的全球通信网承担着绝大部分的国际通信业务和全部国际电视转播工作。我国的“东方红”通信卫星也是静止通信卫星。

4.1.2　卫星通信的分类及特点

1. 卫星通信系统的分类

卫星通信系统的分类方法很多，可以按照卫星的运动状态，卫星的通信范围，卫星的转发能力，基带信号的体制，多址方式，通信业务种类以及卫星通信所用的频段不同来区分。典型的分类方法如下：

1）按卫星运动状态，分为同步卫星通信系统和运动卫星通信系统。

2）按卫星轨道，分为同步轨道卫星通信系统、中高度轨道卫星通信系统和低高度轨道卫星通信系统。

3）按通信覆盖区，分为国际卫星通信系统、国内卫星通信系统和区域卫星通信系统。

4）按用户性质，分为公用（商用）、专用和军用三类卫星通信系统。

5）按多址方式，分为频分多址卫星通信系统、时分多址卫星通信系统、空分多址卫星通信系统、码分多址卫星通信系统和混合多址五类卫星通信系统。

6）按通信业务，分为固定地球站卫星通信系统、移动地球站卫星通信系统、广播业务卫星通信系统和科学试验及其他业务（如教学、气象、军事等）卫星通信系统。

7）按基带信号体制，分为模拟卫星通信系统和数字卫星通信系统。

由以上的分类可见，它们都是从不同的侧面反映出卫星通信系统的特点、性质和用途，综合起来便可较全面地描绘出某一具体的卫星通信系统的特征。

2. 卫星通信的特点

卫星通信与其他通信手段相比，具有以下几方面的特点。

1）通信距离远，且费用与通信距离无关。利用静止卫星进行通信，其最大距离可达18100 km。而建站费用与维护费用并不因地球站之间的距离远近及地理条件的恶劣程度而有所变化。显然，这是地面微波中继通信、光纤通信以及短波通信等其他手段所不能比拟的。

2）覆盖面积大，可进行多址通信。许多其他类型的通信手段，通常只能实现点对点的通信，例如地面微波中继线路只有干线或分支线路上的中继站方能参与通信，不在这条线上的点就无法利用它进行通信。而卫星通信由于覆盖面积大，因此只要是在卫星天线波束的覆盖区域内，都可设置地球站，这些地球站共用同一颗卫星进行双边或多边通信。

3）通信频带宽，传输容量大，适于多种业务传输。由于卫星通信使用微波频段，信号所用带宽和传输容量要比其他频段大得多。目前，卫星通信带宽已达到3000 MHz 以上。

一颗卫星的容量可达数千路以至上万路电话，并可传输多达数百路的彩色电视以及数据和其他信息。

4）通信链路稳定可靠，通信质量高。卫星通信的电波主要是在大气层以外的宇宙空间传输，而宇宙空间是接近真空状态的，电波传播比较稳定。同时它不受地形、地物如丘陵、沙漠、丛林、沼泽地等自然条件的影响，且不易受自然或人为干扰以及通信距离变化的影响，因此传输质量高。

5）机动性好。卫星通信不仅能作为大型固定地球站之间的远距离干线通信，而且可以在车载、船载、机载等移动地球站之间进行通信，甚至还可以为个人终端提供通信服务。

6）可以自发自收进行监测。当收发端地球站处于同一覆盖区域内时，本站同样收到自己发出的信号，从而可以监视本站所发消息是否正确传输，以及传输质量的优劣。

卫星通信的应用范围极其广泛，不仅用于传输语音、电报、数据等，还特别适用于广播电视节目的传送。但是，卫星通信也存在以下一些缺点：

1）地球的两极地区为通信盲区，在高纬度地区通信效果不好。

2）静止卫星发射和控制技术比较复杂。

3）存在日凌中断和星蚀现象。当卫星处在太阳和地球之间，并在一条直线上时，地球站天线在对准卫星接收信号的同时，也会因对准太阳而受到太阳的辐射干扰，从而造成每天有几分钟的通信中断，这种现象称为日凌中断。另外，当卫星进入地球的阴影区时，太阳能电池无法工作，也会出现星蚀现象。

4）具有广播特性，一般来讲较容易被窃听，保密措施要加强，主要要从防窃听和信息加密两方面考虑。

5）有较大的信号传播延迟和回波干扰。

在静止卫星通信系统中，从地球站发射的信号经过卫星转发到另一个地球站时，单程传播时间约为 0.27 s。双向通信时，一问一答往返传播延迟约 0.54 s。通话时给人一种不自然的感觉。如果不采取特殊措施，由于混合线圈不平衡等因素还会产生“回波干扰”，即发话者 0.54 s 以后会听到反射回来自己的讲话回声，成为一种干扰。

4.1.3 卫星通信的发展趋势

卫星通信经过半个世纪的发展，其技术已经有了飞速的发展。当前，我国正在利用自己发射的通信卫星和租用国际卫星（IS—Ⅳ）积极建设国家公用卫星通信网和各部门的专用卫星通信网。纵观卫星通信发展，卫星通信除移动化、宽带化外，目前卫星通信有以下发展趋势。

（1）大力开发和应用低轨道移动卫星通信系统。由于对地静止轨道资源非常有限，因此国际电联（ITU）鼓励采用对地同步轨道及对地非静止轨道。宽带低轨道系统正在加紧开发，与地面移动通信系统相结合，可实现全球个人通信。

（2）卫星通信应用频段从 C 波段向其他可用频段延伸。由于频率资源日益紧张，C 频段和 Ku 频段已逐渐趋于饱和，因此要采用更高的频段，Ka 频段静止轨道卫星系统已逐步走向实用化，卫星通信网逐步从窄带向宽带过渡。

（3）地面终端向小型化、综合化及智能化方向发展。终端可工作在多个频段，支持综合业务，适应多种多址接入方式、调制方式和编码方式，传输速率可改变。

（4）同步卫星向大容量、多波束、智能化方向发展。传统的 C、Ku 频段静止轨道卫星将保持稳定发展，并将以大容量（转发器数量在 50 个左右）、高功率（功率为 8000 ~ 15000 W）和长寿命的新系统逐步更换现有系统。

（5）新业务不断开展。如无线 Internet、组播和交互式 TV、移动语音、数据通信、数字视频广播、数字音频广播、多媒体通信和 Internet 接入等。

4.2　卫星通信系统的工作原理

4.2.1　卫星通信系统的组成

利用卫星进行通信，除了应有通信卫星和地球站以外，为了保证通信的正常进行，还需要对卫星进行跟踪测量，并对卫星在轨道上的位置及姿态进行监视和控制，而完成这一功能的设施就是跟踪遥测和指令系统。此外，为了对卫星的通信性能及参数进行通信业务开通前和开通后的监测与管理，还需要监控管理系统。

卫星通信系统包括通信和保障通信的全部设备，主要有跟踪遥测指令分系统、监控管理分系统、通信卫星及通信地球站四部分组成。如图 4-3 所示。

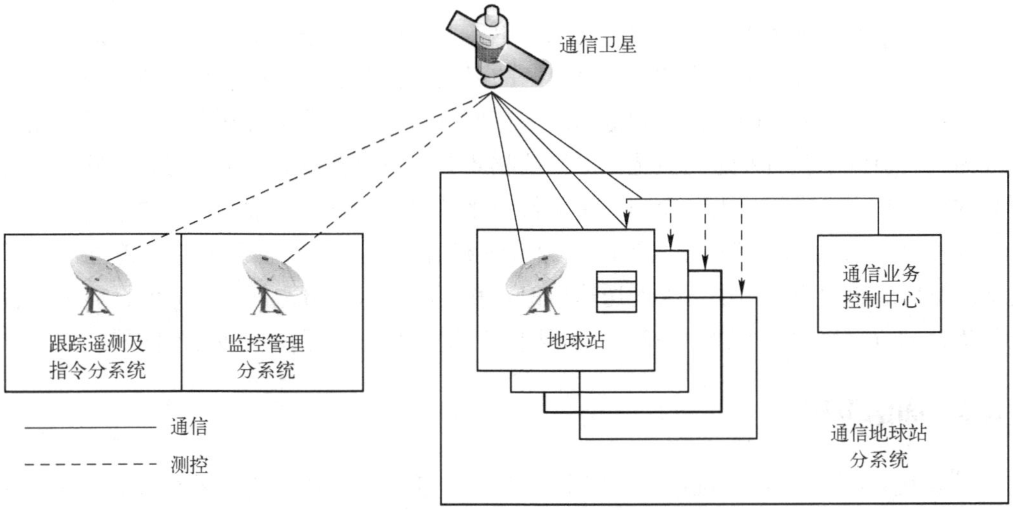

图 4-3　卫星通信系统的基本组成

（1）跟踪遥测指令分系统

对卫星进行跟踪测量，控制其准确进入轨道上指定位置，待卫星正常运行后，要定期对卫星进行轨道修正和位置保持，必要时，控制通信卫星返回地面。

（2）监控管理分系统

负责对轨道定点上的卫星在业务开通前、后进行通信性能的监测和控制，例如，对卫星转发器功率、卫星天线增益及各地球站发射功率、射频功率和带宽等基本通信参数，以保证正常通信。

（3）通信卫星

通信卫星（空间分系统）是由主体部分的通信系统和保障部分的遥测指令和控制系统以及电源（包括太阳能电池和蓄电池）等组成。通信卫星主要起无线电中继站的作用，它是靠卫星上通信系统的转发器（微波收、发信机）和天线来完成。卫星转发器收到地面发来的信号后（称为上行信号），进行低噪声放大，然后混频，混频后的信号再进行功率放大，然后发射回地面（这时的信号称作下行信号）。一个通信卫星往往有多个转发器，可以转发一个或多个地球站信号，每个转发器被分配在某一工作频段中，并根据所使用的天线覆盖区域，租用或分配给处在覆盖区域的卫星通信用户。卫星通信中，上行信号和下行信号频率是不同的，这是为了避免在卫星通信天线中产生同频率信号干扰。

（4）通信地球站

地球站是连接卫星线路和用户的中枢。用户把要传输的信息通过微波送到地球站，地球站再把信息通过天线送至卫星。由卫星把接收到的信息送回到地球站，经地球站再送到需要通信的用户进行通信。

4.2.2 卫星通信系统的工作过程

在一个卫星通信系统中，各地球站中各个已调载波的发射或接收通路经过卫星转发器转发，可以组成很多条单跳或双跳的双工或单工卫星通信线路，整个通信系统的通信任务就是分别利用这些线路来实现的。单跳单工的卫星通信系统进行通信时，地面用户发出的基带信号经过地面通信网络传送到地球站。在地球站，通信设备对基带信号进行处理，使其成为已调射频载波后发送到卫星。卫星接收此系统中所有地球站用上行频率发来的已调射频载波，然后再进行放大和变频，用下行频率发送到接收地球站，信号功率增益一般为100 ~ 130 dB。接收地球站对接收到的已调射频载波进行处理，解调出基带信号，再通过地面网络传送给用户。为了增大发送输出信号和接收输入信号之间的隔离度，避免二者相互干扰，上行频率和下行频率一般使用不同的频谱，且尽量保持足够大的间隔。

4.2.3 通信卫星

通信卫星是卫星通信的心脏。它实际上是一个通信中继器，是卫星通信系统中最重要的组成部分，其作用是为多个有关地球站转发（或反射）无线电信号，沟通信道，以实现多址的中继通信。一般而言，通信卫星由空间平台和有效负荷两部分组成，其组成原理框图如图 4-4 所示。

1. 空间平台

空间平台又称卫星公用舱，用来维持通信转发器和通信天线在空中正常工作的保障系

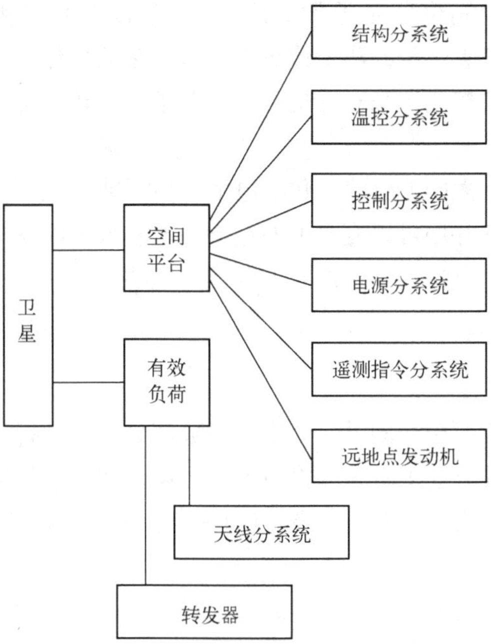

图 4-4　通信卫星组成示意图

统。主要由天线分系统、通信分系统、遥测与指令分系统、控制分系统和电源分系统等五大部分组成。静止卫星还包括远地点发动机等。

（1）结构分系统

它是卫星的主体，使卫星具有一定的外形和容积，并能承受星上各种载荷和防护空间环境的影响。一般由轻合金材料或复合材料组成，外部涂有保护层。

（2）控制分系统

该系统由一些机械的或电子的可控调整装置组成，如各种喷气推进器、各种驱动装置和各种转换开关等，主要包括姿态控制和位置控制两种控制装置。在地面遥控指令站的指令控制下，完成远地点发动机点火控制，对卫星的姿态、轨道位置、各分系统的工作状态和主备份设备的切换等进行控制和调整。

（3）遥测指令分系统

为保证通信卫星正常运行，需要了解卫星内部各种设备的工作情况，以便必要时通过遥测指令调整某些设备的工作状态。

卫星上遥测信号包括使卫星保持正确的姿态和正常的工作状态的信号，地面测控中心接收到信号后通过解调、解码，恢复出遥测信号，并将它们送到计算机中，进行信号处理。当发现卫星上某些信号参数不符合要求时，就会立即发出指令信号送到卫星上，卫星上指令接收机接收到该信号后，经检测和译码后送到控制机构。

（4）温控分系统

由于卫星的一面接受太阳辐射，而另一面却对着寒冷的太空，因此处于严酷的温度条件之中。温控分系统的作用就是控制卫星各部分的温度，保证星上各种仪器设备正常工作。通常卫星上的温度控制可分为消极温度控制和积极温度控制两种形式。所谓消极温控，是指用涂层、绝热和吸热等办法来传热的方法。它的传热方式主要是传导和辐射。所谓积极温控，是指用自动控制器来对卫星所受的热进行传热平衡的方法。

（5）电源分系统

卫星上的电源主要有太阳能电池、化学电池和原子能电池等，目前仍以太阳能电池和化学能电池为主。一般常并用可以充放电的化学电池和太阳能电池，在发生星蚀期间，由化学电池供电。为了使供电稳定，还设有电源控制电路。

2. 有效负荷

（1）天线分系统

天线分系统是卫星有效载荷的另一个主要组成部分，它承担了接收上行链路信号和发射下行链路信号的双重任务。卫星天线设在卫星壳体外面，它们体积小、质量小、馈电可靠性高、寿命长，具有在卫星上组装的结构和特点，但是要求天线材料必须耐高温和耐辐射。

卫星天线分为两类：遥测指令天线和通信天线。遥测指令用的天线是工作在高频和甚高频的全方向性天线。它用来在卫星进入静止轨道之前和进入静止轨道后，向地面控制中心发射遥测信号和接收地面信号。通信天线为对准地球上通信区的微波天线，必须方向性强、增益高，以增加卫星的有效辐射功率，要使天线波束永远指向地球。

（2）通信分系统

卫星上的通信分系统又称为转发器，它是通信卫星的核心部分，实际上是一部高灵敏度的宽带收、发信机，其性能直接影响到卫星通信系统的工作质量。其功能是使卫星具有接收、处理并重发信号的能力。对转发器的基本要求是以最小的附加噪声和失真，并以足够的工作频带和输出功率来为各地球站有效而可靠地转发无线电信号。

通信转发器的噪声主要有热噪声和非线性噪声，其中热噪声主要来自设备的内部噪声和从天线来的外部噪声，非线性噪声主要是由转发器电路或器件特性的非线性引起的。通常一颗通信卫星有若干个转发器，每个转发器覆盖一定的频段。要求转发器工作稳定可靠，能以最小的附加噪声和失真以及尽可能高的放大量来转发无线信号。

4.3 卫星电视

有线电视系统的重要节目来源之一，是通过卫星传送的众多的卫星电视广播。就我国情况而言，现在通过卫星转发的电视节目已多达百套，仅中央电视台就已拥有十套以上节目。今后随着卫星电视广播事业的发展，全国各省市会有更多的电视节目通过卫星传送。

卫星电视广播是指利用卫星来转发电视节目的广播系统，通过卫星先接收地面发射站送出的电视信号（上行信号），再利用转发器把电视信号送回到地球上指定区域（下行信号），从而实现电视信号的传播。为了使卫星地面接收站能够采用方向性很强的高增益天线，长时间稳定地接收来自卫星的微弱电视信号，就必须使卫星运行于同步轨道，运行于该轨道的卫星称为同步卫星。同步卫星在这一轨道上绕地球运转的角速度与地球自转的角速度相等，二者相对静止不动，故同步卫星有时又称为静止卫星。

卫星电视广播具有以下优点。

（1）覆盖面积大

一颗位于赤道上空 35786 km 的同步卫星能实现将电波覆盖近 40% 的地球表面，采用波束赋形技术就能把电波能量集中到需要覆盖的地区。

（2）传送的质量高

与地面微波传送或电视差转等多环节相比较，卫星电视广播传输环节少，信号电波自上而下，不易受山峰或高大建筑的阻挡，也没有电波反射造成的重影等问题，传送质量高，而且稳定可靠。

（3）节目套数多，信息容量大

由于卫星电视传送所占用的频段宽，可容纳的频道多，例如目前在轨运行的亚洲卫星 1 号、中星 5 号、亚太卫星 1 号和东方红 3 号卫星均有 24 个转发器，可以传送几十套节目，节目内容丰富多彩。同时利用卫星转发器还可进行通信、数据广播、高保真度声音广播、静止画面广播、高清晰度电视和立体电视广播等。

（4）投资省，见效快

发射卫星需要较多投资，但与地面建设一个功效相同的电视覆盖网相比，却是既省又快。我国幅员辽阔，地形复杂，要实现广播电视的全国覆盖十分困难，如果用地面系统覆盖全国需建 2000 多座 1 kW 以上的电视发射台，而且建设周期长，维护管理十分困难。根据亚洲广播联盟提供的资料，对于像我国这样幅员广大的国家来说，采用卫星电视比建地面电视广播网节约 50% 以上的经费。

4.3.1　卫星电视广播系统的组成

利用人造地球卫星进行声音广播和电视广播所用各种设备的组合，称为电视广播系统。卫星电视广播系统由上行发射站、电视广播卫星、地球控制站、地球接收站等几部分组成，如图 4-5 所示。

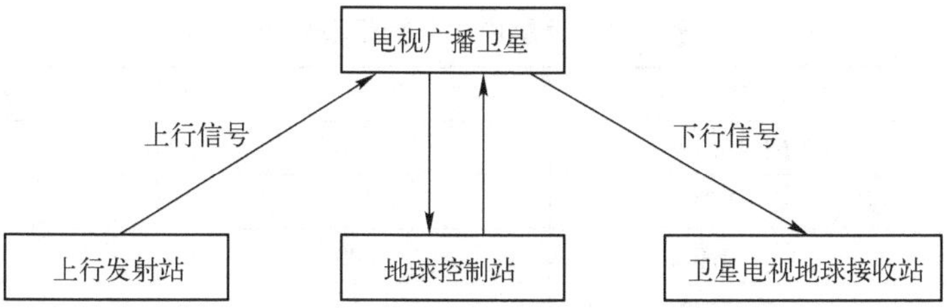

图 4-5　卫星电视广播系统组成

1. 上行发射站

上行发射站的主要任务是把电视中心的电视信号，通过主发射站与控制站传送给广播电视卫星，同时接收卫星转发的广播电视信号，以监测信号发射质量并控制上行站天线指向。上行发射站可以是一个或多个，其中主发射站是固定的发射中心，其他发射站可以是固定的，也可以是移动的。移动的发射站一般用于现场实况转播。

2. 地球控制站

控制站一般与主发射上行站设置在一起，它的主要任务是使卫星在轨道上正常工作。控制站随时了解卫星在轨道上的位置和工作状态，必要时向卫星发出遥控指令，调整卫星的姿态和调整天线或者切换星上设备等工作状态。

3. 电视广播卫星

广播卫星是卫星电视广播系统的核心。星体对地面应当是静止的，要求其公转一周时间与地球自转周期严格地保持同步，而且还要保持正确的姿态。它的主要任务是接收地面上行发射台发送的电视广播信号，并向服务区转发。卫星的星载设备一般由天线、太阳能电源、电视转发器和控制系统等组成。

4. 地球接收站

地球接收站的主要任务是接收卫星下行的节目信号，用作地面传播用的节目源，也可以通过有线电视系统分配给用户。集体或个体的卫星电视接收是卫星电视广播的服务对象，构成一个广大的接收网。主要接收设备有卫星接收天线、高频头、卫星电视接收机等。

4.3.2 卫星电视广播的频段划分

随着卫星通信和直播技术的发展，同步卫星兼有电视广播、通信、电话等业务，为避免无线电通信与电视广播互相干扰，加强频率管理，国际电联把世界划分为三个频率区域：Ⅰ区——包括非洲、欧洲、土耳其、阿拉伯半岛及原苏联亚洲部分和蒙古区域；Ⅱ区——包括南北美洲区域；Ⅲ区——包括亚洲的大部分、大洋洲和南太平洋洲区域。我国属于第Ⅲ区。

国际电联在1971年举行的世界无线电行政大会（WARC），第一次对卫星广播业务使用的频率进行了分配。在1977年和1979年初召开的WARC会议上，对卫星通信业务可使用的频段进行了分配。表4-1列出了卫星广播下行线路使用的各个频段。

表4-1 卫星广播下行频率分配

波　段	频率范围/GHz	带宽/MHz	分配区域
L	0.62～0.79	170	全世界
S	2.5～2.69	190	全世界
C	3.4～4.2	800	全世界
Ku	11.7～12.2	500	第二、三区
	11.7～12.5	800	第一区
	12.5～17.75	250	第三区
Ka	22.5～23	500	第三区
Q	40.5～42.5	2000	全世界
W	84～86	2000	全世界

为了充分利用各频段内的无线电频谱，并防止互相干扰，通常将频段分成若干个频道。划分频道时，要确定每个频道的带宽，还要确定相邻频道的间隔及频段两端的保护带。目前世界各国卫星电视广播普遍采用 C 频段和 Ku 频段。

我国的卫星广播电视最早使用通信卫星的 C 频段传输模拟广播电视信号，随着 Ku 频段卫星技术日臻成熟，从 1996 年起，我国逐步开始利用较大功率的 C、Ku 频段的卫星转发器传输数字广播电视节目。我国卫星电视目前 C 波段主要使用的频率范围是 3.4～4.2 GHz，Ku 波段为 11.7～12.2 GHz。通常情况下，直播卫星都采用 Ku 波段进行信号传输。

4.3.3　卫星直播数字电视

1. 卫星直播数字电视系统组成

卫星直播数字电视系统主要由三大部分组成：卫星数字电视上行发射站、卫星转发器和地面卫星数字接收系统等。如图 4-6 所示。

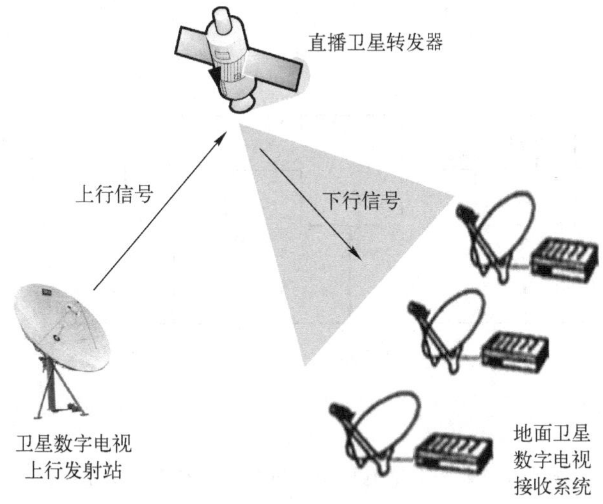

图 4-6　卫星直播数字电视系统组成示意图

卫星数字电视上行发射站的主要功能是将节目制作中心送来的模拟或数字电视信号（视频与伴音）进行信源压缩编码、信道抗干扰编码和多进制数字调制等处理之后，再经过频率变换，将信号变频为上行微波信号发送给卫星，同时负责对卫星转发器的工作状态进行监控。

直播卫星转发器则接收来自上行发射站的上行微波信号，对接收到的微弱信号进行低噪声放大，并将信号频率变换为下行的微波信号频率，再经功率放大达到足够的发射功率之后，转发给地面的卫星数字电视接收系统。

地面卫星数字电视接收系统将所接收到的微弱的卫星下行微波信号经低噪声放大、下变频、数字解调、信道解码和音视频解压缩等一系列处理之后，得到数字音视频信号，再经数模转换后重新恢复出原电视信号。

2. 卫星数字电视接收机

数字卫星电视接收机是指数字卫星电视接收系统中放置于室内的那一部分设备，故又称为室内数字接收单元，或称为数字卫星电视机顶盒（Set Top Box），又称综合接收解码器（Integrated Receiver Decoder，IRD）。其基本功能是将室外单元通过射频电缆传送下来的第一中频信号（950～2150 MHz），经本机变换器处理后输出视频和音频信号，提供给用户的电视机、监视器或其他调制转发设备。与模拟卫星电视接收机不同的是，为了适应卫星电视广播技术的发展、满足开展新的数字业务的需求和方便不同用户的使用，数字卫星电视接收机在接收和处理数据能力上、新增的操作功能上以及用户交互界面的设计上都有了很大的进步。

数字卫星电视接收机的系统组成如图 4-7 所示。由卫星接收天线接收的数字卫星电视信号，经高频头进行下变频得到频率较低的第一中频信号，通过射频电缆送给数字卫星接收机。输入接收机的数字电视信号经过信道解码和信源解码，将接收的数字码流转化为压缩前的分量数字视频信号，再经 D/A 转换和视频编码转换为模拟电视信号，送到普通的电视接收机。

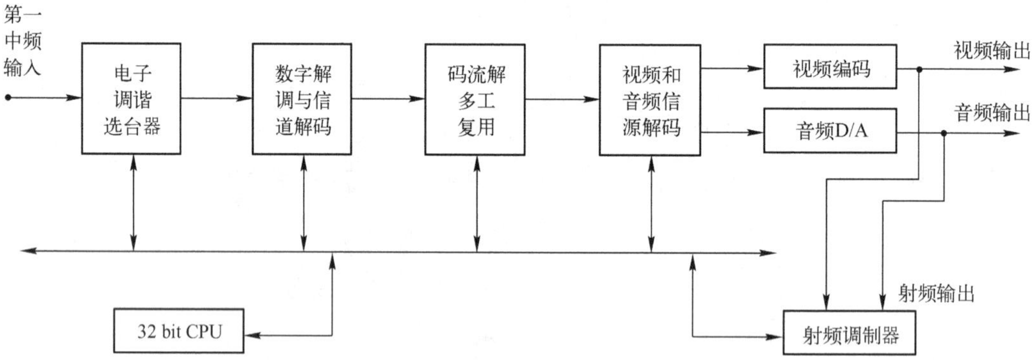

图 4-7　数字卫星电视接收机系统的基本组成框图

一台最基本的卫星电视接收机，通常应包括以下几个部分：电子调谐选台器、中频放大与解调器、信号处理器、伴音信号解调器、前面板指示器、电源电路。插卡数字机还包括卡片接口电路等。随着集成电路技术的发展，数字卫星接收机的整机构成芯片数量越来越少。从七片方案到目前的单片方案，使得数字卫星接收机的体积不断减小，成本不断降低，而功能不断增强。数字卫星电视正向着功能多样化的方向发展，交互业务、Web 浏览等功能的出现不仅需要硬件的支持，同时也需要增加大量的软件。可以说，软件的完善程度直接影响着数字卫星电视接收机在市场上的竞争力。因而，今后数字卫星电视接收机的开发将对软件提出更多更高的要求。

4.4 卫星通信的多址方式

多路复用是指将来自不同信息源的各路信息，按某种方式合并成一个多路信号，然后通过同一个信道传送给接收端，接收端再从该多路信号中按相应方式分离出各路信号，分送给不同的用户或终端。多址方式指多个通信站的射频信号在射频信道上的复用，以实现各个通信站之间的通信。多路复用和多址方式都是利用一条信道同时传输多个信号，不同的是，多路复用是基带信道的复用。而多址方式是射频信道的复用。

卫星通信的多址方式是指在卫星覆盖区内的多个地球站，通过一颗卫星的中继，建立双址和多址之间的通信。目前，卫星通信中应用的多址方式有：频分多址（FDMA）、时分多址（TDMA）、空分多址（SDMA）和码分多址（CDMA）等方式。

4.4.1　频分多址方式

频分多址（FDMA）是卫星通信多址技术中的一种最简单、应用最广泛的多址技术。它是按频率不同来区分地球站站址的一种多址方式。

卫星通信系统使用的频分多址是将通信卫星使用的频带分割成若干互不重叠的部分，再将它们分别分配给各地球站。各地球站按所分配的不同射频载波频率发送信号，接收端的地球站根据不同射频载波频率识别发信站，并从接收到的信号中提取发给本站的信号。射频载波频率识别发信站，并从接收到的信号中提取发给本站的信号。频分多址是卫星通信多址技术中一种最简单、技术比较成熟、使用最久的多址技术，所用设备（特别是终端设备）可和地面微波中继站通用。在大容量通信系统中发挥出了良好作用。

在这种卫星通信网中，每个地球站分配一个专用的射频载波，各载波间留有一定的间隔以免使用中互相干扰。每一站接收端都必须同时具备能够接收和本站通信的各个地球站经卫星转发来的信号。FDMA 方式如图 4-8 所示。图中 f_1、f_2、f_3 为各地球站所发射的载

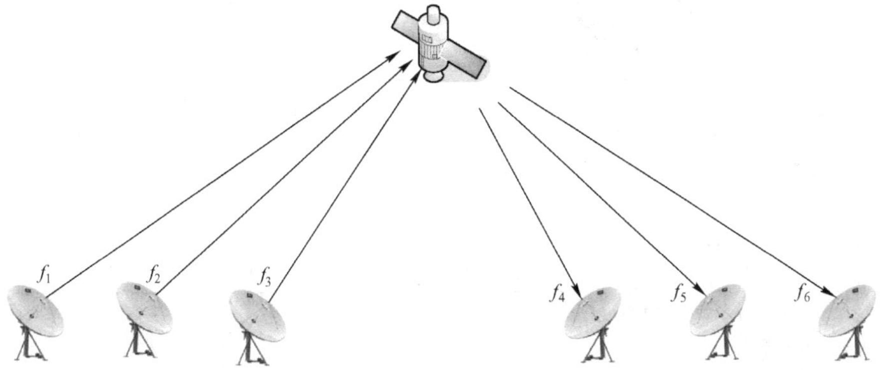

a)

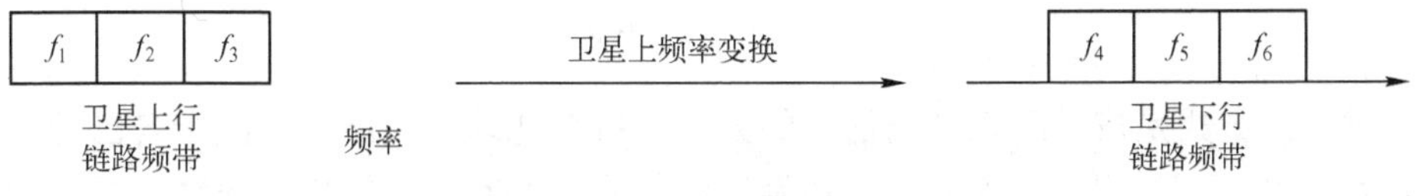

b)

图 4-8　FDMA 方式示意图

a）原理图　b）频率计划

波频率。这样卫星转发器便能够接收其覆盖区域内的各地球站发送的上行链路载波，同时卫星可根据接收地球站的频带配置进行频率交换，再经信号放大后发射回地面，最后由各接收站用滤波器从下行链路载波 f_4、f_5、f_6 中选出所需的载波。

尽管 FDMA 简单，易于实现，但系统中存在的一些关键问题必须妥善解决，其特点可以归纳为以下几点：

1）要求系统进行严格的控制功率。

2）解决好卫星的功率和带宽之间的关系。

3）设置适当的保护频带。

4）尽量减少互调的影响。

4.4.2 时分多址方式

在 TDMA 方式中，用来区分各地球站的是一个特定的时间间隔，简称时隙。各地球站只能在指定的时隙内向卫星发送信号，在时间上应互不重叠。在任何时刻都只有一个站发出的信号通过卫星转发器，这就允许各站可以使用同一频率，并可以使用转发器的整个带宽。TDMA 系统模型如图 4-9 所示。

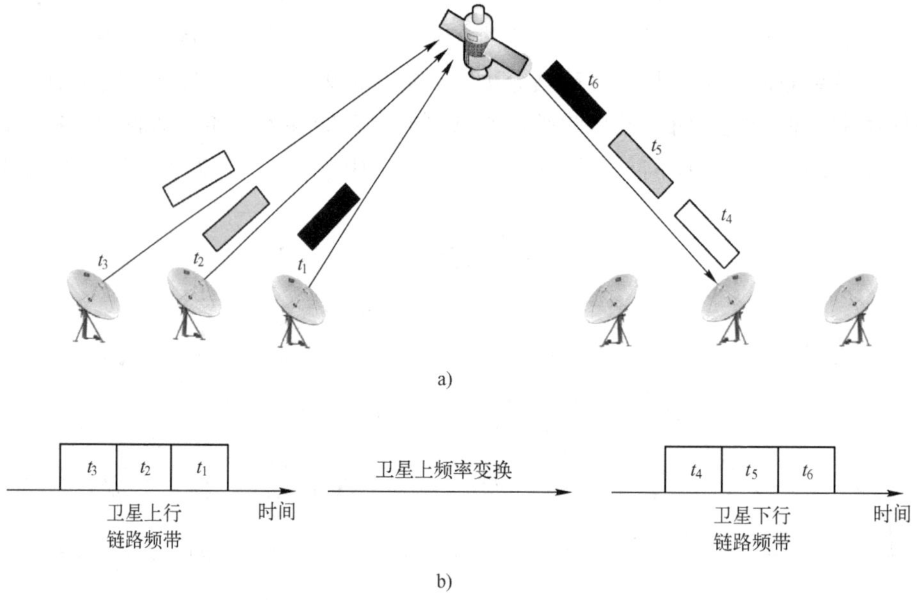

图 4-9 TDMA 系统模型

a）原理图 b）时间计划

显然，该方式是按时间来分割信号的方式，每个地球站只能在分配给自己的时隙内向卫星发射信号，而不同时隙进入卫星转发器的信号，按时间顺序排列起来，时隙的排列既紧凑又不重叠。卫星转发器将它们变频、放大后，重新发回地面。覆盖在卫星波束中的每个地球站，都能接收到由卫星转发器转发来的全部射频信号，并从中提取出各站所需的信号。在任何时刻转发器转发的仅为某一个地球站的信号，这就允许各地球站使用相同的载波频率，并且都可以利用转发器的整个带宽。由于是单载波工作，不存在 FDMA 方式的交调问题，因此，卫星转发器几乎可在饱和点附近工作，这就有效地利用了卫星的功率和容量。

由于 TDMA 系统中所有地球站所发送的上行信号的载波频率都相同，因而要求所有地球站在时间上必须保持同步，这就是网络同步的问题。只有各地球站彼此保持同步，才能确保每个地球站都能够在指定的时间段发送和接收信息，而不会误入其他时段，造成对相邻信道的干扰。通常利用基准站实现同步，基准站的基本任务是为系统中各地球站提供一个共同的标准时间，各地球站以该标准时间为基准，保证各地球站发射的信号进入转发器时，在所规定的时隙内不互相重叠干扰。基准站通常由某一通信站兼任。为保证系统的可靠性，一般还指定另一通信站作为备用基准站。

TDMA 方式有以下几个优点：

1）系统容量大，卫星功率利用率高。

2）提高信号传输质量，有利于综合业务的接入。

3）使用灵活。有利于在系统中应用预分配或按需分配技术，使系统更具灵活性，扩容方便。

4）不存在 FDMA 中的互调问题。

TDMA 虽然存在许多优点，但也存在一些不足：

1）为使各站信号按一定的时序准确排列，以便接收端接收，需要精确的系统同步和解调同步。由于分组发射而使在 TDMA 系统中需要较高的同步开销。

2）模拟信号需转换成数字信号才能在网络中传输。

3）由于各站只能在某一时隙周期性地发送信号，所以需要提高发射信号的速率，即要进行变速。速率变化的大小，根据时帧与分帧长度之比来确定。

4）初期的投资较大，系统实现复杂。

4.4.3　码分多址方式

码分多址系统中，各地球站所发射的信号工作在同一频带内，发射时间是任意的，即各地球站发射的频率和时间可以相互重叠，此时各地球站所使用的信道是依据各站的码型结构的不同而加以区分的。一般选择伪随机（PN）码作地址码。一个地球站发出的信号只能用与它相关的接收系统才能检测出来。各站址的划分是按各站的码型结构的不同来实现的。码分多址方式主要应用于容量小而又要求对多个地面站进行通信的系统（如军事应用、飞机和舰艇等通信）、移动性大的卫星通信系统。CDMA 原理如图 4-10 所示。

CDMA 主要优点如下：

1）CDMA 的抗干扰性能很强，因而卫星间隔可大大减小，而不会使接收信号质量大大恶化。

2）扩频系统能对抗多径噪声，而这正好是移动通信终端中会经常遇到的。

3）可以使用小天线，不会由邻近卫星引起任何干扰问题。

4）抗干扰能力强，且具有良好的保密性和安全性。

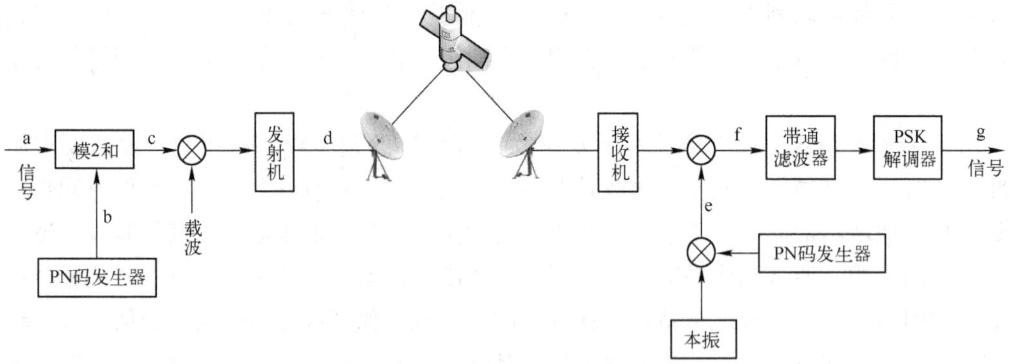

图 4-10　CDMA 原理框图

4.4.4　空分多址（SDMA）方式

SDMA 是按空间划分连接方式的简称，空分多址方式是在卫星上采用多波束天线，这些天线的波束指向地球表面的不同区域，发射的电磁波在空间不重叠，而利用天线波束的方向性分割不同区域的地球站，同一信道可以被所有波束同时使用，实现多址通信。在站数较多，业务量大，卫星频带严重不足的情况下，如果卫星转发器的功率足够，可以利用空分多址方式实现频带再用，从而可以成倍地扩展卫星（增多转发器）的通信容量。

实际应用中，一般不单独使用 SDMA 方式，而将其与其他多址方式结合使用。SDMA - SS - FDMA 系统简称 SS - FDMA。在卫星上设置若干点波束天线，通过波束的指向不同区分不同区域的地球站，各波束使用相同的频率。一个波束内的地球站所发信号采用 FDMA 方式区分。卫星上有一组滤波器和一个交换矩阵，将从不同上行波束到达的 FDMA 信号按需要分别送到不同的下行波束去。原理如图 4-11 所示。

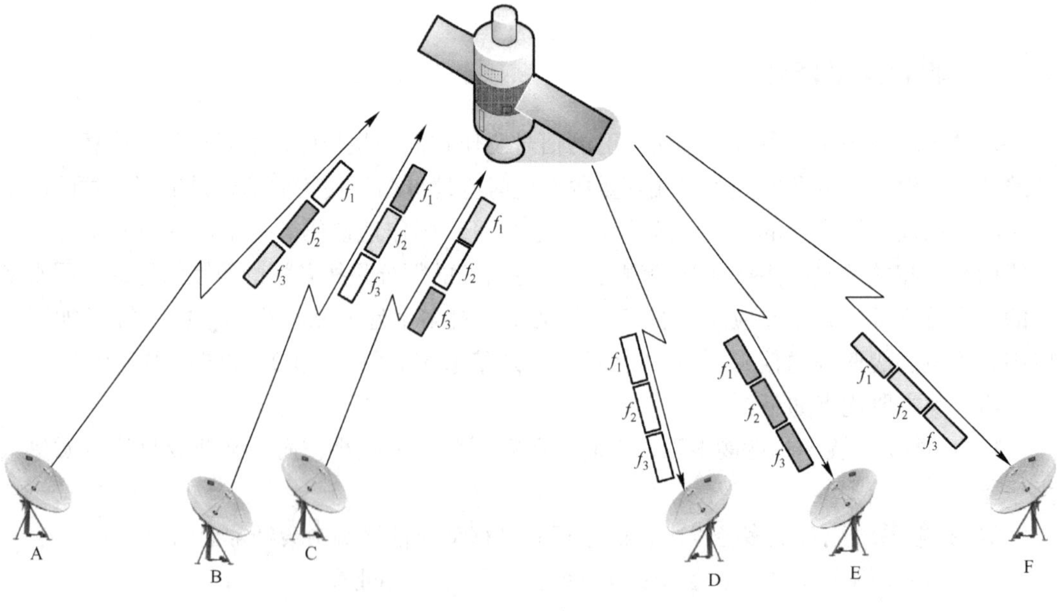

图 4-11　星上交换 SS - FDMA

4.4.5 信道分配技术

在信道分配技术中，“信道”一词的含义，在 FDMA 方式中，指的是各地面站所占用的转发器的频段；在 TDMA 方式中，指的是各站所占用的时段；在 CDMA 方式中，指的是各站所使用的码型。常见的信道分配方式主要有以下三种。

（1）预分配方式

在频分多址卫星通信系统中，卫星信道是事先分配给各个地面站的。对业务量大的地面站，分配的信道数目多，反之则分配的数目少。在时分多址方式中，事先把转发器的时帧分成若干分帧，并分配给各地面站使用。业务量大的站，分配的分帧长度长，反之，分配的分帧长度短。各地球站只能使用分配给它们的这些特定信道与有关地球站通信，其他地球站不得占用这些信道。

但是，在实际工作中，各站的通信业务量总是随用户通话的多少而变化的。当有的信道业务量增加时，它们占有的信道会产生不足，发生业务损失。反之，有的站间，当业务量变小时，它们所分得的信道又会有一部分闲置浪费，从而降低了信道利用率。预分配方式的优点是接续控制简便，建立通信快，基本上不需要控制设备。缺点是使用不灵活，信道不能相互调剂，在业务量较轻时信道利用率低。

（2）按需分配方式

按需分配方式是一种动态分配制度，所有信道归各站所公有，信道的分配是根据各地面站提出申请而临时决定的。例如，地面站 A 要与地面站 B 通信，A 站首先向中心站提出申请要求与 B 站通信。中心站则根据“信道忙闲表”，临时分配一对信道给 A、B 两站使用。一旦通信结束，系统信道又收归公有。

按需分配的优点是比较灵活，信道利用率高，适合业务量较小且地球站较多的卫星通信网。缺点是控制设备比较复杂，并且一般要在转发器上单独开辟一专用频端作为公用传信通道，供各站申请分配通道之用。

（3）随机分配方式

随机分配是指通信中各种终端随机地占用卫星信道的一种多址分配制度。随机分配方式常用于数据交换业务。因为数据通信一般是间断而非连续地使用信道，且数据包发送的时间也是随机的，因而如果仍使用固定预分配甚至按需分配，则信道利用率就很低。采用随机占用方式则可大大提高信道的利用率。

4.5 卫星通信地球站

4.5.1 通信地球站的分类

地球站是卫星通信系统的重要组成部分。卫星通信地球站的基本作用是向卫星发射信号；同时，接收由其他站经卫星转发来的信号。根据卫星通信系统的性质和用途的不同，地球站的分类可以多种多样。

（1）按安装方法及设备规模，地球站可分为固定站、移动站（船载站、车载站、机载站等）和可搬动站（在短时间内可拆卸转移）。其中，固定站根据规模大小可分为大型站、中型站和小型站。

（2）按天线口径大小，地球站可分为 30 m 站（用作国际通信的固定标准站）；20 m 站（高精度中型固定站）15 m 站（小型固定站）；10 m 站（小型固定站或可移动站）；5 m 站和 1 m 站（小型船载站或车载站）等。

（3）按传输信号的特征，地球站可分为模拟站和数字站。

（4）按用途，地球站可分为民用、军用、广播、航空、航海、气象以及实验等地球站。

（5）按业务性质，地球站可分为遥控、遥测跟踪站（用来遥测通信卫星的工作参数，控制卫星的位置和姿态），通信参数测量站（用来监视转发器及地球站通信系统的工作参数）和通信业务站（用来进行电话、电报、数据、电视及传真等通信业务）。

4.5.2 通信地球站的组成及功能

通信地球站有固定站（大、中、小型）、可搬移站、移动站（如舰载、车载、机载）等不同类型。它一般由天线馈电系统、发射系统、接收系统、信道终端系统、通信控制系统和电源系统六大部分组成。标准地球站的总体框图如图 4-12 所示。

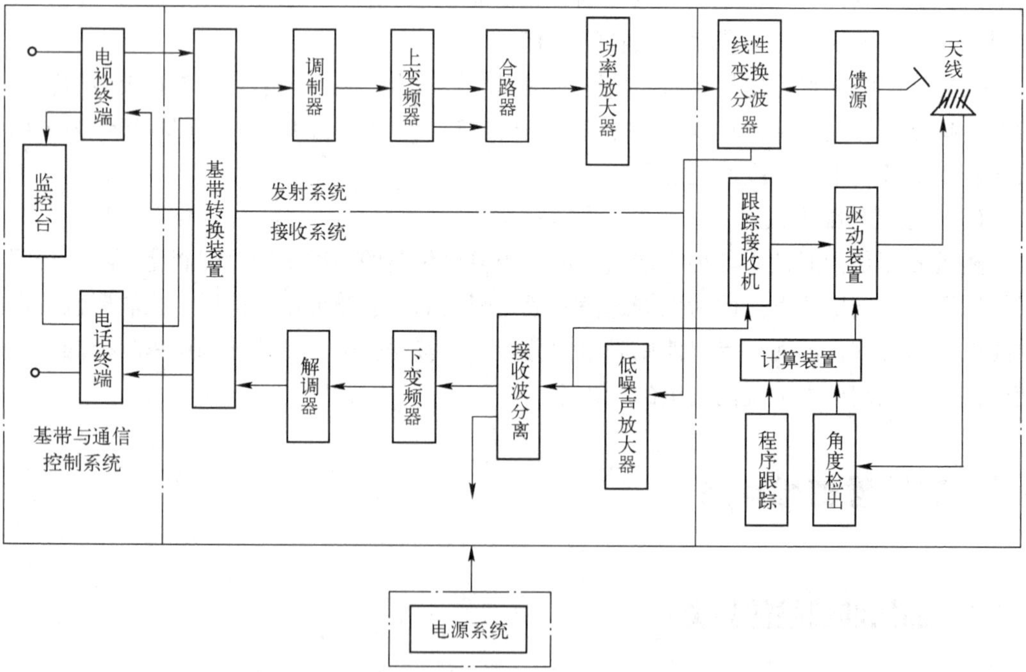

图 4-12 标准地球站的总体框图

（1）天线馈电系统

天线馈电系统简称天馈系统。它是地球站的重要组成部分之一，是实现自由空间传播的电磁能量与发射或接收的导行波能量之间联系的设备，也是决定地球站容量、通信质量的关键性设备之一。

天馈系统将发射机送来的待传输信号变成定向（对准卫星）辐射的电磁波，同时，收集卫星发来的其他地球站信息，送到接收设备。天线的基本要求是高增益、低噪声，并始终瞄准卫星。大型标准地球站采用卡塞格伦天线，小口径天线则采用偏馈（焦）抛物面天线。

（2）发射系统

在标准地球站中，要提供几百瓦至几千瓦的大功率射频信号并将其发往卫星，而且为了进行多址通信，一个地球站可能要同时发射多个载波。因此，发射系统应满足大功率、宽频带、多载波、高稳定度、可靠工作的要求。

发射系统的组成主要包括：调制器、中频放大器、上变频器、微波频率源、自动频率控制器、合路器和大功率放大器等设备。基带信号首先被调制成中频信号并放大，再将已调制的中频信号经上变频器变换为射频信号，并放大到一定的电平，经馈线送至天线向卫星发射。发射系统的组成如图 4-13 所示。

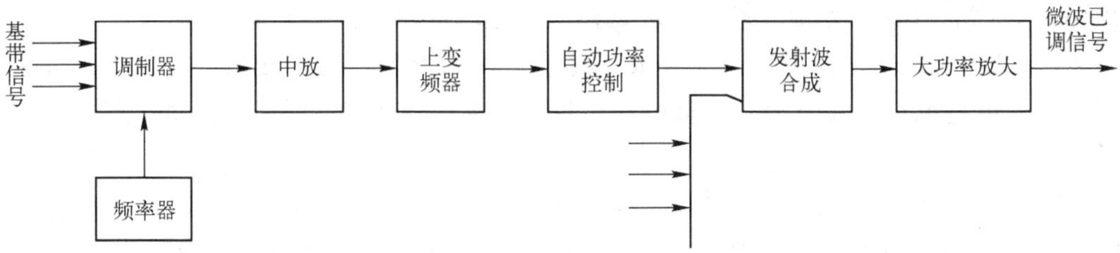

图 4-13 发射系统的基本组成

地球站发射系统的功能主要有以下几点：

1）将终端设备送来的基带信号，经过某种形式的调制（调频或调相等）后，送入发射机，在其中经过频率变换，使载频变成适于卫星通信通道使用的射频。

2）产生足够大的信号功率，以满足卫星接收机的要求。

3）应能调节输出功率，在正常情况下保持功率电平的高度稳定。

（3）接收系统

地球站接收系统将接收到的来自卫星转发的由通信对方地球站发出的射频信号，经过放大、变频等处理之后，传输到终端进行解调，将所得信息送给用户。对接收系统的基本要求是具有极高的灵敏度（或极小的内部噪声）和足够的通频带。接收系统由低噪声传输放大器、接收信号分路器（用于多载波的情况）、下变频器、中频放大器、解调器等组成。

（4）信道终端系统

终端系统是地球站与地面传输信道的接口。信道终端设备主要由基带处理与调制解调器、中频滤波及放大器组成。终端系统的任务就是要对地面线路到达地球站的各种信息基带信号进行变换，编排成适合于通过卫星信道传输的基带信号，送给发射系统；同时又要把接收系统解调输出的基带信号变换成适合于地面线路传输的基带信号。终端设备的使用决定于所采用的多路复用方式和多址方式。

（5）通信控制系统

通信控制系统由监视设备、控制设备和测试设备组成。监视设备用来监视地球站总体工作状态，当通信面临中断或已经中断时，能在中心控制台显示出来。控制设备能对站内各主要设备进行遥测遥控，包括主用设备和备用设备的转换。测试设备包括各种测试仪表，用来指示各部分设备的工作状态，必要时可在站内进行环路测试。

（6）电源设备

地球站电源设备要供应站内全部设备所需的电能，因此电源设备的性能优劣会影响卫星通信的质量及设备的可靠性。为了满足地球站的供电需要，一般采用三级电源设备，即交流不间断电源设备、蓄电池供电设备和应急发电电源设备。

4.5.3 卫星通信地球站站址选择原则

站址选择是指地球站所在地区已确定后，站址建立在该地区的确切位置，即确定站址的经度、纬度。作为固定地球站，站址选择应遵循以下原则。

（1）地球站必须设在卫星天线波束的有效覆盖区域内。良好的站址应使其工作仰角大于10°，最差也不应低于5°。过低的仰角将会增大接收系统的噪声温度和大气损耗，易受干扰。

（2）地球站的卫星视界应足够宽。地球站的卫星视界是指地球站在地形地物条件下可以对准与其或可能与其进行通信的卫星的仰角随方位角变化的轨迹曲线。对于移动卫星，是地球站跟踪该卫星时的方位角、仰角的变化曲线。

（3）尽可能避开地面的各种干扰源。危害最大的是地面微波站及雷达设备。在选择站址时，必须摸清所在地区微波线路及雷达站的分布情况、传送方向和工作频段。选址时，要尽可能远离这些干扰源，特别是同频段、同方向（或反方向）传输的微波站。

工业电气设备、机场（特别是机场雷达设备）、飞机航线、高压输变电设备、电台等场所利用静止卫星进行通信时，地球站对卫星视界只需要很窄的一个范围。但是一个通信中心站，往往会使用多颗卫星，在同一个地点建立多座天线设备。

（4）为有效地阻挡各种电波干扰，要求站址四周地形地物的天际线仰角越高越有利。

（5）气象条件的要求。地球站工作的可靠性要求很高，地球站室外设备的天线系统的运转率与气象条件密切相关。建站地区的风、雨、雪、冰、温度、湿度及雾等均将直接影响到对天线的设计。在沿海地区建站，应避免在常遭强台风、飓风、龙卷风袭击的地方选址。

（6）地质条件。站址处应具有稳定的地质条件，地面滑动和沉降要小，接地电阻也应满足防雷接地的要求。

（7）工作条件。地球站应方便与通信交换网连接。具有方便可靠的水、电供应。站址应靠近公路，便于运输。

（8）具备较好的生活条件。

（9）站址场地应有利于今后的扩充和发展。

4.6　VSAT 卫星通信系统

VSAT（Very Small Aperture Terminal，甚小口径终端）简称小站。它是 20 世纪 80 年代发展起来的一个卫星通信新领域。是具有小口径天线的智能化的地球站。这类小站可以很方便地安装在用户处，具有高度的软件控制功能。通常，大量的这类小站协同一个大站（称主站），构成一个卫星通信系统，可以单向、双向传输数据、语音、图像及其他综合电信及信息业务，非常适合智能建筑的应用。

4.6.1　VSAT 卫星通信系统组成

典型的 VSAT 网由主站、卫星转发器和众多远端 VSAT 小站组成。网络节点的基本连接是通过卫星采用星型网络结构来完成的。典型 VSAT 通信网构成如图 4-14 所示。

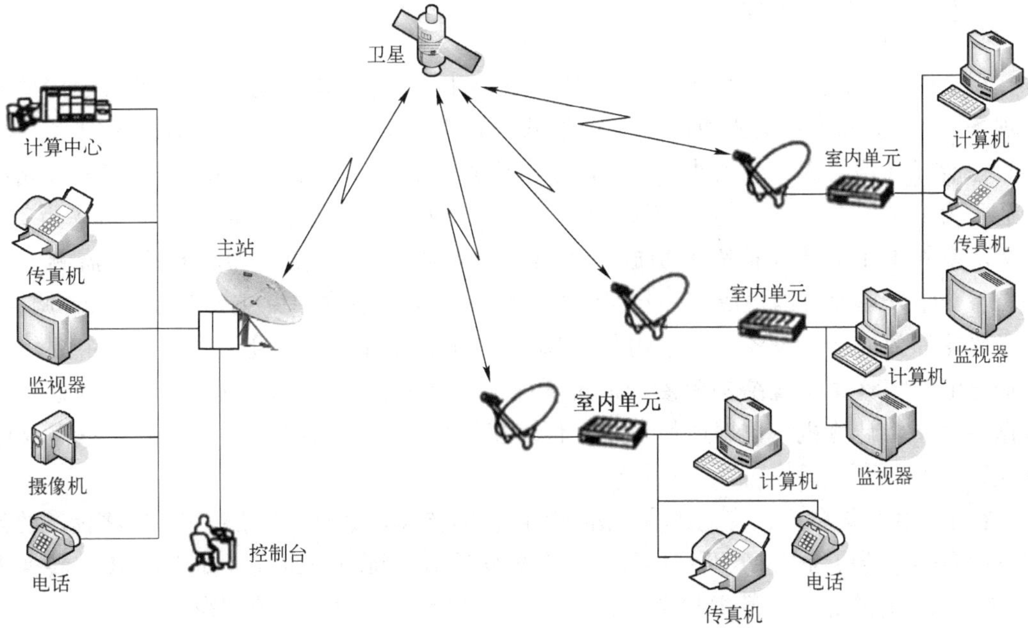

图 4-14　VSAT 通信网构成示意图

（1）主站（Hub）

主站也称中心站或枢纽站，它是 VSAT 通信网的核心。与普通地球站类似，它使用大、中型天线，天线直径一般约为 3.5 ~ 8 m（Ku 频段）或 5 ~ 11 m（C 频段）。主站由高功率放大器（HPA）、低噪声放大器（LNA）、上/下变频器、调制/解调器以及数据接口设备等组成。主站还有 VSAT 主站终端设备和网络控制中心。终端设备包括一个射频终端和基带设备。

主站作为网络的中心交换点，与主机接口进行通信。主机接口设在中央数据中心，与主机或前端处理机共置一处。网络中心的主站可以是一个也可以是几个，它们之间可通过地面线路也可通过卫星连接。在共用型主站网络中，主机接口与主站的连接通过专用的地面线路和卫星回程线路（SCPC）完成。在专用网络中，典型的设置是将两者放在一处。主站对全网进行管理、检测和控制。移动的小型主站可临时使用。主站为模块化结构，允许随着网络业务的增长而扩充基带设备。在多个用户共用主站的通信网中，主站通常通过地面中继线路连接到用户设备。

（2）通信卫星

卫星转发器也称空间段，是 VSAT 通信网的空间中转站。目前主要使用 C 频段或 Ku 频段转发器。采用 C 波段的优点是技术比较成熟，受降雨衰减影响小，可靠性高。但存在着同频段地面微波系统的干扰问题，限制了天线尺寸的小型化。采用 Ku 波段没有地面微波同频干扰问题，天线的尺寸可以实现小型化，但是链路受降雨的影响衰减大，设计时必须留有足够的雨衰余量。由于转发器造价很高，空间部分设备的经济性是 VSAT 网必须考虑的一个重要问题，因此，可以只租用转发器的一部分，地面终端网可以根据所租用卫星转发器的能力来进行设计。

（3）小站

小站由小口径天线、室外单元（ODU）和室内单元（IDU）组成。可安装于用户通信现场。VSAT 天线有正馈和偏馈两种形式，正馈天线尺寸较大；而偏馈天线尺寸较小、性能好（增益高、旁瓣小），且结构上不易积冰雪，因此常被采用。VSAT 天线口径通常为 1 ~ 2.4 m（C 频段的不超过 3.5 m，单收站的可小于 1 m），发射功率为 1 ~ 10 W。室外单元主要包括固态功放、低噪声放大器、上/下变频器和相应的监测电路等，整个室外单元可以集成在一起安装在天线支架上。室内单元主要包括调制解调器、编译码器和数据接口设备等。室内外两单元之间以同轴电缆连接，用以传送中频信号和输送电能。整套装置结构紧凑、造价低廉、安装方便，适应环境范围广，可直接与数据终端（微计算机、数据通信设备、传真机、电传机、交换机等）相连，不需要中继线路。

在小站接口设备中，将完成输入信号和协议的转换。比如，在语音接口中将标准的公用电话网协议转换为 VSAT 网络协议，而在数据接口中将数据协议（如 TCP/IP）转换为 VSAT 协议。原有语音、数据相应的协议和地址在 VSAT 主站的接收端恢复。

4.6.2 VSAT 卫星通信系统特点

（1）VSAT 卫星通信网的特点

VSAT 网络组网灵活、独立性强，其网络结构、设备特性、技术性能和网络管理都可以根据用户的要求进行设计和调整，由于 VSAT 卫星通信网有许多优点，所以它出现后不久，便受到了广大用户单位的普遍重视，发展非常迅速。现在它已成为现代卫星通信的一个重要发展方面。VSAT 卫星通信网的主要优点如下。

1）地球站设备简单，体积小，重量轻，造价低，安装与操作简便。根据使用条件的不同，小站天线直径可以为 0.3 ~ 2.4 m，发射机功放在 1 ~ 2 W。终端部分也很小。安装只需简单的工具和一般地基，它可以直接安装在用户所在的楼顶上、庭院内或汽车上等。随着天线的进一步小型化，还可以置于室内桌面上（只要天线能够通过窗口对准卫星且无障碍）。而且业务的开通也非常方便。

2）覆盖范围大、结构灵活、组网迅速、接续方便。由于网络部件模块化，便于调整网络结构，可以适应用户业务量的增长以及用户要求的变化。而且，开辟新通信点所需时间也很短。

3）通信质量好，可靠性高，通信容量可以自适应，适于多种业务和数据速率，即能够传输综合业务，便于向 ISDN 过渡。

4）由于它直接面向用户，可以与用户终端直接接口，特别适合于用户分散、业务量少的边远地区，以及用户终端分布范围广的专用和公用通信网。

5）智能化功能强，包括操作、接口、支持业务、信道管理等，可无人操作；集成化程度高。

6）VSAT 站很多，但各站的业务量较小；独立性强，一般用作专用网，而不像传统卫星通信网那样主要用作公用通信网。

7）有一个较强的网管系统。

8）互操作性好，可使采用不同标准的用户跨越不同地面网而在同一个 VSAT 网内进行通信。

9）系统容量小，传输时延长。

10）由于地球站天线尺寸小，使 VSAT 网络中射频链路容易受到干扰。

VSAT 卫星通信网可以采用星形、网状或混合网络结构。不过，在目前多数还是采用星形网络结构。总之，VSAT 通信是传统卫星通信方式的重大突破和发展，VSAT 系统可以直接安装到用户，同时提供高质量的数据、语音、图像和其他多媒体综合业务。目前，VSAT 广泛应用于证券信息业、报纸出版业和企业专网等。

（2）工作频段

目前，VSAT 卫星通信网使用的频段为 C 波段或 Ku 波段。如果使用 Ku 波段，不存在与地面微波通信线路的相互干扰。由于允许功率通量密度较高，天线尺寸便可以进一步减小。如果天线尺寸相同，Ku 波段的天线增益可达 6 ~ 10 dB，可以传输更高的数据速率。使用 C 波段时，电波传播条件好，特别是受降雨影响小，路径可靠性较高，而且可以利用地面微波通信的成熟技术，系统造价也较低。但是，由于它与地面微波通信使用的频段相似，并且要考虑这两种系统间的相互干扰问题，功率通量密度不能太大，因此限制了天线尺寸的进一步小型化，并且在干扰功率密度较强的大城市选址比较困难。为此，当使用 C 波段时，通常都采用扩频技术以便降低功率谱密度，减小天线尺寸。

(3) VSAT 系统业务类型

卫星通信发展十分迅速，在国民经济各个部门已经得到了广泛应用。VSAT 卫星通信网综合了多种现代先进技术，除了个别宽带业务外，几乎可以支持所有现有的业务，包括语音、数据、传真、LAN 互连、会议电话、可视电话、低速图像、可视电话会议，采用 RF 接口的动态图像和电视、数字音乐等。VSAT 网的主要业务及典型应用如表 4-2 所示。

表 4-2 VSAT 的主要业务及典型应用

业务类型	应用
1. 广播和分配业务	
数据	数据库、气象资料、新闻、股票、公债、商品信息价格表、库存、零售额、遥控等
图像	传真
音频	广告、新闻、音乐演出、音乐节目、空中交通管制等
视频	文娱节目接收
(a) 电视单收	教育、培训、资料检索等
(b) 商务电视	
2. 收集和监控业务	
数据	气象资料、输油管线、新闻、监测等
图像	图表资料、冻结图像
视频	压缩的监视图像
3. 双向交互业务	
数据	网络互联、电子邮件、用户电报、银行转账、零售商店、数据库业务、信用卡验证、票证、预订、图书馆等
语音	稀路由语音、应急语音通信
视频	远程电视会议

4.6.3 智能建筑中 VSAT 组网形式

随着通信技术的发展，VSAT 通信系统已延伸到办公室、家庭、偏僻的山村、遥远的海岛及地球的各个角落。根据 VSAT 系统所传输的业务种类，其网络结构大致可分为 4 种：星形 VSAT 网、网状 VSAT 网、混合型 VSAT 网和联合网。

1. 星形 VSAT 网络（Star network）

该网是以数据传输为主的系统，它由一个或多个中心站（HUB）和多个远程 VSAT 站组成。星形 VSAT 网络如图 4-15 所示。中心站是大功率地球站，担负网络管理、控制、信道分配和通信等任务。所有 VSAT 站均在中心站的控制下与其进行通信，各小站共享相同的卫星资源。星形网适用于全国性的、具有较多乡村机构并有大量数据信息需要传递和集中处理的单位，如新闻、银行、民航、交通、气象、地震监测及统计等部门。目前，星形网是 VSAT 网中应用最广泛的网络形式。

星形网络又可分为 3 种形式：单跳、双跳和单、双跳相结合的形式。

(1) 点到多点的单向广播 VSAT 网络

单跳形式网络是使用最早、最普遍的星形网，它可实现 VSAT 站与中心站之间的通信。中心站通过线路与主计算机相接，也可通过地面线路连接到地面电话网或数据网上进行信息交换。进行业务交流，而不需要 VSAT 小站向主站回传业务信息。这种系统不仅网络结构简单，只需要一个出站链路载波，主站和远端小站的硬件设备也大大简化，系统成

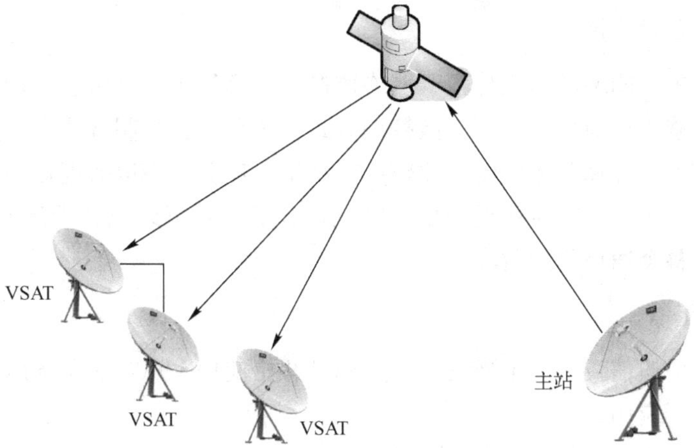

图 4-15　星形 VSAT 网络

本最低。当前应用于国家信息中心向全国各地发布经济、新闻、气象、水文等信息资料。

（2）点到多点的双向通信 VSAT 网络

在双跳形式网络中的各 VSAT 站之间可通过中心站进行通信。它以主站为中心，主站既可以向全网广播公共信息业务，又能将一个 VSAT 站的呼叫传送到另一个 VSAT 站。因此，这种形式的连接需要两次通过卫星，因而，其传输时延比单跳形式增加了一倍（经卫星单跳通信的往返时延约为 0.5s）。这种系统能够支持语音、传真、图像等业务。但话务量不能过大，否则网络效率降低。

2. 网状 VSAT 网络

在网状网中，各 VSAT 小站之间经卫星直接沟通，可以任意建立通信链路。不需要主站的转接。这种方式一般采用按需分配方式来提高信道的利用率，仅在通话时才占用信道，一旦通话结束，就将所占信道交给网络重新进行支配。根据用户的要求，可及时建立或拆除任何两个 VSAT 小站之间的通信链路。在以语音为主的小站网中，为了避免双跳延时，较多采用这种网络结构。网状 VSAT 网络如图 4-16 所示。

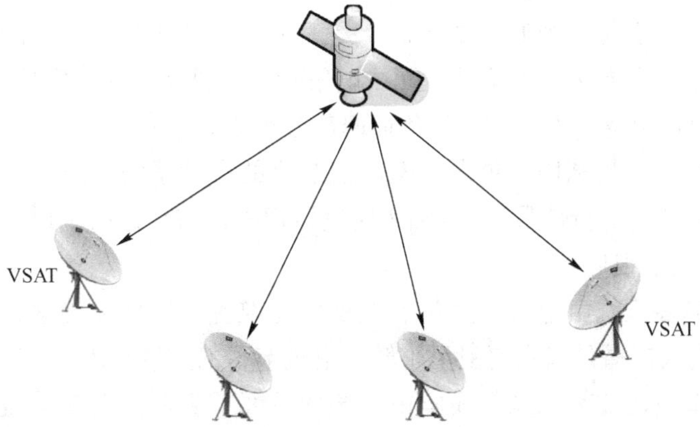

图 4-16　网状 VSAT 网络

3. 混合型 VSAT 网络

混合结构网中，网络的信道分配、网络监控、管理等由主站负责，而各 VSAT 站之间的语音业务是直接进行通信，采用分散控制方式。这种混合控制方式对卫星通信的利用率较高，网络比较大，传输业务范围也比较广。如果一部分用户以数据业务为主，另一部分用户以语音业务为主，这时应用混合型网络比较合适。它可以充分满足不同用户的要求，又能有效地提高整个通信网的效率。

4. 联合组网

随着国际卫星通信技术的不断发展，人们已开始使用 VSAT 系统与其他电信网络联合组网。主要有以下应用：

（1）利用 VSAT 系统组建卫星广域网（SWAN）

SWAN 不仅可以形成一个干线广域网，其网络结构也较灵活，用户可以随意选择网络拓扑，如点对点、星形、全网状拓扑等。VSAT 系统还可以动态地调整带宽、时隙长度或发射功塞．以适应 I，AN 之间信息骨的随机变化。

（2）将 VSAT 系统接入 ISDN 网络

对现有的 VSAT 进行改造，当它的速率、信令协议和接口标准都符合 ISDN 要求之后，可以利用 VSAT 来旁路本地接入网和运送网。将来利用先进的星上处理卫星（ADSAT）还可以直接在用户网两地之间实现 VSAT—VSAT“单跳”端到端的 ISDN 业务。

（3）VSAT 系统与地面移动通信相结合的组合通信网络

该组合网络将 VSAT 终端与地面蜂窝状通信系统的基站建在一起，应用卫星链路将各个移动电话局连接起来，实现移动用户的远距离通信。

本章小结

1. 卫星通信系统包括通信和保障通信的全部设备，主要由跟踪遥测指令分系统、监控管理分系统、通信卫星及通信地球站四部分组成。

2. 通信卫星实际上是一个通信中继器，是卫星通信系统中最重要的组成部分，其作用是为多个有关地球站转发（或反射）无线电信号，沟通信道，以实现多址的中继通信。一般而言，通信卫星由空间平台和有效负荷两部分组成。

3. 卫星电视广播是指利用卫星来转发电视节目的广播系统，通过卫星先接收地面发射站送出的电视信号（上行信号），再利用转发器把电视信号送回到地球上指定区域（下行信号），从而实现电视信号的传播。

4. 卫星电视广播系统由上行发射站、电视广播卫星、地球控制站、地球接收站等几部分组成，卫星电视广播是指利用卫星来转发电视节目的广播系统，

5. 卫星电视节目已成为我国有线电视系统的重要节目源。它有覆盖范围大、传输距离远、图像质量高、频带宽、传输容量大、投资省、见效快等特点。

6. 卫星电视信号主要使用 Ku 频段和 C 频段。为了加强频率管理，国际电联把世界划

分为三个频率区域，我国属于第Ⅲ区。

7. 卫星通信的多址方式是指在卫星覆盖区内的多个地球站，通过一颗卫星的中继，建立双址和多址之间的通信。目前，卫星通信中应用的多址方式有：频分多址（FDMA）、时分多址（TDMA）、空分多址（SDMA）和码分多址（CDMA）等方式。

8. VSAT 是具有小口径天线的智能化的地球站。这类小站可以很方便地安装在用户处，具有高度的软件控制功能。典型的 VSAT 网由主站、卫星转发器和众多远端 VSAT 小站组成。以单向、双向传输数据、语音、图像及其他综合电信及信息业务。

习题

4-1　简述卫星通信的主要优缺点。

4-2　简述卫星通信系统的组成及功能。

4-3　通信卫星又哪几部分组成？它们各有什么作用？

4-4　我国属于世界卫星广播电视业务的第几区？

4-5　卫星电视广播系统组成及功能。

4-6　简述卫星通信常用的多址技术。

4-7　地球站由哪几部分组成？功能是什么？

4-8　地球站在选址时，主要应考虑哪些因素？

4-9　什么是 VSAT？有什么特点？

4-10　简述 VSAT 通信系统的组成及功能。

4-11　VSAT 通信网的组成形式有哪些？

第 5 章　电话通信系统

5.1　概述

电话通信系统已成为各类建筑物必须设置的弱电系统。以前的电话通信系统主要满足语音信息传输功能，现代电话通信系统已发展为电话、传真、移动通信和数字信息处理等电信技术和电信设备组成的综合通信系统。科学技术和社会信息化的高速发展，推动了现代通信技术的进步，使得现代通信网正朝着数字化、智能化、综合化、宽带化和个人化的方向发展。图 5-1 所示为中国电信网络示意图。

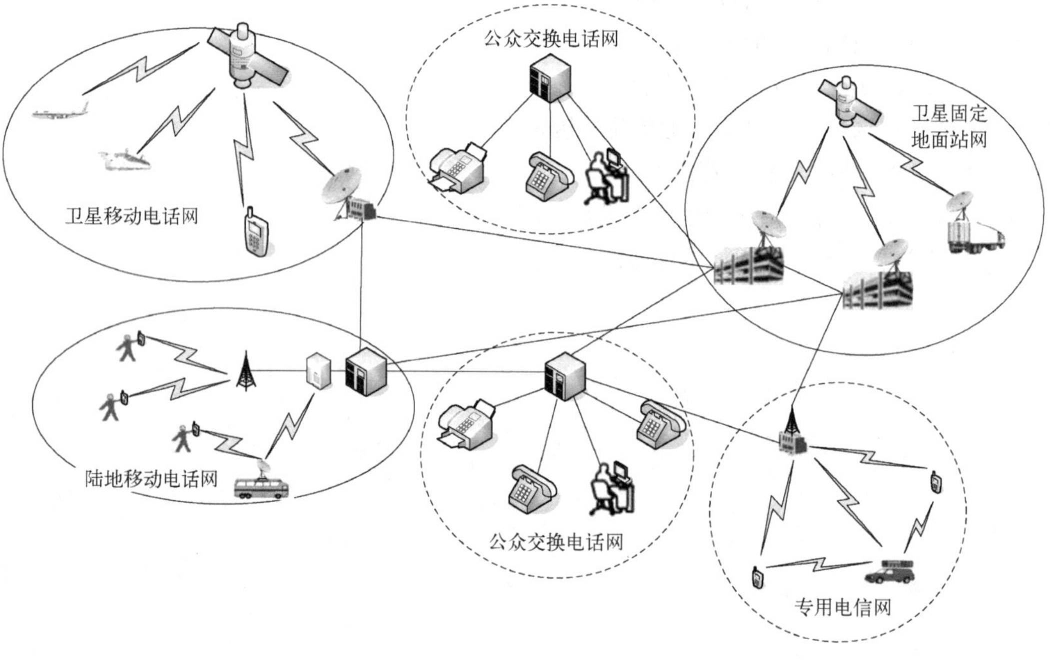

图 5-1　中国电信网络示意图

1. 电话通信系统的组成

电话通信系统是通信系统的主要内容之一，其示意图如图 5-2 所示。电话通信系统主要包括用户交换设备、通信线路网络及用户终端设备三大部分。

（1）用户终端设备。用户终端设备包括电话机、传真机等，用户终端设备通过接入程控数字用户交换机的市话中继线连成全国乃至全球电话网络。用户终端设备用来完成信

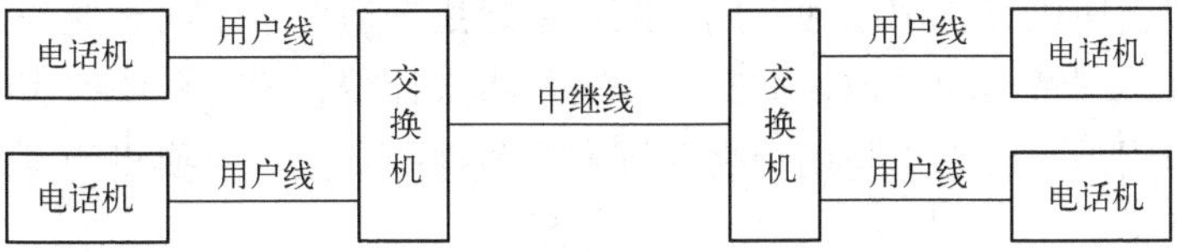

图 5-2　电话通信系统示意图

号的发射和接收，电话通信系统中，终端设备就是电话机。尽管电话机制式多种多样，但终端设备的基本功能都是在用户发话时将语音信号转换成电信号，同时将对方终端设备送过来的电信号还原为语音信号。此外，终端设备还具有产生和发射表示用户接续要求的控制信号功能，这类控制信号如用户状态信号和建立接续的选择信号等。

（2）电话传输系统。电话传输系统指“终端设备－交换中心”、“交换中心－交换中心”间的传输线及相关设备，电话传输系统负责在各交换点之间传递信息，其通信线路网络采用结构化综合布线系统或常规线路传输系统。

电话传输系统按传输媒介分为有线传输（明线、电缆、光纤等）和无线传输（短波、微波中继、卫星通信等）。在电话通信网中，传输线路主要是指用户线和中继线。常见的电话传输媒体有市话电线电缆、双绞线和光缆。为了提高传输线路的利用率，对传输线路常采用多路复用技术。在图 5-3 所示的电话网中，A、B、C 为其中的三个电话交换局，局内装有交换机，交换可能在一个交换局的两个用户之间进行；也可能在不同的交换局的两个用户之间进行，两个交换局用户之间的通信有时还需要经过第三个交换局进行转接。

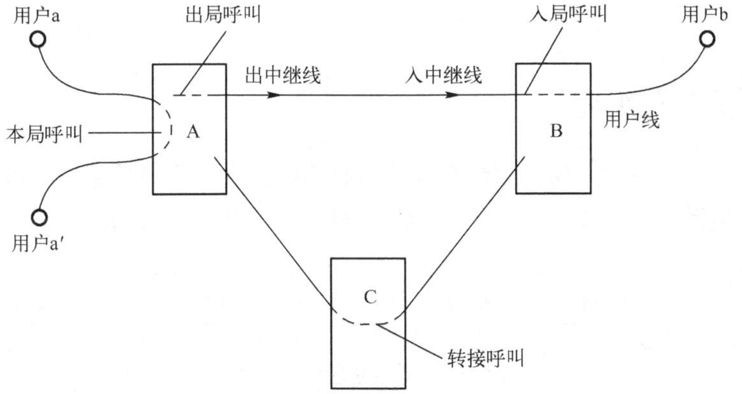

图 5-3　电话传输系统示意图

（3）电话交换设备。电话交换设备是电话通信系统的核心，一般采用程控数字用户交换机或虚拟交换机。电话交换设备根据主叫用户终端发出的信号选择被叫，使两个终端建立连接。连接主被叫有时要经过多级才能完成。交换设备有多种制式，相互间通过接口技术能协调工作。交换设备按使用场合的不同，分为大型交换机和专用交换机，前者用于 PSTN，如市话交换机和长途交换机；后者又称用户交换机，容量有限，用于单位内部，这样单位内部通话不必经过市话局，既减轻了市话局通信负荷，又降低了通信费用。如进一步区分，用户交换机有通用型和专用型两种，通用型适用于以语音业务为主的单位；专用型适用于各种不同特点的单位，如宾馆型交换机有计费、留言和叫醒服务等功能。

交换机的作用是完成用户与用户之间语音和数据的交换。交换机的发展经历了以下三个阶段：

人工交换阶段：磁石式电话交换机，共电式电话交换机。

机电式自动交换阶段：步进制交换机，机动制交换机，纵横制交换机。

电子式自动交换阶段：半电子交换机，全电子交换机，模拟程控交换机，数字程控交换机。

2. 电话通信的基本原理

电话通信是通过声能/电能相互转换，并利用“电”作为介质传输语音的通信技术。两个用户通信的最简单形式是将两部电话机用一对线路连接起来，主叫用户在终端的送话器前讲话时，声波通过空气振动作用到送话器并产生相应电信号，该电信号经传输设备和交换机送至终端的受话器，受话器收到电信号并转换为声波，通过空气振动传到被叫用户耳朵。可见，电话通信时，发送端通过送话器变声波为电信号，传输至接收端，接收端通过受话器将电信号还原为声波。对可视终端而言，则是图像信号在发送端转换为电信号，经传输系统、交换系统，接收端再将电信号还原为图像信号。可以看出，电话通信是用户间双向“点对点”通信。

5.2 通信原理基础知识

5.2.1 通信系统的组成

实现信息传递所需的一切技术设备和传输媒质的总和称为通信系统。以基本的点对点通信为例，通信系统的组成（通常也称为一般模型）如图 5-4 所示。

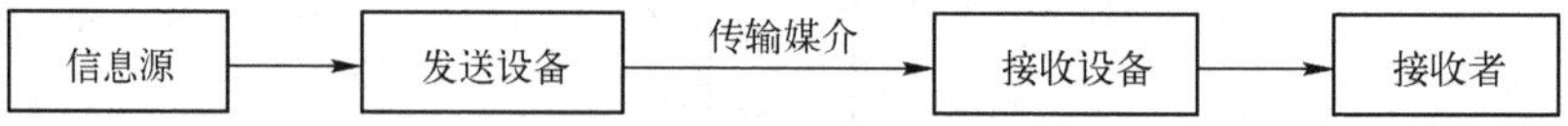

图 5-4　通信系统组成框图

信息源（信源，也称发终端）：原始电信号的来源，具体说是语音、数据等。它的作用是把待传输的消息转换成原始电信号，如电话系统中电话机可看成是信源。信源输出的信号称为基带信号。所谓基带信号是指没有经过调制（进行频谱搬移和变换）的原始电信号，其特点是信号频谱从零频附近开始，具有低通形式。根据原始电信号的特征，基带信号可分为数字基带信号和模拟基带信号，相应地，信源也分为数字信源和模拟信源。

接收者（也称受信者或收终端或信宿）：原始信号的最终接收者，是将复原的原始电信号转换成相应的消息，如电话机将对方传来的电信号还原成了声音。

发送设备：它是对信息源产生的原始电信号进行处理和变换，以便使它变换成适合于在信道中传输的形式。变换方式是多种多样的，在需要频谱搬移的场合，调制是最常见的变换方式；对传输数字信号来说，发送设备又常常包含信源编码和信道编码等。

传输媒介：从发送设备到接收设备之间信号传递所经过的媒介。它是信号传输的通道，可以是有线的，也可以是无线的，甚至还可以包含某些设备。

接收设备：完成发送设备的反变换，即进行解调、译码、解码等。它的任务是从带有干扰的接收信号中恢复出相应的原始电信号来。

5.2.2　通信系统交换分类

1. 交换的引入

最简单的通信形式，是在传输介质内以点对点相连的方式直接进行，如大楼的对讲系统。然而，随着通信用户的增多，这种点对点相连的方式是不可行的。因为如果有 N 个通信终端，则每个终端与各个终端的连接需用 $N-1$ 个链路，而每个终端也必须有 $N-1$ 个 I/O 端口。整个系统需要 $N(N-1)/2$ 条全双工链路，如果系统很大，终端很多，那么 I/O 硬件设备数量、线路长度将是惊人的，并且线路的利用率极低。因为一个终端与另一终端通信时，与该终端相连的 $N-2$ 个链路是空闲的。显然，在有大量通信终端的情况下，这种点到点相连的方式是极不经济的，它只适用于通信终端不多，或要求高度可靠的通信终端之间。连接示意图如图 5-5 所示。

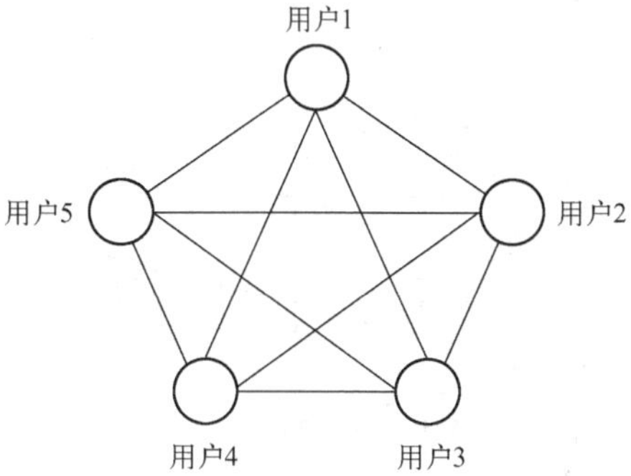

图 5-5　点到点连接示意图

要提高系统线路的利用率，最好的方法是交换。把所有的通信终端连接到一个交换通信网络上，连接示意图如图 5-6 所示。每个终端只需一个 I/O 端口，而不是 $N-1$ 个 I/O 端口。交换通信网是由交换机和与其连接的线路组成。交换机把语音、数据从一个终端传到另一个终端。从交换机到终端是专用的点到点的链路。

2. 交换的分类

交换通信网中信息的交换有以下三种形式：电路交换、报文交换和分组交换。

（1）电路交换

电路交换是最常用的电话通信。其特点是两个终端在通话（数据传送）之前必须先建立一条通路。而这条通路在通话（数据传送）结束之前完全由这一对终端所占有，所

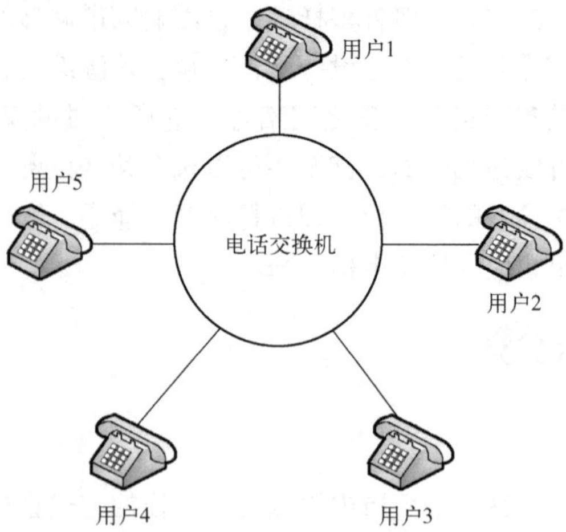

图 5-6　引入交换机连接示意图

以电路交换效率不高。利用电路交换进行通信，通常有建立交换电路、信息传送（通话）、释放交换电路三个阶段。电路交换的基本过程如图 5-7 所示。

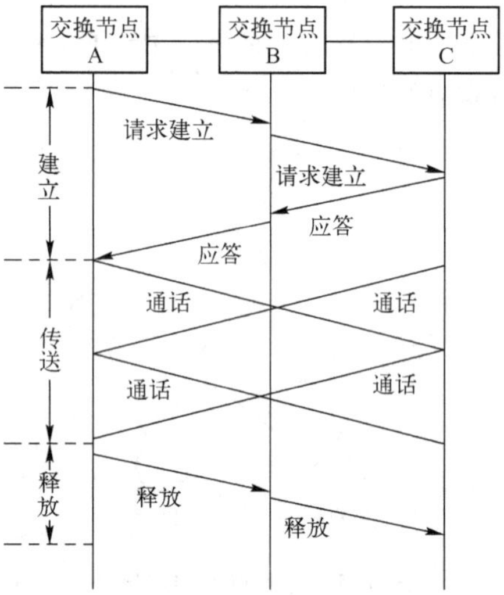

图 5-7　电路交换的基本过程

（2）报文交换

电路交换通常用于需要实时通信的场合，如电话通信。当电路交换时所占用的信道资源是专用的，而且持续到通信的始终。因此电路交换的效率是较低的。而有些信息的传输不需要实时进行，如电子邮件等。交换机接到信息传输要求时，不需要立即传送，可以把它先存储起来，等到有合适的输出信道时再发送出去。这种“存储 - 转发”方式称为报文交换。

对于报文交换来说，它不需要在交换网中占用一条专用信道，任何一条空闲的信道都能用来传送。每个终端要发送的信息作为一份报文，并把要传送到的终端地址附在报文上，这个报文通过交换网络中的空闲信道从一个交换机传到另一个交换机，每个交换机将报文全部接收，并短暂存储，然后传送到下一个交换机，直到最后终端。因此作为报文交换的交换机必须有足够的存储容量来存储进入的报文。而此容量还必须保持到报文又被送出之前。

与电路交换比较，报文交换具有线路利用率高、传输可以随时进行、能把报文送达多个目的地的特点。

（3）分组交换

在报文交换中，可以利用存储来提高信道和交换设备的利用率，但需要增加存储器。而报文的数据容量又决定了存储器容量，如果报文很长，报文交换机除了内部存储器外，还需要使用外部存储器，这增加了报文处理时间，也增加了交换设备的费用。

在分组交换中将较长的报文分解成若干“段”，每一段报文加上交接时所需的地址、控制和差错校验等信息，按规定的格式组成一个“包”，或称“报文分组”，在通信网络中，一个包一个包地进行交换。在交换时每个“包”可以分开发送，也可以在不同时段，用不同的路径进行发送，最终送到接收终端。

分组作为一个独立的实体，既可断续地传送，也可经不同的传输路径来传送。由于分组长度固定且较短，又具有统一格式，这样就便于交换机存储、分析和快速转发。在分组交换中，为了控制和管理通过交换网的“分组”流，目前主要采用两种方式：数据报方式和虚电路方式。数据报是指自带寻址信息的独立数据分组。数据报方式中，每个分组作为一个独立的信息实体，每个分组在交换机中以尽快传送出去为目的，送往下一个交换机，不需要接收端作任何响应。因此各个数据分组就可能根据通信网中信息流量分布的不同情况，经历不同的路径到达目的地。在虚电路方式中，数据传送之前，必须先在源与目的地之间建立一条逻辑连接，即虚电路，然后各数据分组均沿着已经建立起来的虚电路交换信息。一旦交换结束，立即拆除连接。虚电路方式与数据报方式的区别是，虚电路方式下的交换机不必为每个分组做出通路（路由）选择，而只需在开始建立连接时作一次路由选择。

分组交换信息的传输时延较小，而且变化不大，能较好地满足交互型通信的实时性要求；易于实现链路的统计时分多路复用，提高了链路的利用率；容易建立灵活的通信环境，便于在传输速率、信息格式、编码类型、同步方式或通信规程等方面不相同的数据终端之间实现互通；信息以“分组”为单位在交换机中进行存储和处理，节省了交换机的存储容量，提高了利用率，降低了通信的费用；但是由于网络附加的信息较多，影响了分组交换的传输效率且实现技术复杂。

3. 交换控制设备

要实现交换任务，必须要有交换控制设备完成信息终端与交换网络的交换控制，即交换机。控制设备应能接收终端、交换网络发送来的信息，并根据要求输出相应的交换控制信号，把信息送到相应的终端或信道上。

控制设备应有存储、记忆功能，能存储数据包，并记忆“包”传送的路由。空闲时能按预先设定的路由把“包”传送到相应的终端。交换控制设备还应具有信息判断、处理的功能，能对信息或数据进行逻辑或算术运算等。

（1）布线逻辑控制

布线逻辑控制是指将交换机的各种控制功能先设计成各种逻辑单元电路，实现对语音交换的控制，与程控相比，布线控制是用硬件完成对交换机的控制。

电路按照所要解决问题和逻辑要求来设计、安装和连线。各种控制功能是在专为这个任务而设置的电路中完成的。因为这种控制方式是靠布线连接实现控制的，当任务有变动时，就必须修改布线，或另外重新布线，有时还要更换新的器件，因此灵活性差。

（2）存储程序控制

存储程序控制的交换机，简称程控交换机。程控交换机是计算机自动执行事先编好并存放在存储器中的程序来控制交换机的动作，以完成电话接线任务，即是利用软件（程序和数据）来控制交换机动作。这就克服了布线控制的缺点，任务变动或增加新功能只需要修改程序，而修改程序比更改布线方便得多，因而程控交换成为电话交换的必然趋势。

交换机对语言、数据的交换通过交换网络来完成。交换网络是交换机中的主要设备单元，典型的交换网络有 S 形交换器、T 形交换器、T－S－T 交换网络。

① S 形交换器

S 形交换器的功能是完成不同 PCM 通路的相同时隙交换，S 形交换器一般由交叉矩阵和控制存储器组成。

由输入信号线与输出的信号线组成一个交换矩阵。任一入线与任一出线间都有一个对应的矩阵交叉点，占据不同的空间位置。控制存储器控制交叉点在所需对应的时隙里闭合，完成信号的交换。如图 5-8 所示。

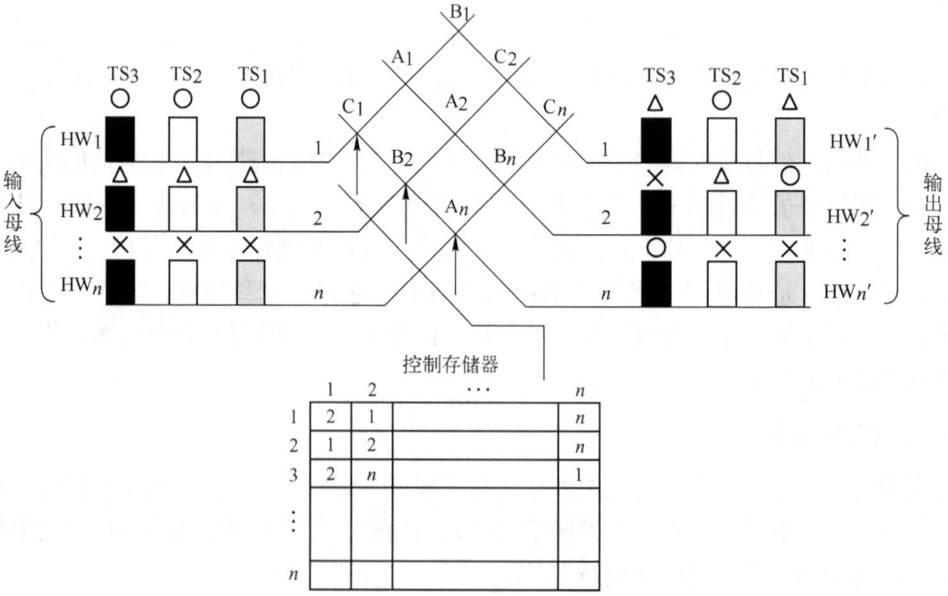

图 5-8　S 形接线器示意图

② T 形交换器

T 形时分交换器是通过缓冲存储、控制读出或写入的方式来进行时隙交换的。T 形交换器一般由语音存储器和控制存储器等电路组成。语音存储器用来暂存经 PCM 编码后的数字话音信息，每一话路占用一个固定的时隙。T 形交换器的工作方式有两种：一种是顺序写入，控制读出；另一种是控制写入，顺序读出。一般用户交换机多用 T 型交换器来完成语音、数据的交换。如图 5-9 所示。

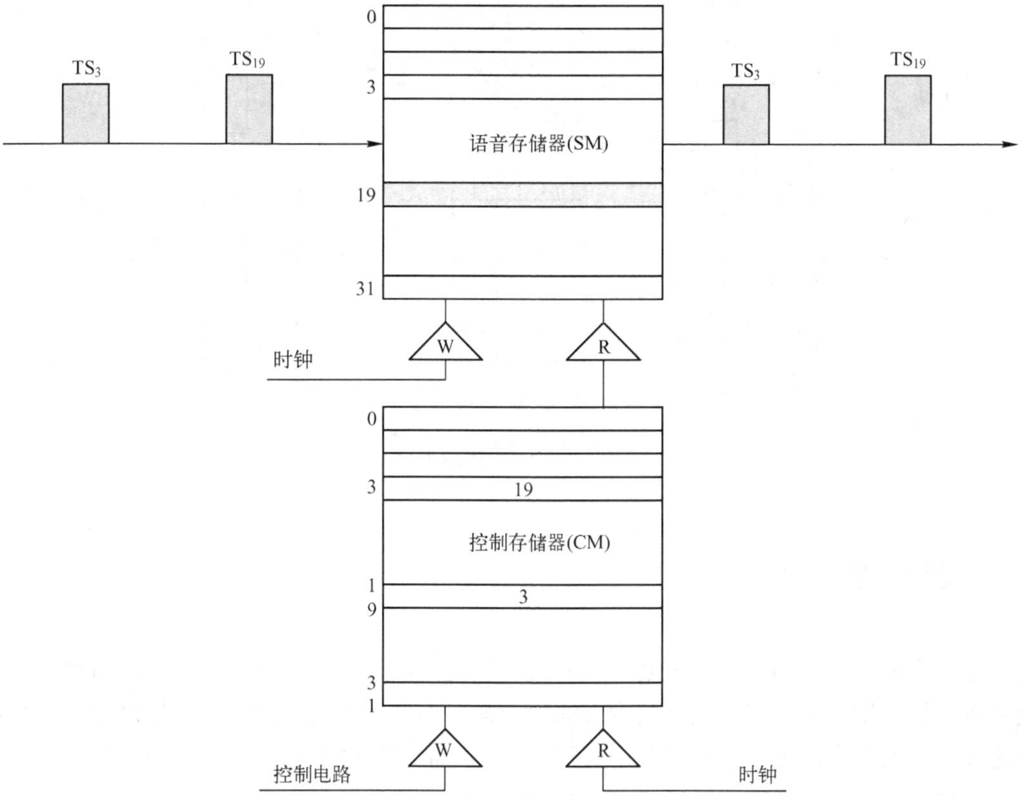

图 5-9　T 形接线器示意图

③ T－S－T 交换网络

T－S－T 是三级交换网络，两侧为 T 形交换器，中间为 S 形交换器。T－S－T 交换网络每侧有 32 个 T 形交换器，每个 T 形交换器可容纳 16 套 PCM 系统，则可完成 512 个输入时隙与 512 个输出时隙间的交换，S 形交换器为 32×32 的交叉矩阵，可完成 32 条输入通路和 32 条输出通路间的交换，这样一个 T－S－T 交换网络就相当于一个 16384×16384 的交换网络。

在图 5-10 中，A 级 T 形接线器负责输入母线的时隙交换，输出控制；S 级接线器负责母线之间的空间交换，输入控制；B 级 T 形接线器负责输出母线的时隙交换，输入控制。

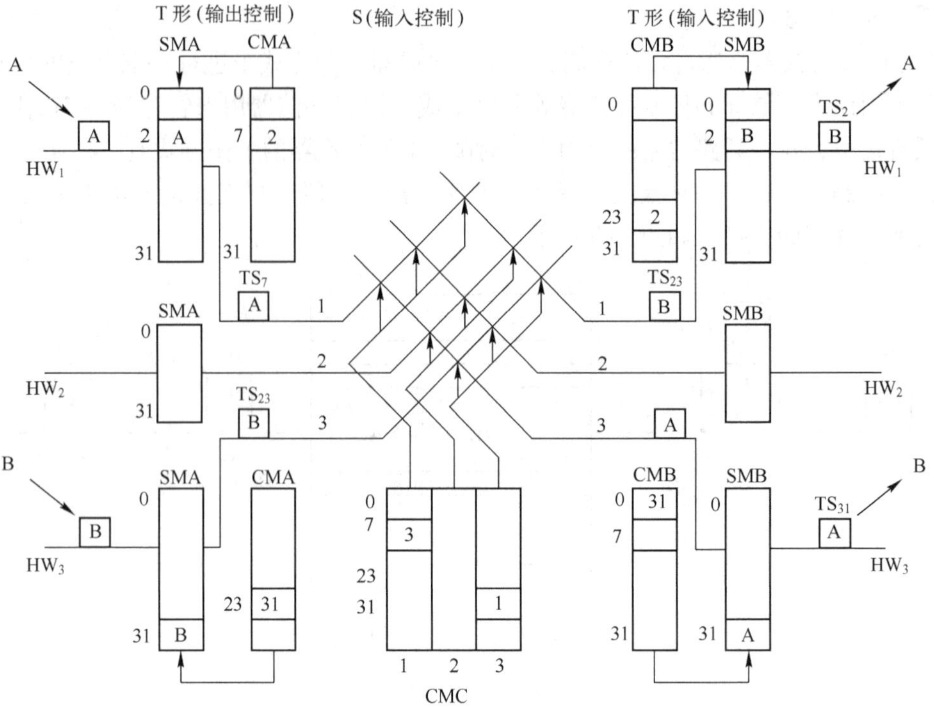

图 5-10　T-S-T 接线器示意图

5.3　程控交换机

程控交换机是电子计算机控制的交换机。程控交换机分为程控市话交换机与程控用户交换机，前者用于用户交换机之间中继线的交换，而后者则用于用户交换机内部用户与用户之间，以及用户通过用户交换机中继线与外部电话交换网上各用户之间的通信。

按技术结构分，程控交换机又分为程控模拟交换机和程控数字交换机。程控模拟交换机有空分式程控交换机和时分式交换机。程控数字交换机有增量调制的时分式程控交换机和脉码调制的时分式程控交换机。

5.3.1　程控数字交换机的基本构成

程控数字交换机简称数字交换机，它采用了先进的程控技术，与模拟交换机不同的是经过交换机交换的信号是数字化的语音信号（PCM 信号），而不是原来的模拟信号。

1. 程控数字交换机的基本组成

程控数字交换机的基本结构可分为话路系统和控制系统两部分。如图 5-11 所示。程控数字交换机的话路系统由用户级、远端用户级、选组级（数字交换网络）、各种中继接口、信号部件等组成。程控数字交换机的控制系统用于完成对话路设备的控制功能，它由各种计算机系统组成，采用存储程序控制方式，即把对交换机的控制和维护管理功能预先变成程序，存储在计算机的存储器中。当交换机工作时，呼叫处理程序自动检测用户线和中继线的状态变化和维护人员输入的命令，根据要求执行程序，控制交换机完成呼叫接续、维护和管理等功能。

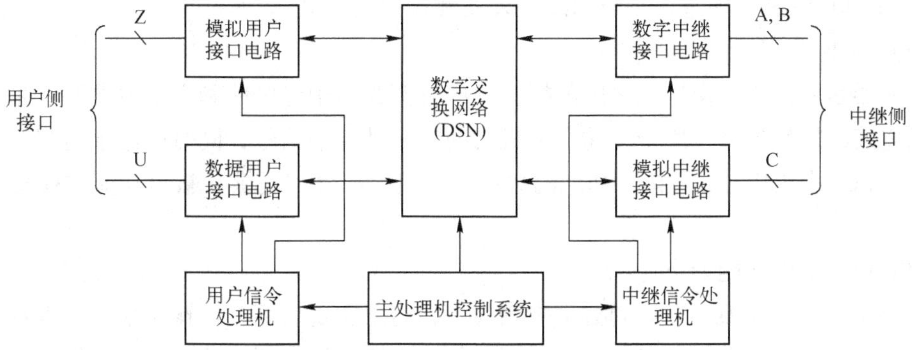

图 5-11　程控数字交换机的基本构成框图

交换机实现的基本功能：接收和分析从用户线或中继线发来的呼叫信号；接收和分析从用户线或中继线发来的地址信号；按固定地址正确选路和在中继线上转发信号；按照所收到的释放信号拆除连接。

（1）数字交换网络

数字交换网络（DSN）是整个话路部分的核心，连接外围的各种模块。用来完成进、出交换系统信息的可靠接续，可以是各种接线器，也可以是电子开关矩阵。它可以是空分的，也可以是时分的。它受主处理机的控制命令驱动。数字交换网络用来完成任意两个用户之间，任意一个用户与任意一个中继器之间，任意两个中继器之间的连接。另外，数字交换网络也提供信令、信号音和处理机间通信信息的固定或半固定的连接。

（2）用户电路

用户电路是交换机与用户话机的接口。用户侧的用户电路为每个用户话机服务。它包括用户状态的监视以及与用户直接有关的功能等，有提供 Z 接口功能的模拟用户接口部分以及提供 U 接口功能的数据用户接口部分。

数字交换机的用户接口电话具有七项基本功能，通常用 BORSCHT 七个字母表示：

B（Battery Feed）馈电：馈电就是为用户话机供电，馈电电路提供的电流在 20 ~ 50 mA，要求可控恒流为 20 mA 或 30 mA，馈电电压为 -48 V。

O（Over Voltage Protection）过电压保护：过电压保护也称二次保护。配线架上装有保护器（气体放电管），可使交换机免遭高压袭击，对交换机形成一次保护。

R（Ring Control）振铃控制：振铃控制是指在振铃控制信息作用下，启动振铃继电器，将铃流送向用户，并在用户应答摘机后，振铃开关送出截铃信号，控制切断铃流。

S（Supervision）监视：监视电路用以检测用户 a、b 线的摘机、挂机以及拨号脉冲的状态变化情况。

C（Codec & Filters）编译码和滤波：编译码电路和滤波器用于将模拟信号转换成 PCM 数字信号或将 PCM 数字信号转换成模拟信号，其功能就是完成 A/D 转换、D/A

转换。

H（Hybrid）混合电路：混合电路也称二/四转换电路。接向电话机一端的线路称为外线或 a、b 线，为二线；而网络内部是收/发分路的，为四线。

T（Test）测试：即进行用户内线、外线和振铃的测试。

（3）中继器

中继器是交换机与交换机之间的接口。中继侧为出中继电路和入中继电路，是与其他交换机连接的接口电路，用于传输交换机之间的各种通信信号，同时也用于监视局间通话话路的状态，有提供 A、B 接口功能的数字中继接口部分和提供 C 接口功能的模拟中继接口部分。

中继器的主要功能如下。

码型变换和反变换：在局间数字中继线上，为了实现更高的传输质量，要求传送的信号包含时钟信息，如常用的 HDB3 码；而在程控交换机的内部，更关心的是传输信号的简单和高效，所以通常采用 NRZ 码。在交换机内、外的两种码型的转换就是由中继接口来实现的。

时钟提取：从输入的 PCM 码流中提取时钟信号，用来作为输入信号的位时钟。

帧同步：在数字中继器的发送端，在偶帧的 TS0 插入帧同步码，在接收端检出帧同步码，以便识别一帧的开始。

复帧同步：在采用随路信令时，需完成复帧同步，以便识别各个话路的线路信令。

信令的提取和插入：在采用随路信令时，数字中继器的发送端要把各个话路的线路信令插入到复帧中相应的 TS16；在接收端应将线路信令从 TS16 中提取出来送给控制系统。

（4）信令设备

信令部分用来完成接续过程中控制信息的收发，负责用户接口电路的用户信令处理机，负责中继接口电路的中继信令处理机和提供随路信令的多频信令处理机或提供公共信令的 No. 7 信令系统等。

常用的信令设备有 DTMF 接收器、信号音发生器、多频信号发生器和多频信号接收器、7 号信令终端等。

信号音发生器：用于产生各种类型的信号音，如忙音、拨号音、回铃音等。

DTMF 接收器：用于接收用户话机发出的 DTMF 信号。

多频信号发生器和多频信号接收器：用于发送和接收局间的 MFC 信号。

7 号信令终端：用于完成 7 号信令的第二级功能。

（5）控制系统

控制系统是交换机的指挥中心，用于接收各个话路设备发来的状态信息，控制各个设备应执行的动作，向各个设备发出驱动命令，协调各设备共同完成呼叫处理和维护管理任务。程控交换机控制设备的主体是微处理器，通常按其配置与控制工作方式的不同，可分为集中控制和分散控制两类。为了更好地适应软硬件模块化的要求，提高处理能力及增强系统的灵活性与可靠性，目前程控交换系统的分散控制程度日趋提高，已广泛采用部分或完全分布式控制方式。

2. 信令系统

信令是终端和交换机之间以及交换机和交换机之间传递的一种信息，这种信息可以指导终端、交换系统、传输系统协同运行，在指定的终端间建立和拆除临时的通信通道，并维护网络本身的正常运行。传送信令要遵守一定的规约和规定，这些规约和规定就是信令方式，它包括具体信令的结构形式、信令在多段路由上的传送方式及控制方式等。信令系统是指为了完成特定的信令方式所使用的通信设备的集合。以最简单的局间电话通信为例，其基本信令流程如图 5-12 所示。

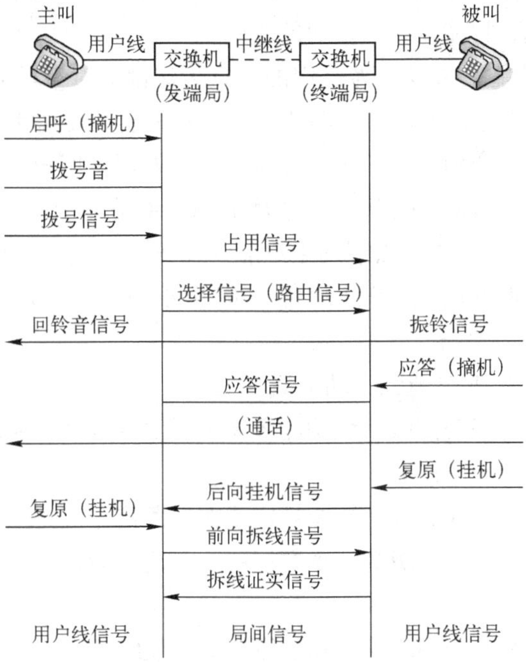

图 5-12　电话接续信令流程图

（1）信令的分类

按照信令的作用区域可以把信令划分为用户线信令和局间信令两种。用户线信令是用户和交换机之间的信令，反映用户话机摘挂机状态、呼叫目的的拨号信号（数字信号）、线路忙闲状态的铃流和忙音等信号。局间信令是电信网中各个交换节点之间传送的信令，保证控制话路的接续与拆线及网络的有效运行。

按照信令所完成的功能可分为监视信令、地址信令及维护管理信令。监视信令用来监视用户线和中继线的状态变化。地址信令是主叫话机发出的数字信号以及交换机间传送的路由选择信息。维护管理信令包含线路拥塞、计费以及故障告警等信息。

局间信令按技术或传送方式又可分为随路信令和公共信道信令两种方式。前者是信令和语音在同一条话路中传输的信令方式，我国采用的随路信令称为中国 1 号信令系统；后者是以时分方式在一条高速数据链路上传输一群话路的信令，我国采用的公共信道信令称为中国 7 号信令。显然，公共信道信令较随路信令具有传输效率高、容量大、集中处理、灵活方便、无语音干扰、可靠性高等优点，特别适用于数字 SPC 和数字传输设备组成的电话网，易于改变、增加信令的灵活性，便于开放新业务，故应用广泛。目前，国际上多采用 CCITT7 号公共信道信令（No. 7 信令）。

（2）NO. 7 信令系统（SS7，Signaling System No. 7）

公共信道信令方式的 NO. 7 信令系统主要特点是两交换局间的信令通路与语音通路分开，并将多条电路信令复用在一条专用的信令通路上传送，这条信令通路叫作信令数据链路。NO. 7 信令系统 1980 年由 CCITT 发布，经数次补充、完善，目前已经成为广泛用于多种通信网络的信令系统。作为一种国际化的、标准化的通用公共信道信令系统，NO. 7 是现代通信网向综合化、智能化方向发展的基础。

No. 7 信令系统从功能上可以分为公用的消息传递部分（MTP）和适合不同用户的独立的用户部分（UP）。消息传递部分的功能是作为一个公共传递系统，在相对应的两个用户部分之间可靠地传递信令消息，只负责传递，并不处理。用户部分则是使用消息传递部分传送能力的功能实体。目前 CCITT 建议使用的用户部分主要有：电话用户部分（TUP）、数据用户部分（DUP）、综合业务数字网用户部分（ISUP）、信令连接控制部分（SCCP）、移动通信用户部分（MAP）、事务处理能力应用部分（TCAP）、操作维护应用部分（OMAP）及信令维护管理部分。

其中消息传递部分 MTP 分成三个功能级。

第一级为信号数据链路功能级，该功能级规定了信令数据链路的物理、电气和功能特性。确定与数据链路连接的方法。

第二级为信号链路功能级，该功能级规定了在一条信令链路上，消息传递和与传递有关的功能和程序。第二级和第一级的信令数据链路一起，为在两点间进行信令消息的可靠传递提供信令链路。

第三级为信号处理和信令网络管理功能级，该功能级原则上定义了传送消息所使用的消息识别、分配、路由选择及在正常或异常情况下信令网管理调度的功能和程序。

消息传递部分 MTP 的寻址能力有一定欠缺，当需要传送与电路无关的端到端的信息时，MTP 则不能满足要求。为此，CCITT 在 1984 年和 1988 年进行了补充。在不修改 MTP 的前提下，通过增加信令连接控制部分 SCCP 来增强 MTP 的功能，并增加了事务处理能力部分 TCAP 来完成传送节点至节点的消息的能力。

（3）No. 7 信令网

No. 7 信令网是指一个专门用于传送 No. 7 信令消息的数据网，它由信令点（SP）、信令转接点（STP）以及连接它们的信令链路组成。

通信网中提供 No. 7 信令功能的节点称为信令点（SP），信令点是 No. 7 信令消息的起源点和目的地点。信令转接点 STP 是在信令网中将 No. 7 信令消息从一个信令点转接到另一个信令点的信令消息转发功能节点。信令转接点 STP 又可以分成独立型和综合型，综合型既完成 SP 功能也完成 STP 功能。信令链路是指连接各个信令点，传送 No. 7 信令消息的物理链路，由信令数据链路和信令终端组成。

我国 No. 7 信令网采用三级结构：第一级为高级信令转接点（HSTP），是信令网的最高级；第二级为低级信令转接点（LSTP）；第三级为信令点（SP）。No. 7 信令网的三级结构如图 5-13 所示。

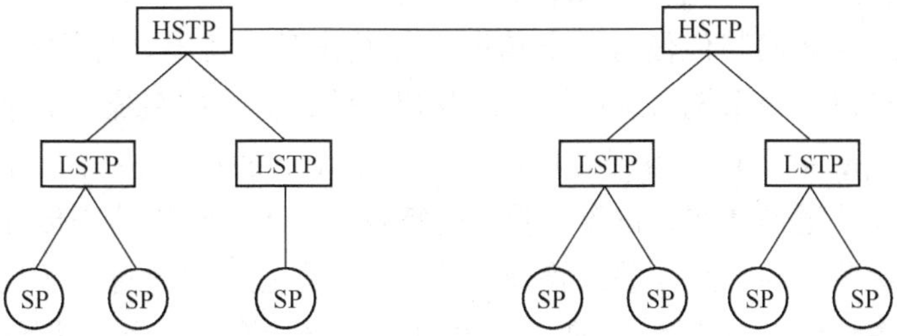

图 5-13 我国 No. 7 信令网的三级结构

在图 5-13 中，HSTP 对应主信号区，每个主信号区设置一对，负荷分担方式工作，采用独立型 STP。HSTP 采用 A、B 平面网，平面内网状连接，两平面间成对相连。所谓主信号区，是指电话网的一、二级（长途）交换中心。LSTP 对应分信号区，每个分信号区设置一对，负荷分担方式工作，采用独立型 STP 或综合型 STP。LSTP 连至 A、B 平面内成对的 HSTP。所谓分信号区，是指电话网的三级（本地）交换中心。SP 指信令消息的起源点或目的地点，至少和两个 STP 连接。

（4）信令网的工作方式

所谓工作方式是指信令消息所取的通路与消息所属的信令关系之间的对应关系。在信令网内有直联方式和准直联方式之分。

直联方式是两个信令点（交换机）之间通过直达信令链路传递消息。此时话路和信令链路是平行的，如图 5-14 所示。

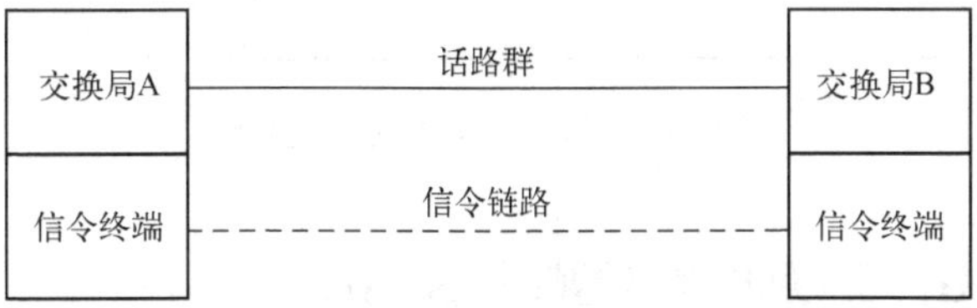

图 5-14 信令直连

准直联方式是两个信令点（交换机）之间通过预先设定的由 STP 串接的多个信令链路传递消息。此时的话路和信令链路不是平行的，如图 5-15 所示。

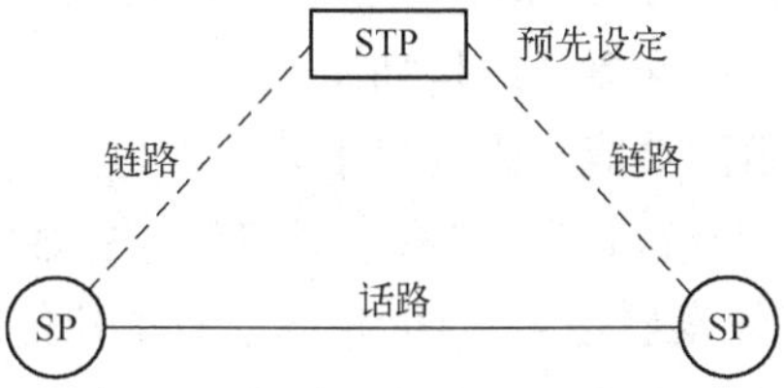

图 5-15 信令准直连

（5）七号信令网与电话交换网

电信网是构成多个用户相互通信的多个电信系统互连的通信体系，是人类实现远距离通信的重要基础设施，利用电缆、无线、光纤或者其他电磁系统，传送、发射和接收标识、文字、图像、声音或其他信号。电信网由终端设备、传输链路和交换设备三要素构成，运行时还应辅以信令系统、通信协议以及相应的运行支撑系统。信令网与电话网关系如图 5-16 所示。原 No. 7 信令方式是国际化，标准化的通用公共信道信令系统。具有信道利用率高、信令传送速度快、信令容量大的特点，它不但可以传送传统的中继线路接续信令，还可以传送各种与电路无关的管理、维护、信息查询等消息，而且任何消息都可以在业务通信过程中传送，可支持 ISDN、移动通信、智能网等业务的需要，其信令网与通信网分离，便于运行维护和管理，可方便地扩充新的信令规范，适应未来信息技术和各种业务发展的需要。七号信令网是现代通信的三大支撑网（数字同步网，NO. 7 信令网，电信管理网）之一。随着通信的飞速发展，数字传输和数字交换网的不断发展健全，移动通信和智能网的建立，建设和发展 No. 7 信令网成为通信发展的迫切需要。No. 7 是通信网向综合化、智能化发展的不可缺少的支撑网络。

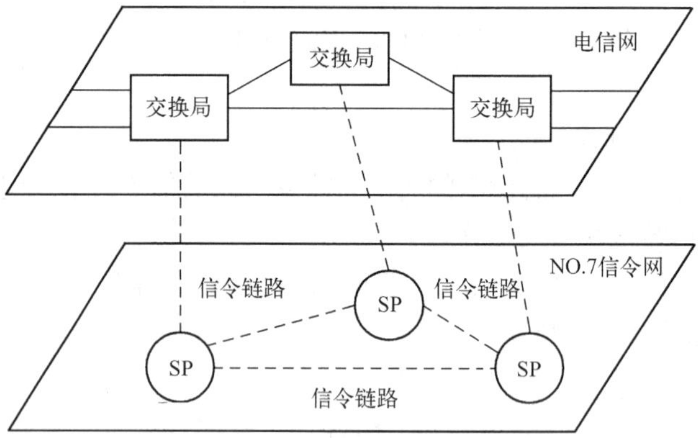

图 5-16　信令网与电话网关系图

5. 3. 2　程控数字用户交换机的典型配置及功能

程控数字用户交换机系统具有极强的组网功能，可提供各种接口的信令，具有灵活的分组编码方案，以及预选、直达、迂回路由和优选服务等级等功能。除了具有通常的多种模拟信号中继线外，还具有速率为 2. 048 Mbit/s 数字中继，可提供中国一号信令、CCITT No. 7 信令、环路、ISDN 信令，能以 DOD4 - DID 方式接入公用电话网。

程控数字用户交换机典型的配置及结构如图 5-17 所示。

程控数字用户交换机的组网功能表现为以下几方面。

1）支持与提供各种信令与接口，主要有①线路信号：数字线路信号、E&M 信号、环路信号、SF2600 信号等。②记发器信号：DP 信号、DTMF 信号、R2MFC 信号、SMFC 信号等。此外还具备 ISDN、30B + D 和 CCITT No. 7 信令与接口。

2）灵活、方便的编号方案，有利于对全网的编号计划做出全面的统筹与安排。

3）系统内部能进行衰耗调整，有利于全网的传输衰耗的合理分配。

4）高的话务承受能力。

5）呼叫处理能力强，BHCA 值高。

6）网同步时钟精度高，可提供四级时钟源基准。

7）很强的选择路由功能，多达256 种路由设定；具备前扫/回栈特殊信号方式，可在专用网中实现路由的自动预选和迂回；具备网络控制软件。

8）通用端口设计，可根据需要灵活配置中继、用户单元。

9）多种网络功能，如网络透明传输、网络会议、集中话务服务等功能，极适用于专用网。

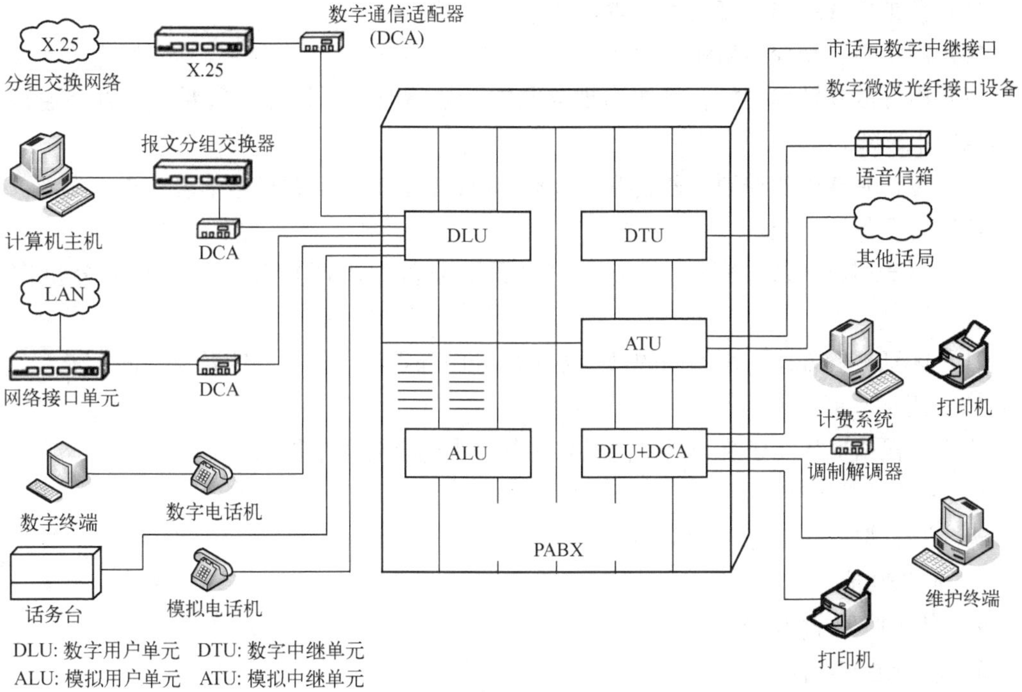

图 5-17　典型程控数字用户交换机的配置及结构

程控数字用户交换机的系统功能主要从以下三个方面来表现。

（1）系统基本功能

1）可随意更换号盘脉冲/DTMF 话机。

2）用户话务组功能，程控数字用户交换机可按照使用单位的需要，将系统划分成几十个独立的用户组，各用户可有独立的用户组和中继线群。

3）紧急状态服务功能。

4）紧急分机服务功能。

5）自动应答分机用户功能。

6）转移呼叫功能。

7）直接拨入专线分机。

8）中继呼叫类别的限制功能，根据用户号码或分组或话务的分割情况，将用户划分成不同的中断呼叫类别，实现对占用中继线路的限制，如长途呼叫限制等。

9）网内的汇接和转移功能，在交换网络内，将采用在相同或不同记发器信号的直达中继之间完成转移功能，既可以直接汇接，也可以转接。

10）迂回路由功能。

11）最佳经济路由功能。

12）无权调用和呼叫的溢出功能，非专用网用户调用专网线路时，中断呼叫。

13）用户账号功能。

14）直接拨入系统功能。

15）模拟中继线路直接拨入功能.

16）超负荷自动控制功能。

17）电源故障转移功能，系统出现电源中断故障时，可将部分重要用户直接连接至模拟双向中继线路上。

18）传输衰耗值的控制，通过编程对系统内各种接口之间的传输衰耗值进行调整。

19）音乐保持功能。

20）语音/数据保密功能，分机用户在通话或数据呼叫期间，禁止其他分机用户插入。

21）区别振铃方式，用不同的振铃方式区分内部呼叫、外部呼叫及自动回铃等。

（2）附加功能

用户可根据本智能建筑的具体情况和业务需求选择若干附加功能。

1）话务员工作站。

2）语音邮递。

3）酒店功能。

4）自动呼叫分配功能。

5）录音通知功能。

6）传呼功能。

7）ISDN 功能。

8）电子信箱功能。

9）多媒体通信。

10）动态网络管理功能。

11）数据通信功能。

12）无线通信业务功能。

13）分组交换功能。

14）远程维护功能等。

（3）技术性能

1）基本技术性能。①内部呼叫功能。②出局呼叫功能。③非语音业务。

2）复原方式。①挂机确认。②主叫控制复原方式。③被叫控制复原方式。④相互控制复原方式。⑤局内呼叫复原方式。⑥出局分机呼叫复原方式。⑦本地市话局入局呼叫复原方式。⑧分机用户出局长途呼叫复原方式。⑨用户交换机从市话局选组级入网。分机用户呼叫特种业务所采用的复原方式。

3）话务台主要接续功能。①将入局呼叫转接到本局分机用户。②自动将呼叫转接到话务台。③由值班人员代为转接。④自动话务分配功能。⑤维护测试功能。⑥故障诊断功能。

5.3.3　程控数字交换机的性能指标

1. 容量规模

这项指标是指交换机能够接入的用户线数或中继线数，它反映交换机网络的通路数。容量规模只表示接入用户的数值，实际能接入多少用户线，还要看每条用户线的平均话务量、局内外呼叫比例及出入中继线的信号方式。

2. 话务量

话务量是反映电话用户在电话通信使用上的数量要求。在满足一定服务质量指标的前提下，话务量越大，则需要的通信设备就越多；反之，就越少。话务量取定是否正确，即是否合乎实际情况，这直接关系到投资的大小及用户的服务质量的好坏。通过对话务量的研究，可使设计交换局时做到既能满足一定的服务质量，又能使投资成本趋于经济合理。

影响话务量大小的三个因素：

（1）时间范围

考察时间越长则话务量也就越大；反之，话务量也就越小。比如一小时的话务量与一天的话务量显然是不同的。

（2）呼叫强度

呼叫强度是指单位时间内平均发生的呼叫次数。单位时间内发生的呼叫次数越多，则话务量就越大；其中，话务量最繁忙的一个小时，称为“忙时话务量”。

（3）占用时长

占用时长也称每次呼叫占用的时间。在相同的考察时间和呼叫强度条件下，每次呼叫所占用的时间越长，则话务量应越大。

话务量为单位时间内平均呼叫次数与呼叫平均占用时间的乘积，用公式表示如下：

$$A = c \times t \tag{5-1}$$

式中：A 表示话务量，单位为爱尔兰（Erl）或小时呼；

c 表示单位时间内平均发生的呼叫次数（一般为一小时）；

t 表示每次呼叫的平均占用时间（h）。

【例 5-1】 某交换系统一小时内总共发生 250 次呼叫，平均呼叫占用时间为 3 min，则在这一小时内该系统所承受的话务量为：

解：

$$A = c \times t = 250 \times \frac{3}{60} = 12.5\text{Erl}$$

注意：公式中除基本单位小时呼外，有时也可以用分钟呼（cm）、百秒呼（ccs）等，它们与爱尔兰（小时呼）的换算关系为：1 小时呼 =60 分钟呼 =36 百秒呼。

3. 呼损率

呼损率是交换设备未能完成的电话呼叫数量和用户发出的电话呼叫数量的比值，简称呼损。这个比率越小，交换机为用户提供的服务质量就越高。

实际考察呼损的时候，要考虑到在用户满意服务质量的前提下，使交换系统有较高的使用率，这是相互矛盾的两个因素。因为若让用户满意，呼损就不能太大；而呼损小了，设备的利用率就要降低。因此要进行权衡，从而将呼损确定在一个合理的范围内。一般认为，在本地电话网中，总呼损在 2% ~5% 是比较合适的。

呼损率为：

$$B = \frac{A_o - A_c}{A_o} \tag{5-2}$$

式中：A_c表示完成话务量；A_o表示原发话务量；B 表示呼损率。

4. 可靠性

可靠性指标是衡量电路交换机维持良好服务质量的持久能力的指标。

程控交换系统的可靠性通常用可用度和不可用度来衡量。为了表示系统的可用度和不可用度，定义了两个时间参数：MTBF（Mean Time Between Failure，平均故障间隔时间）和 MTTR（Mean Time To Repair，平均故障修复时间）。前者是系统的正常运行时间，后者是系统因故障而停止运行的时间。因此，可用度 A 可表示为：

$$A = \frac{\text{MTBF}}{\text{MTBF} + \text{MTTR}} \tag{5-3}$$

而不可用度 U 则表示为：

$$U = 1 - A = \frac{\text{MTTR}}{\text{MTBF} + \text{MTTR}} \tag{5-4}$$

5.4 智能建筑中程控交换机的入网方式

5.4.1 交换机的入网方式

用户程控交换机是机关、宾馆、企事业单位等内部用户进行电话交换的小型交换机。用户程控交换机不仅可以帮助企事业完成内部用户之间的话务交换，而且还能够实现内部用户与市话公用网用户、其他专用网用户或单位电话站用户交换机的内部用户之间的通信。

用户交换机与市话公用网或其他专用网相连接的方式即所谓的程控交换机的入网方式，用户交换机的入网方式主要依据程控交换机的容量的大小、话务密切程度以及接口端局的设备制式等。用户程控交换机的入网方式可分为以下四种。

1. 全自动直拨入网方式（DOD + DID）

（1）全自动 DOD1 + DID 入网方式。用户程控交换机的分机用户呼出至市话公用网用户时，摘机听到拨号音后即可直接拨打公用网用户号码，而无须话务台转接，这种方式只听到一次拨号音，故称为 DOD1（Direct Outward Dialing - one）；公共网用户呼入时可以直接呼叫到分机用户，而不需要经过话务台转接的方式则称为 DID（Direct Inward Dialing）。采用全自动 DOD1 + DID 入网方式时，用户交换机的分机号码采用与公用网统一编号。当呼出话务量不小于 40Erl 时，宜采用 DOD1 方式。

（2）全自动 DOD2 + DID 入网方式。当程控用户交换机的分机用户呼叫市话公用网的用户时，摘机听到拨号音后需加拨一个出局字冠，如 0 或 9，在听到第二次的拨号音后再拨公用网用户的号码，即分机用户需要听两次拨号音才可出局。这种入网方式称为 DOD2（Direct Outward Dialing - two）。公共网用户呼入时仍采用 DID 方式。当呼出话务量小于 40Erl 时，宜采用 DOD2 方式。

2. 半自动入网方式（DOD + BID）

市话公用网拨叫用户程控交换机的分机用户须经话务台转接的呼入方式称为 BID（Board Inward Dialing），半自动入网方式采用 DOD2 + BID，其出局呼叫市话公用网用户时，采用 DOD2 方式，即拨打出局字冠后听二次拨号音，再拨打用户号码。而呼入时，须经市话局的用户级电路接入到程控交换机的话务台，通过振铃信号呼出话务员，由话务员转接到用户分机。一般当用户程控交换机的呼入话务量小于 40Erl 时，宜采用 BID 方式。

3. 人工入网方式

这种入网方式是当程控交换机用户的分机对公用网呼出或呼入时，都要经过话务台的转接，一般当呼出或呼入的话务量 < 10Erl 时多采用这种入网方式。

4. 混合入网方式（DOD2 + DID + BID）

它是以 DOD2 + DID 为主，辅之以人工转接的 BID 方式，即呼入采用 DID 与 BID 的混合方式，有些容量较大的用户程控交换机，根据用户的性质，部分用户与公用网联系较多，而且有一定的数量，它们可以采用直接拨入的方式，这部分用户必须与公用网用户统一编号；而其他与公用网联系较少的分机用户，采用话务台转接的方式，这种入网方式可以大大地节省电话费用。

根据进入市话公用网的话务量的大小，程控交换机中继线数量需要根据当地电话局的有关规定和市话中继话务量大小等因素确定，可按交换机设备容量的 8% ~ 10% 确定。

5.4.2 典型程控数字用户软件配置

程控数字用户软件配置一般根据使用对象的不同而有所不同，先进的 PABX 用户软件多达千种，根据用户类型不同具体分为酒店型、办公型、医院型、银行型、学校型、商场型、旅行社型等。其用户功能也千差万别，这里以一般用户类型为例进行分析。

1. 一般功能

通常由话务台实现通话管理、中继线路管理、用户分机编号管理、用户分机组管理、呼叫处理功能；话务台通过一个基本开关环路基础上的话务环路键，进行通话、应答、保留、转移和再插入回叫、呼叫等业务。

一般分机用户主要功能有以下几种。

1）自动回叫。

2）呼叫转移。

3）呼叫等待。

4）呼叫暂停。

5）旁路转移。

6）热线电话。

7）紧急状态。

8）夜间服务。

9）电话会议。

10）自动出局呼叫。

11）来话转移。

12）直接拨入。

13）自动叫醒等。

2. 酒店型

酒店型程控数字用户交换机出入局话务量大，一般不需要直接拨入功能，话务台功能较强，不仅能满足正常通话、长话计费等通信功能，而且应具备一定的酒店管理功能。

酒店型程控数字用户交换机的用户功能主要有：

1）行政/客人服务。

2）自动叫醒。

3）请勿打扰（房间）。

4）请勿打扰（系统）。

5）服务员情况。

6）留言服务。

7）打印机控制。

8）前台终端机控制。

9）房间断路（房间）。

10）房间断路（系统）。

11）房态情况。

12）开/关房间和入店/离店管理。

13）单独通话。

14）房间号码显示。

15）呼叫信息系统。

16）资源管理系统等。

3. 办公型

办公型程控数字用户交换机一般应能满足办公人员呼入呼出直接快速、便利的要求，如条件许可，应尽可能申请 DID 中继方式或直接市话模块局或虚拟交换局，以提高效率。PABX 在进行系统配置时，应注意办公人员数字通信的要求，适当配置数字通信模块，用以实现传输报文、图像、可视电话、电子信箱、电子函件等功能，此外，通过软件设置，还可设置以下功能。

1）上级秘书转换/人工控制。

2）背景音乐。

3）经纪热线。

4）呼叫转移。

5）缩位拨号。

6）El/夜线路拨号方法更改。

7）热线电话。

8）直线电话。

9）独立话务台/单独话务员通道。

10）线路锁定。

11）出局呼叫限制。

12）三方呼叫。

13）专用中继通道。

14）出局中继排队。

15）语音信箱。

16）信息提示。

17）声音呼叫。

18）异步数据交换。

19）数据热线。

20）数据接口/自动应答。

21）半双工交换。

22）全双工交换。

23）共用调制解调器。

24）同步声音和数据传输。

25）同步数据交换等。

4. 医院型

根据医院工作的具体特点，系统软件的配置不仅应保证医院行政机关的通信服务，而且必须兼顾病房工作的特点。如病房上午一般为查房时间，严禁电话接入，高级医护人员必须随身携带传呼机以备传唤，以及抢救病人时的寻人广播服务等。除一般通信功能外，还应设置以下功能：

1）请勿打扰。

2）呼叫传送：程控交换机与有线广播联网，通过广播呼叫传送信息。

3）自动唤醒。

4）传呼。

5）话筒离机报警。

6）广播服务等。

5. 其他类型

银行型、学校型、商场型等其他类型。除具有一般功能外，还可根据各行各业特点通过适当增配接口或增加软件模块，以实现特殊服务要求。

5.5 IP 电话通信系统

IP 电话通信系统是利用现有计算机网络资源组成的电话通信系统，它无须铺设电话线和购置电话通信网络设备，故可节省大量建设电话网络的设备费、线路费和工程费用，可在不需要铺设电话线的情况下，方便地实现电话通信，增加电话用户，缩短安装工程周期，提高计算机网络资源的利用率，扩大电话的普及范围，同时可加大信息传递量，因而具有良好的社会和经济效益。

IP 电话又称 VoIP，源自英语 Voice over Internet Protocol，又名宽带电话或网络电话，是一种通过互联网或其他使用 IP 技术的网络，来实现新型的电话通信。过去 IP 电话主要应用在大型公司的内联网内，技术人员可以复用同一个网络提供数据及语音服务，除了简化管理，更可提高生产力。随着互联网日渐普及，以及跨境通信数量大幅飙升，IP 电话亦被应用在长途电话业务上。由于世界各主要大城市的通信公司竞争日剧，以及各国电信相关法令松绑，IP 电话也开始应用于固网通信，其低通话成本、低建设成本、易扩充性及日渐优良化的通话质量等主要特点，被目前国际电信企业看成是传统电信业务的有力竞争者。

5.5.1 IP 电话分类

简单地说，所谓 IP 电话就是利用计算机互联网进行的一种语音传输业务，或者更通俗形象地说，IP 电话就是网络电话。其最大的特点就是比我们所熟悉的普通电话收费便宜。

1. PC 到 PC

它利用了先进的电脑多媒体技术，需要专用软件，适合于计算机爱好者使用。通话双方同时利用计算机和 Modem 拨号上 Internet。适用软件有 iPhone、VoxPhone、NetMeeting、

Media ring Talk、Cool Talk 等。软件将从传声器收集的声音通过声卡转换成数字信号，并在压缩后通过网络将这些信号传送到接收方一端，再由接收方 PC 上的软件将所收到的信号解压缩，通过声卡转换为模拟信号后由音箱或耳机播放出来，从而完成整个通话过程。支持视频信号的软件如 iPhone、NetMeeting 等，其视频传输过程和声音传输是同样的原理。

这种网上点对点方式的通话，是 IP 电话应用的雏形，它的优点是相当方便与经济，但缺点也是显而易见的，即通话双方必须事先约定时间同时上网，而这在普通的商务领域中就显得相当麻烦，因此这种方式不能商用化或进入公众通信领域。

2. PC 到电话

随着 IP 电话的优点逐步被人们认识，许多电信公司在此基础上进行了开发，从而实现了通过计算机拨打普通电话。

作为呼叫方的计算机，要求具备多媒体功能，能连接上因特网，并且要安装 IP 电话的软件。拨打从计算机到市话类型的电话的好处是显而易见的，被叫方拥有一台普通电话即可，但这种方式除了付上网费和市话费用外，还必须向 IP 电话软件公司付费。目前这种方式主要用于拨打到国外的电话，但是这种方式仍旧十分不方便，无法满足公众随时通话的需要。

3. 电话到电话

（1）通话双方都有 PC 与电话直接连接，用户不必直接操作 PC，但是只能进行单点对单点的通话，没有标准的通信服务功能。

（2）通话双方都不需要使用计算机，只需要各自配备上网账号和专用的 IP 电话设备（Alpo、Info Talk 等，用来完成电话号码与 IP 地址的互译以及拨叫、通话等功能）。

（3）IP 电话服务器支持下的“电话到电话”方式，由服务提供商提供全套服务，通话双方不需增加任何软硬件设备，只需利用现有电话即可实现 IP 电话功能（单点对多点、多点对单点、普通拨号、随时通话等）。

现在各电信营运商纷纷建立自己的 IP 网络来争夺国内市场，它们均以电话记账卡的方式实现从普通电话机到普通电话机的通话。这种方式在充分利用现在电话线路的基础上，满足了用户随时通信的需要，是一种比较理想的 IP 电话方式。

5.5.2 IP 电话的基本结构

IP 电话系统由终端设备（Terminal）、网关（Gateway）、多点控制单元（Multipoint Control Unit，MCU）和网闸（Gatekeeper）四个基本组件组成（见图 5-18）。

1. 终端设备

终端设备是一个 IP 电话客户终端，可以是软件（如 Vocal Tec 公司的 IP Phone、Microsoft 公司的 Net meeting）或是硬件（如专用的 Internet Phone），可以直接连接在 IP 网上进行实时的语音或多媒体通信。

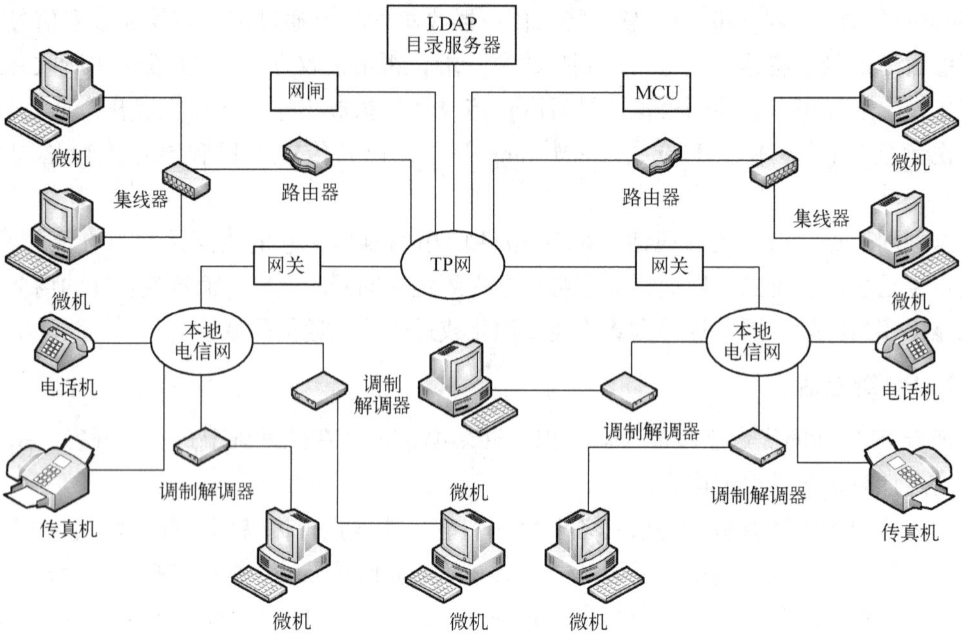

图 5-18 IP 电话系统的基本构成

2. 网关

网关是通过 IP 网络提供 PC－to－Phone、Phone－to－PC、Phone－to－Phone 语音通信的关键设备，是 IP 网络和 PSTN/ISDN/PBX 网络之间的接口设备，应具有下列功能：

1）具有 IP 网络接口和与 PSTN/ISDN/PBX 交换机互联的接口。

2）完成实时语音压缩，将 64kbit/s 的语音信号压缩成低码率语音信号。

3）完成寻址和呼叫控制。

IP 电话采用网关技术，网关的一边连接到传统的电路交换网，如 PSTN，可与外部的任意一台电话机通信；网关的另一边连接到包交换网，如 Internet、Intranet、Extranet 等。

在整个 IP 电话系统中，网关设立在世界上各个地区，完成当地电话网与 Internet 的接入与转换处理等功能。网关接收到了标准电话信号以后，经数字化、编码、压缩处理，按 IP 协议打包到 Internet 上，根据传输路由，通过 Internet 发送到对端网关；反之，网关接收到了 Internet 传来的 IP 包，经解压处理后还原成模拟语音信号再转到电话网系统。网关可同时接入和转出电话语音信号，实现全双工通信。

网关因其生产厂商不同而有所不同，但基本的组成模块是一样的，包括数据处理主机、语音模块、数据处理模块、数据接续模块和管理软件模块等。网关具有路由管理功能，它把各地区电话区号映射为相应地区网关的 IP 地址，这些信息存放在一个数据库中。数据接续处理软件将完成呼叫处理、数字语音打包、路由管理等功能。在用户拨打长途电话时，网关根据电话区号数据库资料，确定相应网关的 IP 地址，并将此 IP 地址加入 IP 数据包中，同时选择最佳路由，以减少传输时延，IP 数据包经 Internet 到达目的地的网关。

在一些 Internet 尚未延伸到或未设立网关的地区，可设置路由，由距离最近的网关通过长途电话网进行转接。

3. 网闸

网闸有时也称为网守或关守，主要用来提供对整个电话系统端点和呼叫的管理。主要完成以下功能。

1）地址映射：将电话网的 E. 165 地址映射成相应网关的 IP 地址。

2）呼叫认证和管理：对接入用户的身份进行认证，访止非法用户的接入。

3）呼叫记录：使得运营商有详细的数据进行收费。

4）区域管理：多个网关可以由一个网闸来进行管理。

4. 多点接入控制单元（MCU）

多点接入控制单元（MCU）的功能在于利用 IP 网络实现多点通信，使得 IP 电话能够支持诸如网络会议这样一些多点应用。

一个典型的呼叫过程是：呼叫由 PSTN 语音交换机发起，通过中继接口接入到网关，网关获得用户希望呼叫的被叫号码后，向网守发出查询信息，网守查找被叫网守的 IP 地址，并根据网络资源情况来判断是否应该建立连接。如果可以建立连接，则将被叫网守的 IP 地址通知给主叫网关，主叫网关在得到被叫网关的 IP 地址后，通过 IP 网络与对方网关建立起呼叫连接，被叫侧网关向 PSTN 网络发起呼叫并由交换机向被叫用户振铃，被叫摘机后，被叫侧网关和交换机之间的语音通道被连通，网关之间则开始利用 H. 245 协议进行能力交换，确定通话使用的编解码，在能力交换完成后，主被叫方即可开始通话。

5. 5. 3 IP 电话工作原理

IP 电话是利用 Internet 作为传输媒体实现计算机与计算机、普通电话与普通电话、计算机与普通电话之间进行语音通信的技术。IP 电话的实现原理是先将公共电话网（Public Switched Telephone Network，PSTN）传来的电话语音转换为数字信号，经过语音压缩算法对语音数据进行压缩编码处理，然后把这些语音数据按 TCP/IP 标准进行打包，通过 TCP/IP 协议网络（包括 Internet、Intranet、ATM、帧中继等）和其他种类的数据包（数据、Email、视像、图片等）一同传送，在接收端经过重组把这些语音数据包串起来、解压、解码，转换为正常的实时语音，通过 PSTN 送到最终接收方。

1. 语音的数字化

这是 IP 电话的第一步工作，如果用户使用的是计算机，那么数字化就由计算机来完成；如果用户使用的是模拟电话，那么通过接入网络将语音传到交换设备上，然后再利用 PCM 等设备来对语音进行数字化。

2. 数据压缩

数据压缩是用来排除没用的信号，并对数字化后面的语音信号进行压缩（如果使用的是 ISDN 终端，通过 ISDN 作为接入，工作过程就从这一步开始）。

这一步又分两个阶段：第一阶段，系统分析数字化后的信号，判断信号里包含的是语音、噪声还是语音空隙，然后丢掉噪声和语音空隙信号，这要求系统具有判断语音、噪声和语音空隙信号的能力，并将噪声和语音空隙信号丢掉而将语音发送出去。第二阶段，用复杂的算法将去掉无用信号后的语音数字信号进行压缩，CODEC（编解码器）是这一过程的关键部件。

3. 数据打包

信号（也可称为数据）被压缩后，就需要对它进行打包，加进一些协议信息。在收集语音数据的处理过程中需要一些存储时间（也称时间延迟），因为将语音数据发送到 IP 网络之前必须先收到一定数量的语音数据。在对信号进行编码及压缩过程中，也需要一定的时间来对数据进行存储，从而也产生了一定的时间延迟。协议信息被加入包中是为了更好地保障完成数据的传输过程。例如，每个包需要包含一个目的地的地址信息，一个以防各个包不按序到达目的地而加上的包的顺序号，以及数据校验信息。由于 IP 是一种为各种不同的网络的互联而设计的协议，与专用网相比它含有许多复杂的处理过程，它要求将一个包封装到另外一个包中，而且数据在传输的过程中还要经过再打包、重寻址和重新封装等过程。

4. 解包及解压缩

当每个包到达目的地主机（网关、服务器或用户计算机终端）时，要检查该包的序号并将其放到正确的位置，然后用一个解压缩算法来尽量恢复原始信号数据，这时利用时钟同步及时延处理技术来填充由发送端处理过程中导致的空缺。由于各个包在传输过程中经过了不同的路由，所以它们到达目的地的顺序有很大差别，因此接收端要将先到达的包放到抖动存储器里一段时间以后等待后到达的包，等待时间的长短要根据网络的拥塞情况而定。

5. 语音恢复

目前，IP 电话主要应用于 Internet 上，是 Internet 上的一个增值业务。由于 Internet 是一个开放的网络，再者由于它的带宽还不够宽，尤其在网络恶化的情况下，在传输过程中很大一部分包会被丢失或被延迟传送，这些丢弃、延迟和被破坏的包是导致语音质量下降的根本原因。按 Internet 传统纠错机制，接收端如果收到错误的数据包就将其丢弃并请求重传，因此用户最终收到的数据跟原始发送的数据是完全一样的。由于 IP 电话业务是一种对时间敏感的业务，即实时业务，不能使用重传机制，需要专用的检错和纠错机制来再造声音和填补空隙，这就需要接收端存储接收到的一定数量的语音数据，然后使用一种复杂的算法来“猜测”丢失包的内容，产生新的语音信息，从而提高了通信的质量。因此，接收端听到的语音并不与发送端讲的语音完全一样，其中一部分信息是由 IP 电话系统“再造”的。

5.5.4 IP电话的相关技术标准

1. 国际标准化组织

IP电话的国际标准化组织主要有：ITU－T（国际电联标准化部门）、ETSI（欧洲电信标准协会）、IETF（Internet工程任务组）和IMTC（多媒体远程会议集团）。

（1）ITU－TSG16研究组。主要从事多媒体终端和安全问题的研究，研究组最主要的工作就是制定H.323系列建议。

（2）ETSITIPHON工程组。主要任务是规定一套业务互操作性要求，确定接口和功能方面的体系结构，对呼叫控制程序、信息流和协议做出规定，研究端到端服务质量参数及E.164地址与IP地址之间的转换，同时规定计费和安全方面的问题。目的是向各类网络运营者提供面向业务的解决方案，其工作基于H.323和现有电路交换网标准。

（3）IETF。主要工作是制定新的信令协议，包括会话初始协议（SIP）、Internet和PSTN的网络互通。其IPTEL工作组负责制定相关协议和框架文件，包括呼叫处理语法等。该工作组还写出了一些业务模型文件，描述由呼叫处理语法实现的业务，并讨论语法的使用方法。

（4）IMTC。该集团由来自北美、欧洲和亚太地区的150多个成员组成，旨在建立开放的国际标准，推动交互式多媒体远程会议解决方案的应用和实现。其VoIP论坛不定期地进行一些活动来制定标准，促进IP电话业务。

2. IP电话技术的协议和标准

主要分为H.323协议和SIP协议两大类，二者的主要区别在于呼叫建立和控制方面。目前各组织对IP网络上承载实时业务（语音、视频等）的方式并无不同，均是利用了源自IETF的RTP协议。SIP比H.323简单、灵活，但尚处于IETF的标准化阶段，支持厂家很少。ITU－T于1996年11月通过了H.323标准，目的是使不同厂商的IP电话产品之间有良好的互连性。H.323标准描述了IP电话系统的基本构成和各部分功能。它支持点对点通信及在MCU支持下的多点通信协议。

（1）H.323协议

为使各厂家的IP电话能够相互通信，相应的国际标准应运而出。在Intel和Microsoft的倡导下，由ITU－T推荐的H.323协议作为IP电话的基础协议。目前许多公司已向H.323靠拢，它们的产品均支持H.323协议。我国采用H.332作为IP电话的国内标准。

H.323协议是ITU－T多媒体通信协议族H.32x中的1个，它提供了窄带可视电话的技术要求，包括基于X.25网的语音、视频、数据和控制等协议。H.323协议支持点到点通信和点到多点通信。H.323包括如下子协议：

图像压缩解压协议：H.261、H.263。

语音压缩解压协议：G.711、G.722、G.728、G.729、G.723、MPEG1。

数据通信协议：T.120（资源共享）。

呼叫控制协议：H.225（信令、注册、媒体同步、分组打包）。

系统控制协议：H. 245（打开和关闭呼叫功能协商）。

图像压缩解压和数据通信协议不对 IP 电话做出要求，但它们处于 H. 32x 同一标准框架中。H. 323 本是通过与 PSTN 相连进行多媒体通信的 LAN 标准，对于不同带宽和不同时延的 Internet，使用 H. 323 协议，使得其中许多部分成为无用成分。H. 323 协议规定的电话压缩解压协议是 G. 711，但 G. 711 要求的 6 kbit/s 带宽对 Internet 来说无法实现。因此，带宽为 8 kbit/s 的 G. 729 和 5. 3 kbit/s、6. 3 kbit/s 的 G. 723. 1 协议，更经常作为 Internet 的电话压缩解压协议，它们非常适合于 Internet 语音数据包的传输。H. 323 协议为 IP 电话提供了很好的协议基础，但它本身起源于计算机网络领域，在它的协议框架内，仍有许多地方需要改进。

H. 323 不支持呼叫转移，多点间通信过程复杂。采用 H. 323 协议的用户，只有先与 MCU（多点控制单元）连接，才能进行多点通信，并且进行多点通信的用户数上限受限制。此外，端到端传送 DTMF（DTMF 信号不容易编码、打包、拆包和解码）信号的协议以及 PSTN 到 Internet 的用户呼叫等问题也未解决。

（2）VoIP 论坛的协议

就上述 H. 323 的不足，一些大公司，如 Cisco、Microsoft、Dialogic 等成立了 VoIP（Voice over Internet Protocol）论坛。VoIP 立足于现有的 H. 32x 协议系列和电路交换网协议，并对它们进行完善。H. 32x 的目标是规定和发展基于开放性和一致性的通信规则，用于保证 IP 数据网上的无缝电话通信设备间的互操作性和服务质量。

（3）SIP

H. 323 提供了窄带多媒体通信所需要的所有子协议，但它的控制协议非常复杂。而 SIP 只是简单的呼叫控制协议，仅提供了呼叫的建立、控制和拆除等功能。SIP 工作在应用层上，可采用 TCP 或 UDP 作为其传输协议。由于 SIP 仅用于初始化呼叫，不涉及数据传输过程，因而造成的附加传输代价远远小于 H. 323。SIP 是一种基于文本的协议，它由 SIP 规则资源定位语言描述，可嵌入 Web 页面或其他超文本链接中，用户只需用鼠标一点就可发出一个呼叫。

SIP 提供了其他协议类似的服务，但更简单，扩充性好，适合大规模应用，SIP 还在不断完善之中。但目前由于 IP 电话的互操作性及其他技术问题，尚未找到合适的解决方案，IP 电话的普及应用尚待时日。许多组织，如 ITU 和 IETF 等，都在积极制定和完善相应的 Internet 电话协议和标准。

本章小结

1. 在单工系统中，通信双方只能交替地进行收信和发信。半双工系统是使用同一个信道进行信息发送和接收的。双工通信是指通信双方可以同时进行发送和接收操作的工作方式，也称为全双工通信。它是通过提供两条性能相同，并彼此独立的信道进行信息的发送和接收。

2. 程控交换机是电子计算机控制的交换机。程控交换机分为程控市话交换机与程控用户交换机，前者用于用户交换机之间中继线的交换，而后者则用于用户交换机内部用户与用户之间，以及用户通过用户交换机中继线与外部电话交换网上各用户之间的通信。

3. IP 电话（又称 VoIP，又名宽带电话或网络电话）是一种通过互联网或其他使用 IP 技术的网络，来实现新型的电话通信。IP 电话系统由终端设备、网关（Gateway）、多点控制单元（MCU）和网闸四个基本组件组成。

4. IP 电话通信系统是利用现有计算机网络资源组成的电话通信系统，它无须铺设电话线和购置电话通信网络设备，故可节省大量建设电话网络的设备费、线路费和工程费用，可在不需要铺设电话线的情况下，方便地实现电话通信，增加电话用户，缩短安装工程周期，提高计算机网络资源的利用率，扩大电话的普及范围，同时可加大信息传递量，因而具有良好的社会和经济效益。

5. 程控数字交换机的基本结构可分为话路系统和控制系统两部分。程控数字交换机的话路系统由用户级、远端用户级、选组级（数字交换网络）、各种中继接口、信号部件等组成。程控数字交换机的控制系统完成对话路设备的控制功能，它由各种计算机系统组成。

6. 程控数字用户软件配置一般根据使用对象的不同而有所不同，先进的 PABX 用户软件多达千种，根据用户类型不同具体分为酒店型、办公型、医院型、银行型、学校型、商场型、旅行社型等。

习题

5-1　交换机的作用是什么？简述它的发展过程。

5-2　简述程控交换机的发展过程及特点。

5-3　程控数字交换机有几个主要部分组成？各个部分的功能是什么？

5-4　交换网络有几种形式？各是什么？

5-5　数字用户接口电路包括哪些功能？

5-6　什么是信令？信令的分类有几种？信令网由几部分组成？

5-7　简述话务量的意义。

5-8　简述 IP 电话的原理。

5-9　一个交换系统每小时的呼叫次数为 12000，每次呼叫占用的平均时间为 2.5 min，求话务量为多少 Erl？如果该系统每小时未完成的呼叫次数为 240，求呼损率是多少？

5-10　一个交换系统的有效累计工作时间为 200 天，累计中断时间 2 h，寿命为 40 年，试求寿命期内平均故障时间？平均故障间隔时间？交换系统的可用度 A，不可用度 U 各为多少？（小数计算保留小数点后两位，用百分数表示其结果。）

第 6 章　移动通信系统

6.1　概述

随着信息社会的到来，信息通信已经成为人们日益关注的焦点。那么如何实现随时随地的联系与信息沟通呢？移动通信无疑是解决该问题的最佳方式，并且随着移动通信、互联网、物联网等技术的进步，各种具有鲜明特色的现代移动通信业务也蓬勃发展起来。

移动通信是指通信双方有一方或两方处于运动中的通信，可以是移动体之间的通信，也可以是移动体和固定体之间的通信。移动通信几乎集中了有线和无线通信的最新技术成就，不仅可以传送语音信息，而且还能够传送数据信号和图像信号，使用户可随时随地、快速、可靠地进行多种信息交换。

随着移动通信技术的发展，移动通信在现代通信领域中的地位与日俱增。移动通信的业务量在我国已经超过了固定网络的通信量，并还在以强劲的势头继续发展。移动通信业务量的年增率大大超过了固定网。传统的通信网已不能满足现代通信的要求，移动通信网已成为现代通信网中发展最快的一种通信网络。人们对通信的理想要求为，任何人（whoever）在任何时候（whenever）和任何地方（wherever），能够同任何人（whoever）进行任何方式（whatever）的信息交流，即个人通信。随着物联网的概念的提出与物联网的不断发展，对移动通信的要求越来越高，不仅要求人与人的通信，还要求人与物、物与物的通信，这个终极目标正在一步一步变为现实。

蜂窝移动通信系统由若干个六边形小区覆盖而成，呈蜂窝状，包括移动台（Mobile Station，MS）、基站（Basic Station，BS）和移动业务交换中心（MSC），如图 6-1 所示。每个基站都有一个能够提供可靠服务的区域，即蜂窝小区。小区有超小区、宏小区、微小区等不同类型，不同的制式系统和不同的用户密度区应选择不同的小区。

移动台是能够接入公用陆地移动网并得到通信服务的用户设备，包括移动终端（MS）和用户识别卡（SIM 卡）。移动台有车载式、手提式、携带式等形式。

基站负责与本小区移动台的通信，识别本小区内的不同用户，以及通过移动业务交换中心与其他小区的移动台通信。

移动业务交换中心是整个网络的核心，主要用于信息交换、信息处理以及系统集中控制管理。支持电信业务、承载业务和补充业务；支持位置登记、越区切换、自动漫游等其他网络功能。大容量移动通信系统由若干个基站构成移动网，交换中心也有多个。

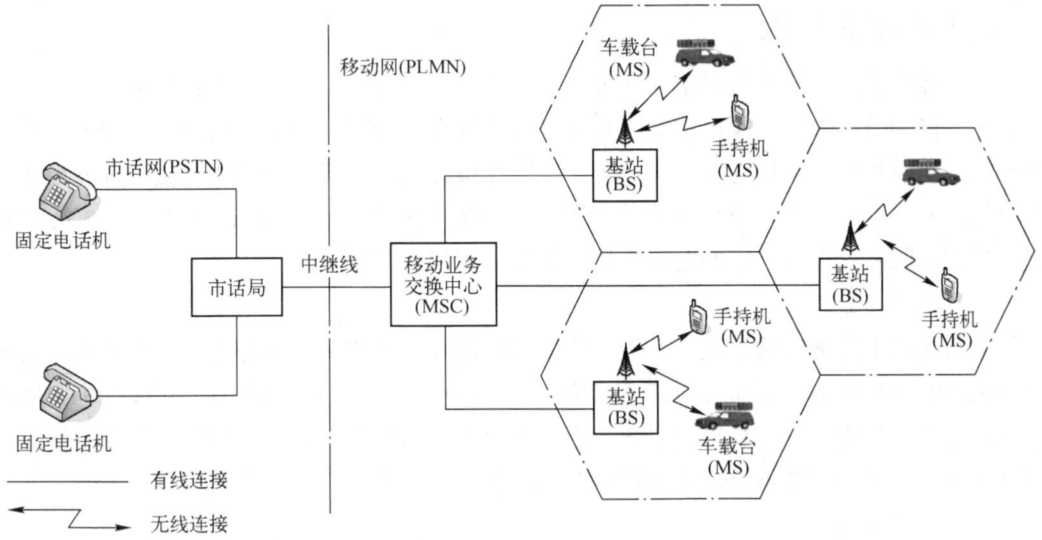

图 6-1　移动通信系统组成

6.1.1　移动通信的特点

移动通信采用的是无线通信方式，可以应用于任何条件下，常用在有线通信无法实现的场合（如无法架线、埋电缆等）。移动通信具有以下特点。

1. 复杂的电波传播模式

对于固定通信来说，通信双方的位置可以根据有利于电波传播的条件进行选择。而移动通信，由于通信双方或一方处于运动状态，这就使得移动通信电波传播特性比固定通信复杂得多。这种复杂性主要表现在以下几个方面。

（1）电波传播有严重的衰落现象

所谓衰落现象是指接收信号的强度和相位随时间、地点不断变化的现象。由于电波受到城市高大建筑物的阻挡等原因，移动台接收到的是多径信号，即同一信号通过多种途径到达接收天线。加之移动台迅速地移动，通信路径上地形地物不断变化，从而使得到达接收点的信号产生严重的衰落。衰落深度严重时可达 20 ~ 30 dB。

（2）多普勒效应

在移动通信中，由多径信号传输时延变化导致信号相位变化而引起的附加频移。由于这种频率是移动体相对于基站运动引起的，故称多普勒频移。工作频率越高，车速越快，频移就越大。多普勒频移将造成传输波形发生频谱小范围“晃动”。

（3）远近效应

由于移动台的运动，它相对于基地台的位置是在不断变化的，有时可能远离基地台，有时可能靠近基地台。当远离基地台时，接收信号场强很弱，当靠近基地台时，接收信号场强很强。这种由于移动台相对于基地台远近变化引起的接收信号场强变化称为远近效应。远近效应将造成接收信号场强相差很大和相互干扰，因此要求发信机最好具有自动功率调整功能，收信机前端电路有较大的动态范围。

2. 严重的噪声与干扰

由于移动通信系统工作的空间环境和电磁环境十分复杂，因而存在着严重的噪声与干扰。对于移动通信来说，噪声主要来自外部的各种人为噪声，如电力噪声、各种工业电气噪声、汽车或其他发动机的点火噪声等。由于城市工业、交通比较发达，是各种噪声比较集中的地方，因此，移动通信噪声十分严重。移动通信的干扰主要是指移动系统的多基站、多信道同时工作时产生的互调干扰、邻道干扰和同频干扰。

（1）互调干扰

所谓互调干扰是指两个或多个信号作用在通信设备的非线性器件上，产生同有用信号频率相近的组合频率，从而对通信系统构成干扰的现象。互调干扰是由于在接收机中使用非线性器件引起的。如接收机的混频，当输入回路的选择性不好时，就会使不少干扰信号随有用信号一起进入混频级，最终形成对有用信号的干扰。

（2）邻道干扰

邻道干扰是指相邻或邻近的信道（或频道）之间的干扰，是由于一个强信号串扰弱信号而造成的干扰。如有两个用户距离基站位置差异较大，这两个用户所占用的信道为相邻或邻近信道时，距离基站近的用户信号较强，而远的用户信号较弱，因此，距离基站近的用户有可能对距离远的用户造成干扰。为解决这个问题，在移动通信设备中，使用了自动功率控制电路，以调节发射功率。

（3）同频干扰

在移动通信系统中，为了提高频率利用率，在相隔一定距离后，要重复使用相同的频道，这种方法常称为同频道再用，同频道再用带来的问题就是同频干扰。同频道再用的距离越近，同频道干扰就越大；再用距离越远，同频道干扰就越小，但频率利用率就会降低。此外，在移动信道中还存在着其他各种各样的干扰信号，其中，凡是与有用信号具有相同频率的无用信号（如多径传输形成的多径信号）或者与有用信号具有不同的频率，但频差不大，能进入同一接收机通带的无用信号，都能产生同频道干扰。由于蜂窝式移动通信采用同频复用来规划小区，这就使系统中相同频率电台之间的同频干扰成为其特有的干扰。这种干扰主要与组网方式有关，在设计和规划移动通信网时必须充分重视。

移动通信的特殊工作方式和组网方式，使这些干扰比其他通信方式严重得多。

3. 信令形式和入网方式复杂

在现代高度自动化、智能化的移动通信网中，必须以模拟或数字方式，经有线或无线链路，在移动台之间、移动台与基地台、基地台与移动交换中心之间传递一整套控制、操作信号，才能有序、高效地完成相互间的接续以传递语音和其他信息。这一整套控制、操作信号就是信令。移动通信的信令要比有线电话复杂得多。因为除了要有满足有线网的各种信令外，还要有满足无线移动网特殊要求的信令，如自动信道搜索、位置登记、越区频道切换等，实现这些功能，信令是非常复杂的。

为了扩大移动通信的服务范围，增强移动通信系统的功能，移动通信系统通常都要以某种入网方式进入有线电话网，实现移动用户与固定用户、无线用户与有线用户之间的互通。移动系统进入有线网，要根据系统的接口功能、技术要求选择合适的入网方式。

4. 综合运用多种先进的通信技术

移动通信是基于各种通信技术基础之上发展起来的，从无线系统（收发信机、天线及电波传播）到交换控制技术，组网技术等无所不包。因此移动通信是集中了多种先进技术而构成的。

5. 对移动台的要求很高

由于移动台的使用条件环境与其他用户设备有很大的不同，往往要安装在汽车或其他移动体上，手持台则要用户随身携带。使用过程中，尘土、振动、碰撞、日晒雨淋难以避免，而且电源供给较为困难。因此，要求移动台体积小、重量轻、省电，而且要能保证在振动、冲击、灰尘等不良环境中可靠工作。

6. 通信容量有限

频率作为一种资源必须合理安排和分配。由于适于移动通信的频段仅限于 UHF 和 VHF，所以可用的通道容量是极其有限的。无线电频率作为一种资源是十分有限的，如果从电波传播特性、外部噪声和干扰等方面考虑，较适合于陆地移动通信的无线电频率范围是 150 MHz、450 MHz、900 MHz 3 个频段。随着移动用户不断猛增，移动通信系统已经向 1～3 GHz 频段扩展。为满足用户需求量的增加，只能在有限的已有频段中采取有效利用频率措施，如窄带化、缩小频带间隔、频道重复利用等方法来解决。目前常使用频道重复利用的方法来扩容，增加用户容量。但每个城市要做好长期增容的规划，以利于今后发展需要。

6.1.2 移动通信的发展

移动通信可以说从无线电通信发明之日就产生了。1897 年，M. G. 马可尼所完成的无线通信试验就是在陆地与一艘拖船之间进行的，距离为 18 海里。

现代移动通信技术的发展始于 20 世纪 20 年代，大致经历了五个发展阶段。

1. 第一阶段（1920 年至 1970 年中）

移动通信的雏形阶段，它由以下几个标志性的事件组成。

（1）移动通信的起步阶段（1920 年至 1940 年）

在这期间，首先在短波几个频段上开发出专用移动通信系统，其代表是 1928 年美国警用车辆安装的车载无线电系统，它是在几个短波频段上开发出的专用移动通信系统，其特点是专用系统、工作频率较低等，它为移动通信的发展打下了良好的基础。其代表是美国底特律市警察使用的车载无线电系统。该系统工作频率为 2 MHz，到 40 年代提高到 30～40 MHz。可以认为这个阶段是现代移动通信的起步阶段，特点是专用系统开发，工作频率较低。

（2）公用移动通信业务问世阶段（1940 年至 1960 年初）

在此期间内，公用移动通信业务问世。其代表为 1946 年贝尔系统在圣路易斯城建立的世界上第一个公用汽车电话网，称为“城市系统”。它使用三个频道，频段为 30 ~ 40 MHz，间隔为 120 kHz，通信方式为单工。随后原西德（1950 年）、法国（1956 年）、英国（1959 年）等国相继研制了公用移动电话系统，使用的频段为 150 ~ 450 MHz，是一个小容量、大区制的移动电话系统。另外，美国贝尔实验室解决了人工交换系统的接续问题。这一阶段的特点是从专用移动网向公用移动网过渡，接续方式为人工，网的容量较小。

（3）大区制移动通信系统发展阶段（1960 年中至 1970 年中）

在此期间，美国推出了改进型移动电话系统（IMTS），使用 150 MHz 和 450 MHz 频段，采用大区制、中小容量，实现了无线频道自动选择，并能够自动接续到公用电话网。德国也推出了具有相同技术水平的 B 网。可以说，这是移动通信系统改进与完善的阶段，其特点是采用大区制、中小容量的移动电话系统，实现了无线频道自动选择并能够自动接续到公用电话网。

2. 第二阶段（1970 年中至 1980 年中）

这是移动通信蓬勃发展时期，即第一代模拟移动通信系统发展阶段，也就是 1G 时代。1974 年美国贝尔实验室提出了蜂窝的概念，之后于 1978 年年底成功研制了 AMPS 蜂窝移动电话系统，大大提高了系统容量。1983 年首次在芝加哥投入商用。同年 12 月，也在华盛顿启用。之后，服务区域在美国逐渐扩大。到 1985 年 3 月已扩展到 47 个地区，约 10 万移动用户。其他工业化国家也相继开发出蜂窝式公用移动通信网。日本于 1979 年推出 800 MHz 汽车电话系统（NAMTS），在东京、大阪、神户等地投入商用。原西德于 1984 年完成 C 网，频段为 450 MHz。英国在 1985 年开发出全地址通信系统（TACS），首先在伦敦投入使用，以后覆盖了全国，频段为 900 MHz。法国开发出 450 系统。加拿大推出 450 MHz 移动电话系统（MTS）。瑞典等北欧四国于 1980 年开发出 NMT－450 移动通信网，并投入使用，频段为 450 MHz。这标志着第一代模拟移动通信系统的诞生。

这一阶段的特点是蜂窝状移动通信网成为实用系统，并在世界各地迅速发展。移动通信大发展的原因，除了用户要求迅猛增加这一主要推动力之外，还有几方面技术进展所提供的条件。首先，微电子技术在这一时期得到长足发展，这使得通信设备的小型化、微型化有了可能性，各种轻便电台被不断地推出。其次，提出并形成了移动通信新体制。随着用户数量增加，大区制所能提供的容量很快饱和，这就必须探索新体制。在这方面最重要的突破是贝尔实验室在 20 世纪 70 年代提出的蜂窝网的概念。蜂窝网，即所谓小区制，由于实现了频率再用，大大提高了系统容量。可以说，蜂窝概念真正解决了公用移动通信系统要求容量大与频率资源有限的矛盾。第三方面进展是随着大规模集成电路的发展而出现的微处理器技术日趋成熟以及计算机技术的迅猛发展，从而为大型通信网的管理与控制提供了技术手段。

3. 第三阶段（1980 年末至 2000 年）

这是第二代数字移动通信系统的发展和成熟时期，即 2G 时代，其标志是 1991 年商用的 IS－54、1992 年商用的 GSM、1993 商用的 PDC 等系统的问世。这一阶段的特点是频谱利用率高，可大大提升系统容量，能提供语音、数据等多种业务服务，并与 ISDN 等兼容。实际上，早在 20 世纪 70 年代末期，当模拟蜂窝系统还处于开发阶段时，一些发达国家就着手数字蜂窝移动通信系统的研究。到了 80 年代中期，欧洲首先推出了泛欧数字移动通信网（GSM）的体系。随后，美国和日本也制定了各自的数字移动通信体制。泛欧网 GSM 已于 1991 年 7 月开始投入商用，以后逐渐覆盖欧洲主要城市、机场和公路，逐步成为陆地公用移动通信的主要系统。与 GSM 系统几乎同时诞生的一项移动通信新成果，即美国的 CDMA，与 GSM 相比具有许多优点，例如每个信道所容纳的用户数比 GSM 多，大大提高了频谱的利用率，增强了抗干扰能力；对设备指标的要求相对要低，降低了设备的难度和成本，容易占有市场；采用软切换的方式大大提高了语音传输质量等，优势较大。

4. 第四阶段（2000 年至 2009 年）

这一阶段（即 3G 时代）移动通信技术的发展呈现了加快的趋势，第三代移动通信系统（简称 3G）在全球被普遍商用化。我国也从 2009 年开始了 3G 的全面商用，从而引发了全民换机的热潮。3G 网络能将高速移动接入和基于互联网协议的服务结合起来，提高无线频率利用率；提供包括卫星在内的全球覆盖并实现有线和无线以及不同无线网络之间业务的无缝连接；满足多媒体业务的要求，从而为用户提供使用更经济、内容更丰富的无线通信服务。

5. 第五阶段（2010 年以后）

随着数据通信与多媒体业务需求的发展，适应移动数据、移动计算及移动多媒体运作需要的第四代移动通信（简称 4G）开始兴起。4G 的概念可称为宽带接入和分布网络，具有非对称的数据传输能力。它包括宽带无线固定接入、宽带无线局域网、移动宽带系统和交互式广播网络。第四代移动通信可以在不同的固定、无线平台和跨越不同的频带的网络中提供无线服务，可以在任何地方用宽带接入互联网（包括卫星通信和平流层通信），能够提供定位定时、数据采集、远程控制等综合功能。此外，第四代移动通信系统是集成多功能的宽带移动通信系统，是宽带接入的 IP 系统。

4G 研究的最初目的就是提高蜂窝电话和其他移动装置无线访问网络的速率，理论上能以 100 Mbit/s 的速度下载，以 20 Mbit/s 的速度上传。从目前全球范围 4G 网络测试和运行的结果看，4G 网络速度大致可比 3G 网络快 10 倍，意味着能够传输高质量视频图像，与高清晰度电视不相上下。早在 2007 年韩国电子通信研究院就展示了 4G 系统，世界各国也就 4G 的远景发展目标达成了基本共识，并于 2007 年世界无线电大会上为 4G 移动通信系统指定了频谱，新一代宽带无线移动通信技术标准和产业发展的序幕由此拉开。

全球最早的 4G 商用网络是在 2009 年 12 月，由运营商 Telia Sonera 在瑞典的斯德哥尔摩和挪威的奥斯陆推出，标准是 LTE（Long Term Evolution，长期演进）技术。2011 年开始，国外主流国家已经开始从 3G 到 4G 演进，标准选择也是五花八门。美国最大的移动运营商 Verizon 选择的是 LTE，布局了上百个城市，后期开始向 LTE－Advanced（LTE 升级版）演进；第二大移动运营商 AT&T 采取 HSPA +（增强型高速分组接入技术）和 LTE 技术并驾齐驱；第三名的 Sprint 则重压 WiMax，不过后来也开始布局 LTE 走双战略。欧洲和美国类似，选择 WiMax 以及 LTE 两种网络标准制式居多。我国移动大力推动的 TD - LTE 标准具有自主知识产权，且得到了国际认可。

随着 4G 进入规模商用阶段，5G 的研发正在如火如荼的开展。在 2015 年 5 月举行的 2015IMT - 20205G 峰会上，中国信息通信研究院发布了 5G 无线技术和 5G 的网络技术架构白皮书，白皮书中提到，面向 2020 年以及未来，移动通信技术和产业将迈入第 5 代通信，也就是 5G 的发展阶段。而 5G 商用时间基本上可以划分为：第一阶段，到 2015 年底完成宏观描述；第二阶段是 2016 年到 2017 年底的技术准备阶段；第三阶段，从 2017 年底开始，各国和国际组织可向 ITU 提交候选技术，并力争达成一致，2020 年底 ITU 将发布正式的 5G 标准，并进入商用。

6.2 移动通信系统的工作方式

随着移动通信应用范围的不断扩大，移动通信系统的类型越来越多，其分类方法也多种多样。

1. 按设备的使用环境分类

按设备的使用环境分类主要有 3 种类型，即陆地移动通信、海上移动通信、航空移动通信。作为特殊使用环境，还有地下隧道矿井、水下和太空等移动通信。

2. 按服务对象分类

按服务对象分类可分为公用移动通信和专用移动通信。在公用移动通信中，目前我国有中国移动、中国联通、中国电信经营的移动电话业务，由于它是面向社会各阶层人士的，所以称为公用网。专用移动通信是为了保证某些特殊部门需要所建立的通信系统，由于各个部门的性质和环境有很大区别，所以各个部门（例如：公安、消防、急救、防汛、交通管理、机场调度等）对使用的移动通信网的技术要求有很大差异。

3. 按信号类型分类

按信号类型可分为模拟通信和数字通信；典型的数字移动通信系统有全球移动通信系统（GSM）、CDMA 系统、TD - SCDMA 系统、WCDMA 系统、CDMA2000、TD - LTE 系统、FDD - LTE 系统等。

4. 按工作方式分类

按工作方式可分为单工方式、半双工方式和全双工方式等。

5. 按移动通信体制及服务区域分类

一般说来，移动通信体制可根据其服务区域覆盖方式分为两大类：一个是小容量的大区制，另一个是大容量的小区制。

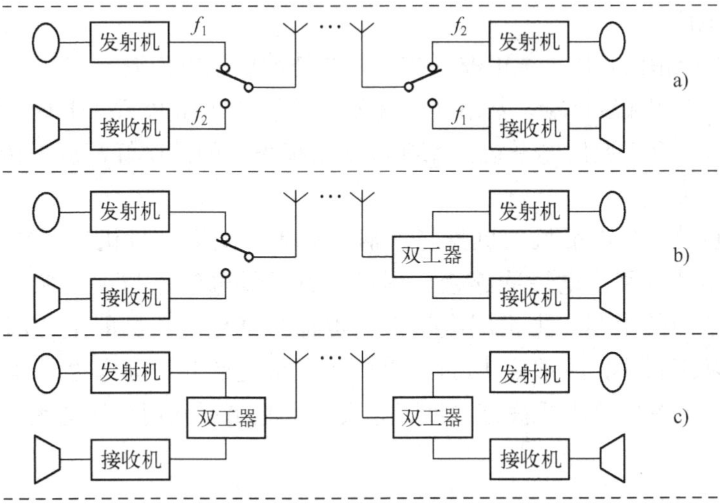

图 6-2　单、双工通信方式

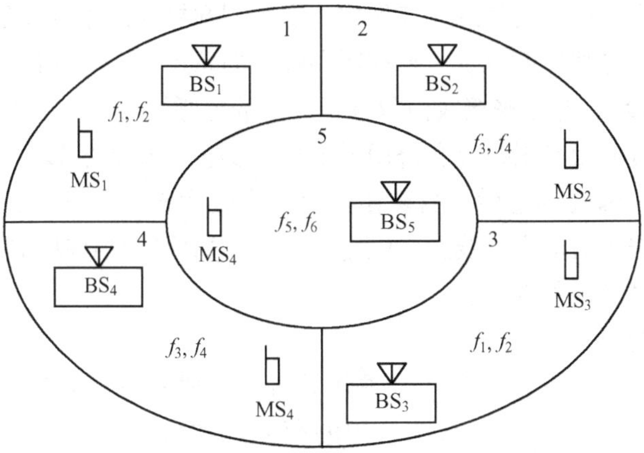

图 6-3　移动通信小区制

6. 按系统组成结构分类

按使用要求和工作场合不同可以分为以下几种。

（1）汽车调度通信

汽车调度通信是应用较早的一种。出租车公司或大型车队建有汽车调度台，车上则有汽车电台，可以随时在调度员与司机之间保持通话联系，通常是单工工作。它可将各个部门所需的调度业务进行统一规划建设，集中管理，每个部门都可建立自己的调度中心台。它的特点是共享频率资源，共享通信设备。

（2）公用移动电话

公用移动电话是与公用市话网相连的公用移动电话网，它由电信部门建设，大城市一般为蜂窝小区制，小城市或业务量不大的中等城市常采用大区制。用户有车台和手持台两类。我国以手持台占多数，在基站（台）的覆盖范围均可与网内任一移动用户或任何地方的电话用户相通。

（3）无绳电话

无绳电话系统指的是以无线电波（主要是微波波段的电磁波）、激光、红外线等作为主要传输媒介，利用无线终端、基站和各种公共通信网（如 PSTN、ISDN 等），在限定的业务区域内进行全双工通信的系统。无绳电话系统采用的是微蜂窝或微微蜂窝无线传输技术。

无绳电话机就是将电话机的机身与手柄分离成为主机（母机）与副机（子机）两部分，主机与市话网用户电话线连接，副机通过无线电信道与主机保持通信，不受传统电话机手柄话绳的限制。主机即座机部分也称为基台，子机即手持部分也称为手持台。它的辐射功率很小，一般在 10 mW 以内，在指定的几个频率之一上工作。一般可在 50～200 m 的范围内接收或拨打电话，它实际上是市话网用户线的无线延伸，所以也称为无线话机。

（4）无线电寻呼

无线电寻呼系统是一种单向传递信息的移动通信方式，是将自动电话交换网送来的被寻呼用户的号码和主叫用户的消息，变换成一定码型和格式的数字信号，经数据电路传送到各基站，并由基站寻呼发射机发送给被叫寻呼机的系统。而寻呼机实际上就是一个信号接收器（俗称袖珍铃），它用来接收由寻呼台发出的寻呼信号。

无线寻呼系统可分为专用系统和公用系统两大类。专用系统以采用人工方式的较多。一般在操作台旁有一部有线电话。当操作员收到有线用户呼叫某一袖珍铃时，即进行接续、编码，然后经编码器送到无线发射机进行呼叫；袖珍铃收到呼叫后就自动振铃。公用系统多采用人工和自动两种方式。

（5）集群无线电话

集群无线电话实际上是对于若干个调度系统，把原各单独的频率单工工作，集合到一个个基台工作。这样原来一个系统独用的频率现在可以为几个系统共用，故称为集群系统。它可以提高频率的利用效率，若容量不变，则可节约频率；若频率数不变则可增大用户数量，即容量增大。这种电话网虽然是数个系统合用，但各个系统仍可有各自的调度控制台，工作起来和单独的系统一样，还可实现系统之间的互通。它一般为单工工作。

（6）卫星移动通信业务

卫星移动通信业务把卫星作为中心转发台，各移动台通过卫星转发通信。这特别适合海上移动的船舶通信，也适合航空通信。这种应用，最早的就是海事卫星通信。现在也将卫星用于陆上移动通信，因它覆盖面广，特别适用于地广人稀地区的稀路由通信。

（7）个人移动通信或个人通信

个人通信即个人可在任何时间与任何地点的人相互通信，而不受通信设备的限制。使用固定电话通信时，如对方在家中则需拨他家的电话号码，如在办公室则需拨办公室的电话号码。欲与之通话必须判定他在何处，或经多次尝试才可能通话。个人电话则只有一个个人号码，不论对方人在何处，均可以通过个人号码而通话。

6.3　大型建筑中的移动通信系统

6.3.1　概述

移动通信已越来越广泛地深入人们的生活和工作。有些国家新增移动通信的用户数量已超过新增固定电话用户。而人们通常是生活和工作在建筑物内，因此，在大型建筑物设计阶段就应考虑移动通信的建设问题。

对大型建筑物而言，其移动通信系统通常可以分成两大类。一类为建筑物内的专用通信系统如集群调度电话；另一类为公用移动电话在建筑物内的使用如中国电信或中国联通的移动电话。但不管是两类中的哪一部分，它们的共同点都是移动通信系统，其主要的通信传输手段是通过无线电波来实现，这是它们的共同点。在这里我们以解决公用移动电话在建筑物中正常使用为题讨论这一话题。

移动通信系统希望无线电波能够在其所需要覆盖的区域均匀（相对）分布，以达到在建筑物内任何地方都可通话的目的。随着城市建设不断发展，高楼和大型建筑越来越多，这些建筑通常以钢筋混凝土或钢结构建造，其内部结构较为复杂（如高度超过100 m，有地下部分等），对移动通信信号有很强的屏蔽作用，以致建筑群区域内形成通信覆盖盲区，用户难以正常通话。同时，在某些大型建筑物内（如超市、商场和会议会展中心等），无线覆盖较差，忙时话务拥塞，导致手机不能上线，语音不清晰甚至掉话。如果要按照常规的增大天线辐射功率的方式来解决结构如此复杂的场强均匀覆盖问题，又与网络的整体频率规划相矛盾。考虑到无线电波（900 MHz）在进入建筑物的功率损失已超过 10 dB，或者可以说进入建筑物的功率不及入射到建筑物时的 1/10 这一事实，我们可以把大型建筑物当作一个相对独立的无线电场强覆盖环境来考虑，建造一个小功率多点辐射的环境，以满足移动通信的要求。为此各移动通信设备生产厂商近年来纷纷推出各种解决方案及设备。

6.3.2　直放站系统

直放站系统是将所接收到的信号进行同频直接放大再发射出去。为了满足大型建筑物内通信的要求，在建筑物外设置针对通信用频段和方向的收发天线，将无线电信号引入室内进行放大后再发射，使建筑物内的移动通信终端可以正常工作。

这种系统安装简便，且价格适中。在调试时要特别注意因同频放大而可能产生的自激现象，应使收发天线间的隔离度大于放大器的增益。为了避免可能产生的自激现象，也可采用变频直放站，即在放大器前加装一个变频器使得收发信号频率不同，从而彻底避免自激现象的出现。

大型建筑物安装的直放站系统，为了适应复杂的建筑结构状况（如靠近外墙侧与大楼中心部位覆盖层面多），所以其安装的直放站系统的发射装置不是一副天线，而是一个由信号分配器支持的多点辐射系统（见图6-4），将所接收放大后的信号，根据覆盖的需要，将其传输到特定的区域再经天线发射出去。采取这种技术措施后，可以使得天线电信号覆盖更加均匀，且可以减小信号间的相互干扰。

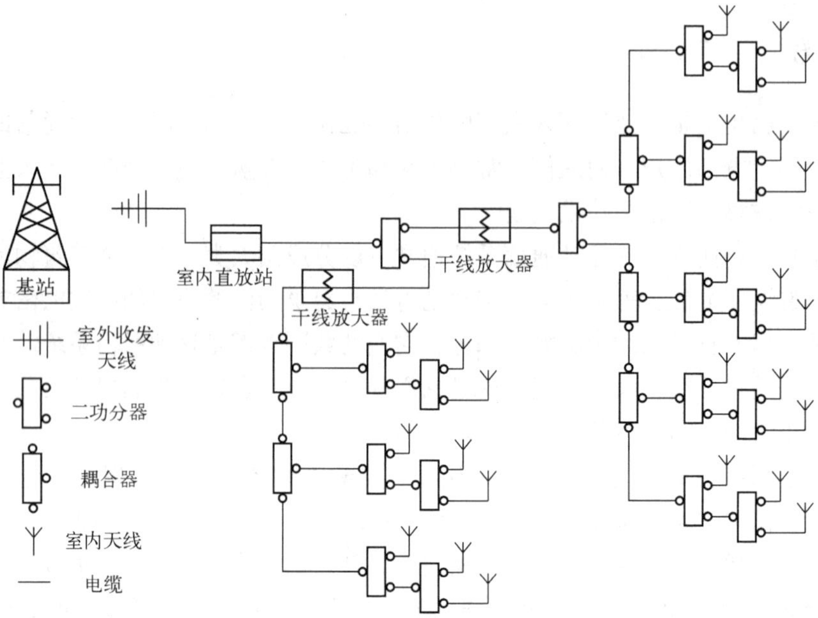

图6-4 直放站及信号分配系统

6.3.3 微蜂窝网

直放站具有价格便宜、安装简便的特点，但是并不能提高覆盖区的通信能力。而大楼（大型建筑物）内往往是移动电话（或终端）用户密集区或通常所指的移动通信的热点地区。为此在称为“蜂窝”移动通信的系统中，为解决这些问题又出现了微蜂窝基站。微蜂窝与相应的移动通信系统相连接，使其成为移动通信系统的一部分。微蜂窝所发射的无线电信号经过信号分配系统在大楼（大型建筑物）内多点小功率辐射（见图6-5），从而实现在保证足够的通信信道的前提下均匀覆盖。

特别说明：

1）无论是微蜂窝还是直放站均是整个移动通信系统的一部分，其频率的使用必须在网络规划部门的指导下进行。并需对相应的与小区切换相关的数据库进行必要的调整，以保证移动用户的移动通信中小区切换的成功。

2）无论是微蜂窝还是直放站的设立必须上报相应的无线电管理委员会，并得到批准。

3）大楼（大型建筑物）内的专用通信系统（如800M集群调度电话系统）其信号覆盖原理与上述相同，所不同的仅是设备的覆盖的重点区域，如专用系统更注意车库、各个重要通道、走廊等。

4）由于通信业的开放，移动通信的经营已从由一家垄断性经营变为多家移动通信公

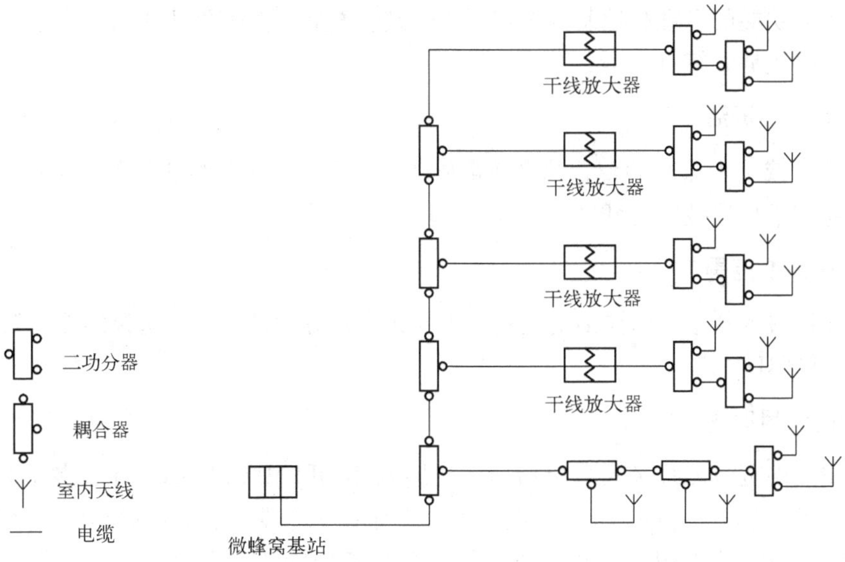

图 6-5　微蜂窝基站及信号分配系统

司参与的竞争，因此大型建筑物中公用移动电话网的无线覆盖在规划、设计时要充分考虑到上述因素，以便在实现该项功能时，能够充分利用大楼内（大型建筑物内）的资源，避免重复施工和因此引起的建筑物损坏。

6.4　宽带无线接入

宽带无线接入（Broadband Wireless Access，BWA）技术是从交换节点（如与无线访问点相连的网络交换机）到用户终端（如支持无线通信协议的笔记本电脑）采用无线通信方式，并能实现宽带业务接入的技术。宽带无线接入技术代表了宽带接入技术的一种新的不可忽视的发展趋势，不仅建网开通快、维护简单、用户较密时成本低，而且改变了本地电信业务的传统观念，最适于新的电信竞争者开展有效的竞争，也可以作为电信公司有线接入的重要补充。

宽带无线接入采用 IEEE 802.16 标准，IEEE 802.16 标准的发展主要经过 IEEE 802.16、IEEE 802.16a、IEEE 802.16—2004 和 IEEE 802.16e 四个主要的发展阶段，使得宽带无线接入支持非视距传输、移动性和多业务的综合接入技术。

6.4.1　宽带接入的特点

传统的宽带无线接入系统的网络结构和功能比较简单，网络通常由路由器和认证、授权、计费（Authentication Authorization and Accounting，AAA）服务器组成，进行简单的认证和计费，用户通过接入点直接连接到互联网。随着宽带无线接入技术在移动性、业务服务质量（Quality of Service，QoS）和大规模组网等方面要求的不断提高，以及网络架构的发展和演进，宽带无线接入系统在网络规划、控制机制、无线资源利用、移动性以及安全认证等一系列功能的管理和控制方面实现了突破和发展，宽带无线接入技术逐渐凸现出了其自身的许多优势和特点。

1. 覆盖范围灵活

单基站（或接入点）的覆盖范围通常从几十米到几千米数量级不等，可以使 BWA 技术灵活地应用于从局域网到城域网的整个区域。

2. 应用频度范围广

宽带无线接入技术可以灵活地应用于不同频率划分的地区，可选择的无线频率范围从 2 GHz 到几十 GHz。

3. 频谱利用率高

当前主流的宽带无线接入系统物理层普遍采用 OFDM/OFDMA（正交频分复用/正交频分多址）等调制多址技术，使得从交换节点到用户终端的空中接口链路无线频谱利用率较 GSM、CDMA 和 PSH 等无线接入系统有了显著的提高。同时，由于宽带无线接入技术普遍用于 2 GHz 以上的频段，其可用信道带宽比较宽，能够满足高吞吐量宽带数据业务的需求。

4. 灵活的链路自适应技术

通常，宽带无线接入系统能够支持从 BPSK（二进制相移键控）、QPSK（正交相移键控）到 QAM 等多种调制类型，并且系统能够根据链路状况动态、灵活地支持高速上、下行链路中的调制类型。同时与 OFDM/OFDMA 相结合，最大限度地提高系统的频谱利用率。

5. 灵活的 MAC 层机制

空中接口的 MAC（Media Access Control，媒体接入控制）层能通过不同典型业务的带宽请求进行调度，使宽带无线接入系统实现端到端的 QoS 成为可能，也有效地保证了 BWA 系统对多业务的支持能力。

6. 动态带宽分配能力

宽带无线接入系统能够支持同一区域内、不同终端之间的动态带宽分配，以及同一终端中不同接口之间的动态带宽分配。一方面提高了系统的频率使用效率；另一方面也配合了 MAC 层的调度机制，从而更好地支持多业务并发机制。

7. 安全性高

宽带无线接入系统多采用点到多点结构，在下行方向上各用户终端共事无线传输介质。因此，必须有效地实现不同用户之间信息的隔离，解决用户信息安全性的问题。

宽带无线接入系统通过各种策略和技术手段实现空中接口数据的加密传输，最低限度地保障系统不同级别的安全性需求。宽带无线接入系统主要采用以下方式来保护用户信息，提高安全性。

（1）用户认证（Authentication）。在用户登录系统时，采用安全校验机制，对用户身份进行验证，防止未注册用户接入系统。如果在通信过程中链路中断，则在恢复过程中，还要对用户进行权限鉴定。

（2）数据加密（Data Encryption）。在数据传输过程中，通过数据传输专利号来防止数据被第三方截取。系统通过高层协议对数据进行加密，通常建议采用较常见的加密算法，密钥的分配和传输应保证足够的可靠性。

（3）授权（Authorization）。系统可以授权不同等级的用户。根据授权等级，用户具有不同的网络资源访问权限。

8. 强大的业务能力

传统的宽带无线接入技术作为有线接入的替代和补充，可以同时承载TDM（时分复用）和IP两类业务。随着网络的融合和演进，宽带无线接入技术正在向以IP承载为主，将语音作为一种业务的方向转化。空中接口从开销、调度到纠错等环节，都具备了典型的IP特征。因此，宽带无线接入可为不同业务提供不同等级的服务质量。

9. 应用模式全面

宽带无线接入已经从传统的点对点微波通信系统，发展到点对多点的分配式通信系统。从固定接入，向便携移动和移动加广域漫游的方向演进。宽带无线接入技术的应用领域正发生日新月异的变化。

6.4.2 无线接入分类

随着网络技术的发展，网络接入已经遍布全世界，网络接入技术不仅能够用于互联网传输，而且还能够将其应用到广播电视数据传输当中，其中无线接入技术在网络技术中占据的地位越来越高，可以预见未来无线接入在网络带宽技术中的地位将逐渐超过有线接入。

按照无线覆盖及应用种类，宽带无线接入有多种类别，大体有如下分类：

1. 按照覆盖区域分类

（1）无线个域网（Wireless Home Network，WHN）。覆盖范围从几厘米到几米，为不同设备间提供双向短程通信。个域网主要使用蓝牙技术，建立家庭网络。例如，采用蓝牙技术可将家中的智能家用电器和计算机连接在一起，通过计算机管理、控制家电使用。

（2）无线局域网（Wireless Local Area Network，WLAN）。覆盖范围从几米到数百米（如大学校园），可为一定范围内（无障碍区90m内，有障碍区20m内）的用户提供共享无线接入服务。例如，学校会议中心、阶梯教室、休闲广场均可部署无线接入设施，为内置无线网卡的笔记本电脑提供接入校园网服务。主要为特定区域内的无线终端用户提供共享的无线接入业务，包括IEEE 802.1lb/a和Wi－Fi（Wireless Fidelity）技术。

（3）无线城域网（Wireless Metropolitan Area Network，WMAN）。覆盖范围从几千米到几十千米。3～5km是典型值，点对点链路的覆盖范围可以高达几十千米，可以提供支持 QoS 能力和一定范围移动性的共享接入能力，MMDS（多路多点分配业务）、LMDS（本地多点分配业务）和 WiMAX（全球通用微波接入）等技术都属于城域网范畴。

（4）无线广域网（Wireless Wide Area Network ，WWAN）。覆盖范围更广，最主要的是可以支持全球范围内广泛的移动性，属于3G 和4G 的范畴，IEEE 802.20 中的 iBurst 和 Flash OFDM（正交频分复用）等技术是该类技术的前身。

2. 按照无线技术分类

（1）无线局域网（WLAN）技术。以 IEEE 802.11a/b/g 标准为代表，覆盖范围通常在几十米到数千米（需要高增益天线）之间。其目标是对有线局域网进行无线扩展，通过无线通信的方式，实现有线局域网的功能。

（2）固定无线接入（FBWA）技术。以早期多路多点分配业务（MMDS）和本地多点分配业务（LMDS）为代表，目前正在向 IEEE 802.16 技术演进。其覆盖范围从几千米到几十千米不等，其目标是提供与有线接入质量相当的高速率无线接入服务，并最终为用户提供端到端的连接。

（3）移动无线接入（MBWA）技术。以 IEEE 802.16e－2005 和 IEEE 802.20 标准为代表，其覆盖范围在几千米以内，有移动通信网络小区的规划特点，其目标是在120 km/h（IEEE 802.16e－2005）和 250 km/h（IEEE 802.20）的典型移动速率下，提供超高带宽接入服务，最大限度地满足未来用户对高带宽数据传送的需求。

6.4.3 WiFi 接入

WiFi（Wireless Fidelity），又叫 802.11 标准，是 IEEE 定义的一个无线网络通信的工业标准。该技术使用的是 2.4 GHz 附近的频段，该频段目前尚属没有许可的无线频段。其主要特性为：速度快；可靠性高；在开放性区域，通信距离可达 305 m，在封闭性区域，通信距离为 76 ~ 122 m；方便与现有的有线以太网络整合，组网的成本更低。

1. WiFi 无线网络结构

WiFi 无线网络的拓扑结构主要有两种，即 Ad－Hoc 和 Infrastructure。

Ad－Hoc 是一种对等的网络结构，各计算机只需接上相应的无线网卡，或者具有 WiFi 模块的手机等便携终端，即可实现相互连接、资源共享，无须中间作用的 AP（Access Point，接入点），此种网络结构如图 6-6 所示。

Infrastructure 是一种整合有线与无线局域网络架构的应用模式，通过此种网络结构，同样可实现网络资源的共享，此应用需通过 AP。这种网络结构是应用最广的一种，它类似于以太网中的星状结构，起中间网桥作用的 AP 就相当于有线网络中的 Hub（集线器）或者 Switch（交换机），此种网络结构如图 6-7 所示。

2. Wi－Fi 网络的组成部分

IEEE 802.11 体系由几个基本组成部分组成，这些元素通过相互作用来提供无线局域

图 6-6　Ad - Hoc 拓扑结构

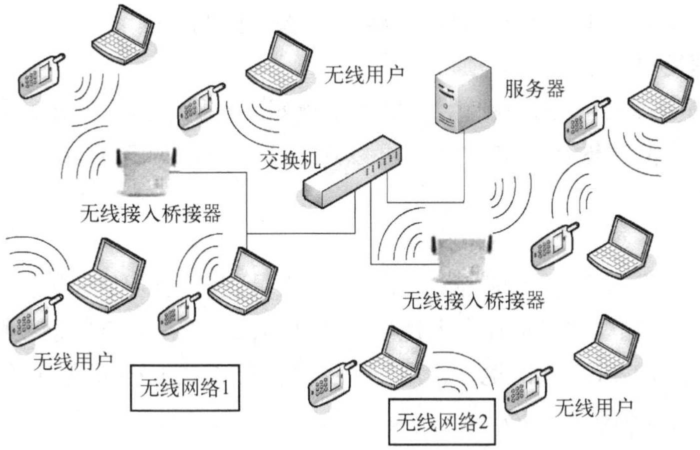

图 6-7　Infrastructure 拓扑结构

网服务，并向上层支持站点的移动性。这些基本的组成部分有：

（1）站点（Station）。这是网络最基本的组成部分，可以是一台 PC，也可以是 PDA 等手持无线设备。

（2）基本服务单元（Basic Service Set，BSS）。802.11 标准规定的无线局域网的最小构件。一个基本服务单元 BSS 包括一个基站和若干个站点，所有的站点在本 BSS 内都可以直接通信，但在和本 BSS 以外的站点通信时都必须通过本 BSS 的基站。最简单的服务集可以只由两个站点组成，每个站点都可以动态的连接到基本服务单元中。

（3）分配系统（Distribution System，DS）用于连接不同的基本服务单元。分配系统通过必要的逻辑服务将匹配地址分配给目标站点，使移动终端设备得到支持，并在多个 BSS 间实现无缝整合。正是分配系统，使扩展服务单元（ESS）对上层的表现就像一个基本服务单元 BSS 一样。

（4）接入点（Access Point，AP）。基本服务单元里面的基站就叫作接入点（AP），但其作用和网桥相似。AP 既有普通站点的身份，又有接入到分配系统的功能。

（5）扩展服务单元（Extended Service Set，ESS）。由分配系统和基本服务单元组合而成。一个基本服务单元可以是孤立的，也可以通过接入点（AP）连接到主干分配系统（DS），然后再接入到另一个基本服务单元（BSS），这样就构成了一个扩展服务单元（ESS）。

（6）门桥（Portal）。802.11 定义的新名词，作用就相当于网桥。用于将无线局域网和有线局域网或者其他网络联系起来。所有来自非 802.11 局域网的数据都要通过门桥才能进入 IEEE 802.11 的网络结构。门桥可以使这两种类型的网络实现逻辑上的综合。

3. 技术特点

WiFi 在技术上有着覆盖范围广、传输速度快、门槛低的突出优势。

（1）覆盖范围广

基于蓝牙技术的电波覆盖范围非常小，半径大约只有 15 m 左右，而 WiFi 的半径则可达 100 m 左右。办公室自不用说，就是在整栋大楼中也可使用。

（2）传输速度快

虽然由 WiFi 技术传输的无线通信质量不是很好，数据安全性能比蓝牙差一些，传输质量也有待改进，但传输速度非常快，可以达到 11 Mbit/s，符合个人和社会信息化的需求。

（3）门槛低

厂商只要在机场、车站、咖啡店、图书馆等人员较密集的地方设置“热点”（hotspot），并通过高速线路将因特网接入上述场所。这样，由于“热点”所发射出的电波可以达到距接入点半径 10～100 m 的地方，用户只要将支持无线 LAN 的笔记本电脑或 PDA 拿到该区域内，即可高速接入 Internet。也就是说，厂商不用耗费资金来进行网络布线接入，从而节省了大量的成本。

WiFi 最主要的优势在于不需要布线，可以不受布线条件的限制，因此非常适合移动办公用户，具有广阔的市场前景。目前它已经从传统的医疗保健、库存控制和管理服务等特殊行业向更多行业拓展开去，甚至进入家庭以及教育机构等领域。

4. 应用

随着无线网络的发展，当初还是仅仅在笔记本电脑市场独领风骚的 WiFi 已经越来越普及了，而且这种势头大有向外蔓延的趋势。目前 WiFi 手机也普及应用了，通过它可以极大地节省电话开支、在线进行音/视频点播、设备间共享数据信息等。

（1）WiFi 手机

WiFi 手机的速率大约在 2 Mbit/s 左右，理论最高速率可以达到 11 Mbit/s（802.11b），最新的 802.11 m 提供 300 Mbit/s 甚至高达 600 Mbit/s 的速率。这一速率大大超出了普通家用型有线宽带。同时，WiFi 手机可以实现 VoIP 网络电话功能，用户只要身在机场、酒店、餐厅、办公场所等任何 WiFi 覆盖区域内，均可以免费或以低廉资费拨打国内或国际长途电话。

著名的 VoIP 商 Skype 公司在互联网网络电话市场已经成为不容置疑的霸主。在被

eBay 公司收购之后，该公司又开始积极向网下扩张，其中的一个方向是结合 WiFi 无线网络推出可以免费拨打电话的手机。基于 Skype 网络电话服务的多款 WiFi 手机具备普通手机通过移动运营商网络拨打或者接听电话的功能。此外，它们还具备了 WiFi 无线网络连接功能。在开通无线互联网接入的地区，用户可以用手机上网，并用其中内置的 Skype 软件拨打网络电话，这种效果实际上相当于把笔记本电脑搬到了用户面前。

（2）播放器

无线流媒体播放器可以在家中的任何一个房间里播放电脑中的音乐。我们可以将它们接入家中的有源音箱，或通过标准线缆接入音响功放，以便通过家庭影院来播放自己喜欢的音乐。当然，也可以通过它来连接计算机，再经计算机收听互联网电台，甚至是用它在另一个房间中进行回放。除了音乐之外，一些能播放视频、浏览图片的播放器也同步跟进，这些跟录像机大小差不多的外设无须电缆就能让人们在电视机上观看视频和图片。

总之，WiFi 的应用正在向更多层次演变，给人们的生活带来更多亮点。

5. 发展前景

这几年内，无线 AP 的数量呈迅猛式的增长，无线网络的便捷与高效使其得到迅速普及。除了在目前的一些公共地方有 AP 之外，国外已经有先例以无线标准来建设城域网。因此，WiFi 的无线地位将会日益牢固。

家庭和小型办公网络用户对移动连接的需求是无线局域网市场增长的动力。虽然到目前为止，美国、日本等发达国家仍然是 WiFi 用户最多的地区，但随着电子商务和移动办公的进一步普及，廉价的 WiFi 必将成为那些随时需要进行网络连接用户的首选。

不过，WiFi 技术的商用目前碰到了一些困难。一方面是受制于 WiFi 技术自身的限制，比如其漫游性、安全性、如何计费等都还没有得到妥善的解决；另一方面是由 WiFi 的赢利模式的不明确造成的。如果将 WiFi 作为单一网络来经营，商业用户的不足会使网络建设的投资收益比较低，因此也影响了电信运营商的积极性。只有将各种接入手段相互补充使用才能带来经济性、可靠性和有效性。

6. 国内 WiFi 标准——WAPI

WAPI（WLAN Authentication and Privacy Infrastructure，无线局域网鉴别和保密基础结构）是在中国无线局域网国家标准 GB15629. 11 中提出的 WLAN 安全解决方案，是我国具有自主知识产权的无线局域网标准。该标准是目前中国在无线局域网领域中唯一获得国家批准的协议。WAPI 为无线局域网长期存在的安全问题提供了技术解决方案和规范要求。

WAPI 包含了全新的 WLAN 认证和加密基础结构安全机制。WAPI 由 WAI（WLAN Authentication in Infrastructure，无线局域网鉴别基础结构）和 WPI（WLAN Privacy in Infrastructure，无线局域网保密基础结构）两部分组成。WAI 和 WPI 分别实现对用户的身份鉴别和对传输数据的加密。WAI 采用基于椭圆曲线的公开密钥密码体制，无线客户端（STA）和接入点（AP）通过认证服务器（ASU）进行双向身份认证；而在对传输数据的保密方面，WPI 采用了国家商用密码管理委员会办公室提供的分组密码算法进行加密和解密，对 MAC 子层的 MAC 数据服务单元进行加密、解密处理，充分保障了数据传输的安全。

WAPI 具有以下特点。

1）高可靠性的安全认证与保密体系，具有更可靠的数据链路层以下的安全防护系统。

2）完整的“用户 - 接入点”双向认证，集中式或分布集中式认证管理，证书 - 密钥双认证，灵活多样的证书管理与分发体制，可控的会话协商动态密钥，高强度的加密算法，可扩张或升级的全嵌入式认证与算法模块，支持带安全的越区切换。

3）支持 SNMP 网络管理，完全符合国家标准，通过国家商用密码管理部门安全审查，符合“国家商用密码管理条例”。

4）使用方便。用户只要安装一张证书就可以在覆盖 WLAN 的不同地区漫游，使用方便。AP 设置好证书后，无须再对后台的 AAA 服务器进行设置安装，组网便捷，易于扩展。

5）多系统支持。WAPI 能够支持 Windows 系列、Linux 等操作系统。

6）满足家庭、企业、运营商等多种应用模式。

7）可扩展或升级的全嵌入式认证算法模块。

WAPI 技术的实施不仅是无线标准的问题，更关系着国家的信息安全。由于在安全机制上的健壮性，它越来越成为业界关注的热点，在国内更是形成了产业链，并被成功地商用。当前我们应当充分发挥技术创新能力和国内市场的巨大作用，加快推进 WAPI 科学发展，为我国 WLAN 的健康发展贡献力量。

6.4.4 WiMax 接入

WiMax（Worldwide Interoperability for Microwave Access）即微波接入全球互操作性（也可称为 IEEE 802.16 无线城域网）。WiMax 所能提供的最高接入速率是 70 Mbit/s，能提供面向互联网的高速连接，数据传输距离最远可达 50km。WiMax 还具有 QoS 保障、传输速率高、业务丰富多样等优点。

IEEE 802.16 标准的发展主要经过 IEEE 802.16、IEEE 802.16a、IEEE 802.16—2004 和 IEEE 802.16e 四个主要的发展阶段。

（1）IEEE 802.16 标准

这是 IEEE 于 2001 年发布第一个宽带无线接入标准，其工作频段为 10 ~ 66GHz，典型频段为 25 ~ 28GHz（即 LMDS 的工作频段），空中无线接口采用单载波调制技术，支持视距方式下固定的点到多点传输，物理层传输速率 120 Mbit/s。IEEE 802.16 的目的是取代有线接入系统，向用户提供综合接入业务。

（2）IEEE 802.16a 标准

2003 年，IEEE 发布了宽带无线接入标准 IEEE 802.16a 作为 IEEE 802.16 的补充，工作频段为 2 ~ 11 GHz（包括 MMDS 工作频段）。该系统的空中无线接口在支持单载波调制的基础上增加了 OFDM 调制技术，支持视距和非视距传输，同时采用多天线空时编码来提高系统容量。IEEE 802.16a 的设计目的是向用户提供“最后一英里”的宽带无线综合接入业务。

（3）IEEE 802.16—2004 标准

2004 年 IEEE 发布的 IEEE 802.16—2004 宽带无线接入标准融合了 IEEE 802.16 和 IEEE 802.16a，成为一个完整的宽带固定无线接入的标准，该标准的物理层支持单载波调制、OFDM 和 OFDMA 多种工作方式，采用多天线空时编码和智能天线技术增加系统容量。在业务域，支持电路交换的 ATM 业务和分组交换的 IP 业务，同时对安全性进行了增强。IEEE 802.16—2004 对宽带固定无线接入系统的商用化起到巨大的推动作用。

（4）IEEE 802.16e 标准

IEEE 于 2006 年发布宽带移动无线接入的标准 IEEE 802.16e（即移动 WiMax）。该标准增加了对移动用户接入的支持，广泛采用智能天线、发射分集、空时编码、混合 ARQ 等技术，空中无线接口提供的数据吞吐量明显优于 HSPA、3XEV-DO 等增强的 3G 系统。该标准已得到包括 Intel、Fujstu、Siemens 等众多公司的支持，某些产品已经进入商用阶段。

相对于 3G 产生的 HSPA、3XEV-DO 等增强技术，WiMax 可以向用户提供更好的宽带综合接入业务，这些业务包括交互式游戏、VoIP、视频会议、流媒体业务、因特网浏览以及高速媒体下载等，对不同的业务提供不同的 QoS 保证机制，从而真正实现“最后一英里”的宽带无线综合接入。

1. 技术特点

这部分主要从 3 方面分析：链路层技术，QoS 性能以及工作频段。

（1）链路层技术

TCP/IP 的特点之一是对信道的传输质量有较高的要求。无线宽带接入技术面对日益增长的 IP 数据业务，必须适应 TCP/IP 对信道传输质量的要求。在 WiMax 技术的应用条件下（室外远距离），无线信道的衰落现象非常显著。在质量不稳定的无线信道上运用 TCP/IP，其效率将十分低下。WiMax 技术在链路层加入了 ARQ 机制，减少了到达网络层的信息差错，可大大提高系统的业务吞吐量。同时 WiMax 采用天线阵、天线极化方式等天线分集技术来应对无线信道的衰落，这些措施都提高了 WiMax 的无线数据传输的性能。

（2）QoS 性能

WiMax 可以向用户提供具有 QoS 性能的数据、视频、VoIP 业务。WiMax 可以提供 3 种等级的服务：CBR（Constant Bi Rate，固定比特率）、CIR（Committed Information Rate，承诺信息速率）、BE（Best Effort，尽力而为）。CBR 的优先级最高，任何情况下网络操作者与服务提供商以高优先级、高速率及低延时为用户提供服务，保证用户订购的带宽。CIR 的优先级次之，网络操作者以约定的速率来提供，但速率超过规定的峰值时，优先级会降低，还可以根据设备带宽资源情况向用户提供更多的传输带宽。BE 则具有更低的优先级，这种服务类似于传统 IP 网络的尽力而为的服务，网络不提供优先级与速率的保证。在系统满足其他用户较高优先级业务的条件下，尽力为用户提供传输带宽。

（3）工作频段

整体来说，WiMax 工作的频段采用的是无须授权频段，范围在 2 ~ 66 GHz 之间，而 802.16a 则是一种采用 2 ~ 11 GHz 无须授权频段的宽带无线接入系统，其频道带宽可根据需求在 1.5 ~ 20 MHz 范围进行调整。因此，WiMax 所使用的频谱将比其他任何无线技术更丰富。

2. WiMax 宽带无线接入应用模式

WiMax 的技术特性和应用特点决定了其能适应各种应用环境，具有不同的应用模式，下面对 WiMax 宽带无线接入的应用模式进行初步分析和探讨。

（1）PMP 应用模式

如图 6-8 所示，PMP 应用模式以基站（BS）为核心，采用点到多点的连接方式，构建星形结构的 WiMax 接入网络。基站（BS）扮演业务接入点（Service Access Point，SAP）的角色，通过动态带宽分配技术，基站（BS）可以根据覆盖区用户的情况，灵活选用定向天线、全向天线以及多扇区技术满足大量的用户站（SS，Subscriber Station）设备接入核心网的需求。必要时，可以通过中继站（RS，Repeat Station）扩大无线覆盖范围。还可以根据用户群数量的变化，灵活划分信道带宽，对网络扩容，实现效益与成本的协调。

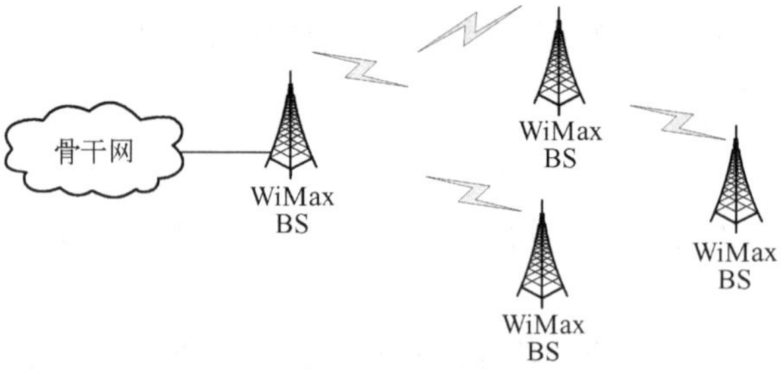

图 6-8 PMP 应用模式

PMP 应用模式是一种常用的接入网应用形式，其特点在于网络结构简洁，应用模式与 xDSL 等线缆接入形式相似，因此是一种线缆替代的理想选用方案。

（2）Mesh 应用模式

如图 6-9 所示，Mesh 应用模式采用多个基站（BS）以网状网方式扩大无线覆盖区。其中，有一个基站作为业务接入点（SAP）与核心网相连，其余基站（BS）以无线链路与该 SAP 相连。因此，作为 SAP 的基站既是业务的接入点又是接入的汇聚点，而其余基站并非简单的中继站（RS）功能，而是业务的接入点。

Mesh 应用模式的特点在于网状网结构，可以根据实际情况灵活部署，实现网络的弹性延伸。对于市郊等远离骨干网、有线不易覆盖的地区，可以采用该模式扩大覆盖范围，其规模取决于基站半径、覆盖区大小等因素。

（3）热点回传模式

如图 6-10 所示，热点回传（Backhaul）模式采用 WiMax 无线接入网络把远端 WiFi

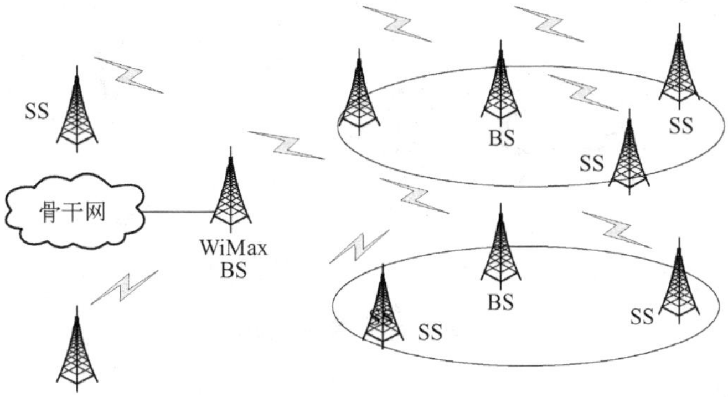

图 6-9　Mesh 应用模式

热点 Hotspot 业务回送到核心网，WiMax 基站（BS）的作用仍为业务接入点（SAP），而 WiMax 用户站（SS）是热点侧的无线接入设备，提供标准接口与热点相连，作为 WLAN 接入点（AP）的热点设备再通过 IEEE 802.11a/b/g 无线链路与无线终端连接。

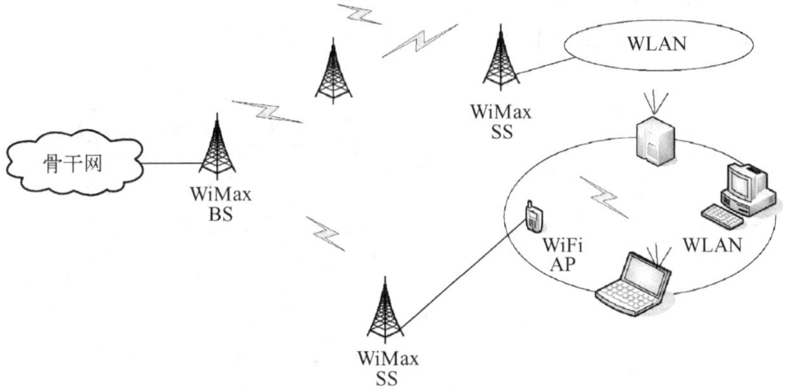

图 6-10　热点回传模式

WiMax 接入网络可根据实际情况灵活采用 PMP 或 Mesh 结构形式。对于移动运营商也可以采用该应用模式，把各小区移动基站业务回传到移动交换中心。

WiMax 热点回传模式的主要特点在于作为业务回传应用，采用无线传输方式，与传统有线回传模式相比，其特点显而易见，可作为传统回传模式的补充或替代方案。

（4）终端接入模式

如图 6-11 所示，在终端接入模式下，用户终端设备（Terminal Equipment，TE）直接通过作为 SAP 的 WiMax 基站（BS）接入核心网。而用户终端设备（TE）若要直接接入 WiMax 网络，则必须配置符合 WiMax 标准的用户单元（Subscriber Unit，SU），用户单元（SU）一般是 WiMax 无线网卡或无线模块形式。

由于 WiMax 接入速率很高，而且支持城域内终端设备的移动性（对于 IEEE 802.16e），因此特别适合于接入速率要求高并且有移动性要求的终端应用。

该模式的特点在于允许用户终端直接高速接入网络，并支持便携式终端在城域范围内的移动和漫游。

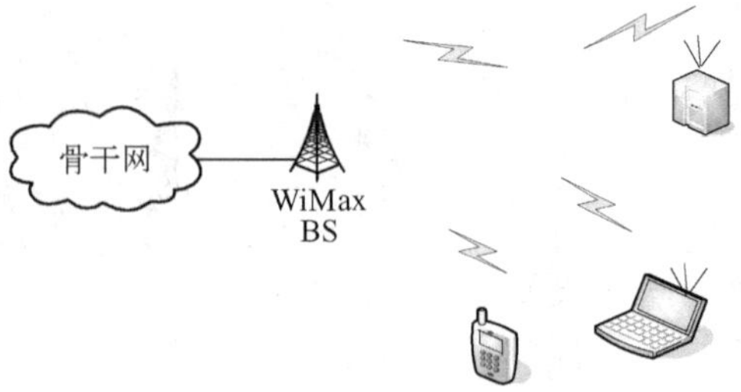

图 6-11 终端接入模式

(5) 驻地网接入模式

如图 6-12 所示，驻地网接入模式主要针对集团用户，其目标是把诸如企业、校园和 SOHO（Small Office Home Office）等用户驻地网通过 WiMax 接入城域网。与其他应用模式相同，基站（BS）还是作为 SAP 与核心网相连提供无线接入服务。在用户侧，用户无线接入设备（SS）其一侧通过无线接口上连基站（BS），另一侧通过标准接口（例如以太网接口、E1 等）与用户驻地网（CPN）设备相连。一般用户站（SS）采用定向天线，以及各种自适应技术，灵活调整工作方式，保证用户的正常接入。

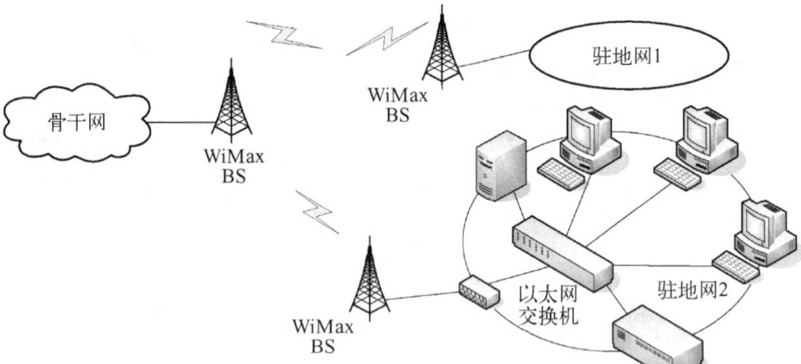

图 6-12 驻地网接入模式

用户侧驻地网（CPN）设备可以是用户路由器、交换机、集线器等网络设备，甚至可以是另一种无线接入点（例如 WiFi 热点），用于组成用户专用局域网，其典型实例是目前广泛存在的校园网、企业网、政府网或 SOHO 等形式。

驻地网接入模式特别适合于线缆接入不方便、对接入带宽要求不高的驻地间接入应用。与线缆接入方式相比，部署快捷是该模式的竞争优势。

(6) 无线桥接模式

如图 6-13 所示，无线桥接模式是一种点对点无线连接方式，与远程网桥的作用相似，其目的是把地理位置分离的两个子网络通过 WiMax 无线链路连接在一起。由于无线桥接采用点对点方式，两端 WiMax 无线网桥设备天线的方向可以彼此对准固定，因此传输性能相对稳定，部署也相对简单。

显然，采用 WiMax 无线桥接方式，可以避免困难的专线敷设或缴纳昂贵的线缆租金，并能迅速开通使用，连接距离远，连接带宽完全能满足一般应用需要。在用户专网建设方

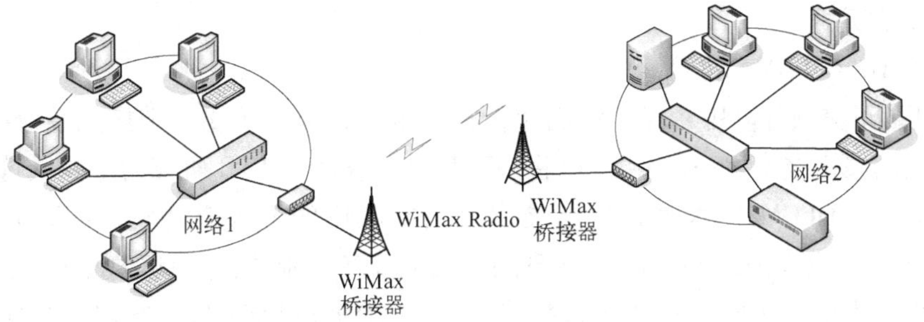

图 6-13　无线桥接模式

面，比有线桥接方式更具竞争力。

3. WiMax 的业务类型

IEEE 802.16-2004 定义了 4 种调度业务类型，并对每种业务类型的带宽请求方式进行了规定。

（1）主动授权业务

主动授权业务（Unsolicited Grant Service，UGS）用于传输固定速率实时数据业务，例如 T1/El 以及 VoIP 等。基站周期性地以强制方式进行调度，不接受来自 SS 的请求，同时禁止使用捎带请求。基站基于业务流的最大连续业务速率（MSTR）周期性地提供固定长度的授权，这样避免了带宽请求引入的开销和时延以满足实时业务的时延和抖动要求。SS 可以通过帧中继带比特的设置为同一 SS 下的其他非 UGS 业务流请求单播机会。如果需要改变某个授权周期内的授权数目，SS 必须启动动态业务改变（DSC）过程。

（2）实时轮询业务

实时轮询业务（Real - Time Polling Service，RTPS）用于支持可变速率实时业务，是为满足动态变化的业务需求而设计，例如 MPEG 视频业务。基站为 RTPS 提供周期性的单播查询请求机会，并禁止使用其他竞争请求机会和捎带请求。由于 SS 提出请求，协议的开销和时延会增加。

（3）非实时轮询业务

非实时轮询业务（Non - Real - Time Polling Service，NRTPS）支持非周期性变长分组的非实时数据流。例如，有保证最小速率要求的因特网接入。基站提供比 RTPS 更长的周期性或不定期的单播请求机会，可以使用竞争请求（多播或广播）机会，甚至被主动授权。NRTPS 可被设置成不同优先级。

（4）尽力而为业务

尽力而为业务（Best Effort，BE）支持非实时无任何速率和时延抖动要求的分组数据业务。如 E - mail 和短信等，不要求提供吞吐量和时延保证。BE 具有很低的优先级，这种服务类似于传统 IP 网络的尽力而为的业务，网络不提供优先级与速率的保证。BE 在系统满足其他用户较高优先级业务的条件下，尽力为用户提供传输带宽。

4. WiMax 的关键技术

WiMax 的核心网采用移动 IP 构架，具备与全 IP 网络无缝融合的能力。WiMax 系统的关键技术如下所述。

（1）OFDM/OFDMA 技术

OFDM（正交频分复用）是一种高速传输技术，是未来无线宽带接入系统/下一代蜂窝移动系统的关键技术之一，3GPP 已将 OFDM 技术作为其 LTE 研究的主要候选技术。在 WiMax 系统中，OFDM 技术为物理层技术，主要应用的方式有两种：OFDM 物理层和 OFDMA 物理层。无线城域网 OFDM 物理层采用 OFDM 调制方式，OFDM 正交载波集由单一用户产生，为单一用户并行传送数据流。支持 TDD 和 FDD 双工方式，上行链路采用 TDMA 多址方式，下行链路采用 TDM 复用方式，可以采用 STC 发射分集。

（2）HARO 技术

HARQ 即物理层前向纠错和链路层自动重传相结合的差错控制技术。这种技术提高了频谱效率，明显提高了系统吞吐量，同时因为重传可以带来合并增益，所以间接扩大了系统的覆盖范围。在 IEEE 802. 16e 的协议中虽然规定了信道编码方式有卷积码（CC）、卷积 Turbo 码（CTC）和低密度校验码（LDPC）编码，但是对于 HARQ 方式，根据目前的协议，IEEE 802. 16e 中只支持 CC 和 CTC 的 HARQ 方式。

HARQ 技术是在 ARQ（自动重复请求）系统中嵌入一个 FEC（前向信道纠错编码）子系统，发送端发送的码不仅能检错，还具有一定的纠错能力，这在一定程度上避免了 FEC 要求复杂的译码设备和 ARQ 信息连贯性差的缺点，并能达到较低的误码率。

（3）AMC 技术

AMC 指的是根据链路质量选择调制方式的技术。AMC 在 WiMax 的应用中有其特有的技术要求，由于 AMC 技术需要根据信道条件来判断将要采用的编码方案和调制方案，所以 AMC 技术必须根据 WiMax 的技术特征来实现。由于 WiMax 物理层采用的是 OFDM 技术，所以时延扩展、多普勒频移、PAPR 值、小区的干扰等对于 OFDM 解调性能有重要影响的信道因素必须被考虑到 AMC 算法中，用于调整系统编码调制方式，达到系统瞬时最优性能。

（4）切换技术

IEEE 802. 16e 标准规定了一种必选的切换模式，在协议中简称为 HO（handover），即硬切换。除此以外还提供了两种可选的切换模式：MDHO（宏分集切换）和 FBSS（快速 BS 切换）。移动台可以通过当前的服务 BS 广播的消息获得相邻小区的信息，或者通过请求分配扫描间隔或者是睡眠间隔来对邻近的基站进行扫描和测距的方式获得相邻小区信息，对其评估，寻找潜在的目标小区。

（5）睡眠模式

IEEE 802. 16e 协议为了适应移动通信系统的特点，增加了终端睡眠模式：休眠（Sleep）模式和空闲（Idle）模式。Sleep 模式的目的在于减少 MS 的能量消耗并降低对服务 BS 空中资源的使用。Sleep 模式是 MS 在预先协商的指定周期内暂时中止 Serving BS 服务的一种状态。从 Serving BS 的角度观察，这种状态下的 MS 处于不可用（Unavailability）状态。Idle 模式为 MS 提供了一种比 Sleep 模式更为省电的工作模式，在进入 Idle 模式后，MS 只是在离散的间隔，周期性地接收下行广播数据（包括寻呼消息和 MBS 业务），并且在穿越多个 BS 的移动过程中，不需要进行切换和网络重新进入的过程。

5. WiMax 的优缺点

802.16 工作的频段采用的是无需授权频段，范围在 2～66 GHz 之间，而 802.16a 则是一种采用 2～11 GHz 无需授权频段的宽带无线接入系统，其频道带宽可根据需求在 1.5～20 MHz 范围进行调整。WiMax 具有以下优点。

1）对于已知的干扰，窄的信道带宽有利于避开干扰，而且有利于节省频谱资源。

2）灵活的带宽调整能力，有利于运营商或用户协调频谱资源。

3）WiMax 所能实现的 50 km 的无线信号传输距离是无线局域网所不能比拟的。

不过 WiMax 网络在网络覆盖面积和网络的带宽上优势巨大，但是其移动性却有着先天的缺陷，无法满足高速（≥50 km/h）下的网络的无缝链接，严格地说并不能算作移动通信技术，而仅仅是无线局域网的技术。

6. WiMax 2

WiMax 2（Wireless MAN－Advanced）即 IEEE 802.16m 标准，事实上就是 WiMax 的升级版。802.16m 最高可以提供 1 Gbit/s 无线传输速率，还将兼容 4G 无线网络。802.16m 可在“漫游”模式或高效率/强信号模式下提供 1 Gbit/s 的下行速率。该标准还支持“高移动”模式，能够提供 1 Gbit/s 速率。其优势如下：

1）提高网络覆盖，改建链路预算。

2）提高频谱效率。

3）提高数据和 VOIP 容量。

4）低时延和 QoS 增强。

5）节省功耗。

目前的 Wireless MAN－Advanced 有 5 种网络数据规格，其中极低速率为 16 kbit/s，低速率数据及低速多媒体为 144 kbit/s，中速多媒体为 2 Mbit/s，高速多媒体为 30 Mbit/s，超高速多媒体则达到了 30 Mbit/s～1 Gbit/s。Wireless MAN－ Advanced 得到 ITU 的认可并成为 4G 标准。

7. WiMax 应用前景

与其他接入方式相比，WiMax 宽带无线接入具有部署速度更快、扩展能力更强以及灵活性更高的优点。其典型应用的场景有：

（1）Internet 接入。针对有综合布线的小区和大楼，在楼顶安装 WiMax 客户端的室外单元 ODU，并在建筑物或小区内安装用户侧室内单元和以太网交换机，利用现有综合布线接入用户，通过无线空中接口提供宽带上网服务。

WiMax 真正实现了宽带无线化，使互联网摆脱了线的束缚。与此同时，WiMax 又能根据用户需求提供高带宽，使终端用户真正体验到高科技所带来的极速体验。

（2）在线游戏。游戏玩家们会对 4G 服务的速度和移动性有强烈的热情，因为对于在线游戏玩家来说，更快的网络响应速度意味着生死（虚拟的）差异。Sprint HTC EVO 4G WiMax 手机内装了 WiFi 路由器，它可以支持 8 个额外的设备，使得此款手机可以用做便携式宽带集线器来聚集游戏玩家。

（3）应用增强现实技术导航。有了4G网络中更好的带宽，导航应用的提供商们已经开始探索“现实技术”这个想法了，用了这个技术设备就可以使用电话的实时摄像头提供实时的视频数据和它的位置或GPS信息。终端用户获益范围从适度到极强。举一个例子，想象一个可以有4G功能的头盔放映一幢大楼建筑图到消防员的面罩上，这能帮助他们在充满烟雾的大楼里面找到通路。增强现实导航技术将可能在车载系统中更加流行和得到广泛的应用。

（4）实时移动视频。现在很多手机都配有能摄像的高级摄像头，这样的话把视频应用引入移动网络就不足为奇了。在初期大家可能只是简单地用iPhone或者使用基于Google Android系统的设备上传自家宝宝的一段视频。但也有专业的应用提供者提供支持手机到互联网的在线视频流服务，可以把任何带着智能手机的人立刻变成现场新闻记者。

（5）基于云计算的应用。使用扩容的4G网络将使得云计算——用于在线存储的数据和应用比今天更加吸引人，对于大型企业里的专业人员来说他们需要接入网上交易繁忙的应用，如Salesforce.com的CRM平台和很多实时合作平台。云服务对于移动用户来说在可靠性、功能性和安全性方面都会有显著的改善。

（6）应急响应和远程医学。网络巨人Cisco和服务提供商AT&T已经在为卫生保健应用开发独特的工具和服务，使用4G网络的能力来迅速传输大文件（例如X光片），为医生远程监督和指导提供互动视频。4G部署的繁荣发展也会使得农村社区更加容易地建设远程医疗中心，医生可以通过视频会议为病患“看”病。

6.4.5 蓝牙技术

一直以来，人们渴望便捷地连接各类设备，实现自由的信息传输与分享。短距离无线通信技术的出现实现了人们的愿望。在众多短距离通信技术中，蓝牙是应用最为广泛的技术之一。蓝牙是一种支持设备短距离通信（一般是10m之内）的无线电技术，能在包括移动电话、个人数字助理（PDA）、无线耳机、笔记本电脑、相关外设等众多设备之间进行无线信息交换。利用“蓝牙”技术，能够有效地简化移动通信终端设备之间的通信，也能够成功地简化设备与因特网之间的通信，从而使数据传输变得更加迅速高效，为无线通信拓宽道路。

蓝牙技术起源于1994年，爱立信公司与IBM、诺基亚、英特尔和东芝等公司共同发起了一个旨在建立全球性的小范围无线通信技术的项目，开发一个用于将计算机与通信设备、附加部件和外部设备通过短距离、低功耗、低成本的无线信道连接的无线标准。这个项目被命名为蓝牙（Bluetooth）。

对于“蓝牙”名字的选用众说纷纭，已被普遍接受的说法是它与一位丹麦国王的名字相关。Harald Blatand是公元940～985年间的丹麦国王。据说在他统治期间统一了丹麦和挪威，并把基督教带入斯堪的纳维亚地区。因此人们就将Blatand称为Bluetooth，直译为“蓝牙”。由于这项技术是在斯堪的纳维亚地区产生，因此技术的创始人就用这个名字来命名，表达了他们要像当年的丹麦国王统一多国那样，统一多家公司的短距离无线通信技术和产品的初衷。

1998 年 5 月，爱立信、诺基亚、英特尔、东芝和 IBM 等公司成立了特别兴趣组（Special Interest Group，SIG），共同推动蓝牙 SIG 协会的成立。SIG 不是由任何一个公司单独控制，而是由其成员通过协定来管理。目前，SIG 共有 1800 多个成员，包括消费类电子产品制造商、芯片制造厂家与电信公司等。SIG 的主要任务是致力于开发蓝牙规范，但 SIG 并没有发展成一个标准化组织。1999 年 7 月，SIG 公布蓝牙规范 1.0 版，将蓝牙标准推进到实用阶段。2014 年 12 月 4 日，最新的蓝牙标准 4.2 版公布，改善了数据传输速率和隐私保护程度。

世界很多地区的电信业是受到严格限制的，电话系统必须遵守政府的规定，而电话标准又因国家而不同，很多无线通信设备也受到类似的限制。无线频段的使用通常需要申请执照，并且受到严格限制。由于蓝牙技术采用的频段不需要申请许可证，因此用户在任何地方都可以方便地使用具有蓝牙功能的无线设备。

蓝牙技术的标准是 IEEE 802.15，工作在 2.4 GHz 频带，共 79 个频道，相邻频道间隔 1 MHz；采用时分双工方案进行全双工通信。在信道上以分组的形式交换信息，每个分组在不同的跳频频率上传输，占用 1 ~ 5 个时隙。

1. 主要特点

蓝牙技术提供低成本、近距离的无线通信，构成固定与移动设备通信环境中的个人网络，使得近距离内各种设备能够实现无缝资源共享。显然，这种通信技术与传统的通信模式有明显的区别。它的初衷是希望以相同成本和安全性实现一般电缆的功能，从而使移动用户摆脱电缆束缚。这就决定了蓝牙技术具备以下技术特性。

（1）能传送语音和数据

蓝牙技术定义了电路交换与分组交换的数据传输类型，能够同时支持语音与数据信息的传输。目前电话网络的语音通话属于电路交换类型，发话者与受话者之间建立起一条专门的连线。网络上的数据传输则属于分组交换类型。分组交换是将数据切割成具有地址标记的分组数据包后通过多条共享通道发送出去。这两种传输类型都不能同时传输语音和数据信息。

蓝牙技术支持电路交换和分组交换，即能同时传输语音和数据信息。蓝牙定义了两种链路类型：SCO（Synchronous Connection Oriented，面向连接的同步链路）和 ACL（Asynchronous Connection－Less，面向无连接的异步链路）。每种链路支持 16 种不同的分组类型。SCO 数据包既可以支持数据传送，也可以支持语音传送。语音编码方式采用 PCM 或 CVSD（连续可变斜率增量调制），由用户选择。ACL 支持对称和非对称两种帧格式，ACL 和 SCO 可以同时工作，这意味着语音和数据可以同时被传送。

（2）使用全球通用的频段

要使通信产品快速地普及，必须使通信频率位于全球各个国家开放的频段上。蓝牙技术工作在全球通用的 2.4 GHz 频段，即 ISM 频段。ISM 频段是指用于工业、科学和医学的全球公用频段，它包括 902 ~ 928 MHz 和 2.4 ~ 2.484 GHz 两个频率段范围，可以免费使用而不用申请。蓝牙技术采用 PLUG&PLAY 功能，可以解释成“即插即用”，即任何具有蓝牙功能的设备一旦搜寻到另一个具有蓝牙功能的设备可以立即建立连接，而用户无须进行任何设置。

ISM 频段是对所有无线电系统都开放的频段，为了避免与此频段上的其他系统或设备（如无绳电话、微波炉等）互相干扰，蓝牙系统还特别设计了快速确认和跳频的方案，以确保链路的稳定性。跳频技术是把频带分成若干个跳频信道，在一次连接中，无线电收发器按一定的伪随机编码序列快速地从一个信道跳到另一个信道，只有收发双方按这个规律通信，而其他的干扰源不会按同样的规律变频。跳频的瞬时带宽很窄，但通过扩展频谱技术可使这个窄频带扩展成宽频带，使可能产生干扰的影响降低。与其他工作在相同频段的系统相比，蓝牙跳频更快，数据包更短，因此，蓝牙系统比其他系统更稳定。

（3）低成本、低功耗和低辐射

轻、薄、小是蓝牙技术的基本目标之一。结合蓝牙技术与芯片制造技术把蓝牙系统组合在单芯片内，与许多电子元件组成蓝牙模块后，以 USB 或 RS－232 接口与现有的设备互相连接，或是内嵌在各种信息设备内，达到低成本、低功耗和低辐射的目标。目前超小尺寸的蓝牙模块只有 $6\times9\ mm^2$ 大小。

蓝牙设备在通信连接（Connection）状态下，有 4 种工作模式：激活（Active）模式、呼吸（Sniff）模式、保持（Hold）模式和休眠（Park）模式。Active 模式是正常的工作状态，正常工作时的发射功率为 1 mW，发射距离一般为 10 m；另外 3 种模式是为了节能所规定的低功耗模式。蓝牙芯片的发射功率能够根据使用模式自动调节，这些状态既能处于低功率状态，也能处于连接状态。当传输信息量减少或无数据传输时，蓝牙设备将减少处于激活状态的时间；而进入低功率工作模式，这种模式比正常工作模式节省约 70% 的发射功率。也正是由于蓝牙设备的发射功率很小，通信过程中产生的无线辐射完全符合工业标准，不会危害使用蓝牙设备的用户或进入蓝牙有效通信范围内的人们。目前蓝牙的最大发射距离通常可以达到 100 m，基本可以满足常见的短距离无线通信的需要。

（4）安全性

蓝牙系统的安全问题一直是深受关注的，因为蓝牙的移动性与开放性使得安全问题极为重要。同其他无线信号一样，蓝牙信号很容易被截取。因此，蓝牙协议提供了认证和加密，以实现链路级安全。蓝牙系统认证与加密服务由物理层提供，采用流密码加密技术，适于硬件实现，密钥由高层软件管理。如果用户有更高级别的保密要求，可以使用更高级、更有效的传输层和应用层安全机制。

安全措施不仅在确保消息和文件以无线方式进行传递时的隐私方面很重要，而且在确保电子商务合同的诚实性方面也很重要。相应地，蓝牙标准也提供了灵活的安全体系结构，既能够确保访问可信任的设备和业务，而又不对其他不可信设备和服务提供访问权限。除此之外，跳频技术保密性和蓝牙有限的传输范围也使窃听变得困难。

（5）多用性

蓝牙技术可以应用在多种电子设备上，如移动电话、无绳电话、笔记本电脑、掌上计算机、传真机、数码照相机、调制解调器、打印机、投影仪、局域网、免提式耳机和游戏操纵杆等；此外，开门及报警装置、家庭电子记事本或备忘录、遥控电灯、冰箱、微波炉和洗衣机等各种家用电器同样能够安装蓝牙模块而实现组网通信。

（6）网络特性

蓝牙技术是一种点对多点的通信协议，蓝牙设备间的数据传输不仅能够点对点，也支持点对多点的方式。蓝牙组网时最多可以有 256 个蓝牙单元设备连接形成微微网，其中 1 个主节点和 7 个从节点处于工作状态，其他处于空闲模式。多个微微网可以组成发散网。换句话说，一个蓝牙设备最多可以同时连接另外 7 个蓝牙设备，周围最多可有 255 个待机（Standby）状态的蓝牙设备。利用蓝牙技术可将个人身边的设备都连接起来，形成一个个人区域网。

2. 蓝牙网络拓扑结构

蓝牙系统采用一种灵活的无基站的组网方式，使得一个蓝牙设备可同时与 7 个其他的蓝牙设备相连接。基于蓝牙技术的无线接入简称为 BLUEPAC（Bluetooth Public Access），蓝牙系统的网络拓扑结构有两种形式：微微网（Pico net）和分布式网络（Scatter net）。

微微网是通过蓝牙技术以特定方式连接起来的一种微型网络，一个微微网可以只是两台相连的设备，比如一台便携式计算机和一部移动电话，也可以是 8 台连在一起的设备。在一个微微网中，所有设备的级别是相同的，具有相同的权限。

当几个蓝牙设备在通信范围内的时候。如果有一个设备主动发起连接，其他设备响应，它们之间就会形成一个自组织网络，称为一个微微网（Pico net），如图 6-14 所示。其中主动发出连接的设备称为主设备（Master），接受连接的设备称为从设备（Slave）。一个微微网中只能有一个主设备和最多 7 个激活的从设备。最简单的微微网是一主和一从设备的点对点通信。主设备单元负责提供时钟同步信号和跳频序列，从设备单元一般是受控同步的设备单元，接受主设备单元的控制。

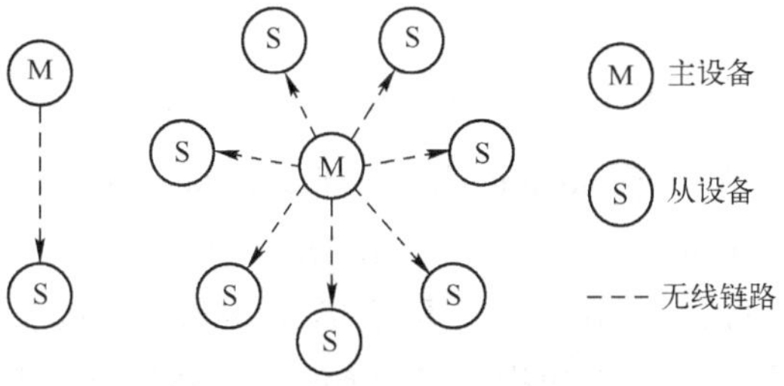

图 6-14　蓝牙微微网结构图

在每个微微网中，用一组伪随机跳频序列来确定 79 个跳频信道，这个跳频序列对于每个微微网来说是唯一的，由主节点的地址和时钟决定。跳频技术避免了工作在同一频段上的多个设备之间的干扰。而且蓝牙还使用时分复用（TDD）机制，信道按照大小相等的 625 ms 时隙进行划分，通常跳频速率为 1600 跳/s。

在这种网络模式下，最简单的应用就是蓝牙手机与蓝牙耳机，在手机与耳机间组建一个简单的微微网，手机作为主设备，而耳机充当从设备。同时在两个蓝牙手机间也可以直接应用蓝牙功能，进行无线数据传输。办公室的 PC 可以是一个主设备单元，无线键盘、无线鼠标和无线打印机可以充当从设备单元的角色。

分布式网络（Scatter net）是由多个微微网相连接形成比微微网覆盖范围更大的蓝牙网络，如图 6-15 所示。其中两个微微网卡相连接的设备称为桥节点或路由节点（Bridge Node），桥节点可以是主设备（MS 桥节点），也可以是从设备（SS 桥节点），但通常都是从设备。桥节点采用时分复用（Time - division Multiplexing）技术加入不同的微微网，从而建立网间通信路径。

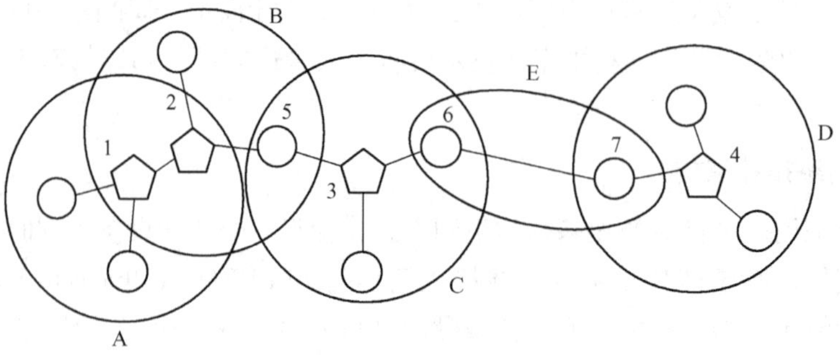

图 6-15　蓝牙分布式网络结构图

图 6-15 中共有 A、B、C、D 和 E 五个微微网，其主节点分别为：1 号、2 号、3 号、7 号和 4 号。5 号节点同时是 B、C 两个微微网的从节点，同时担任 B 和 C 的桥节点即从/从桥（S/S）。7 号节点既是微微网 E 的主节点又是微微网 D 的从节点，同时担任 D 和 E 的桥节点，即主/从桥（M/S）。对于给定的一组蓝牙设备，需要一种有效的拓扑构成协议组成微微网，通过桥节点连接其他的微微网以形成分布式网。

蓝牙分布式网络最大的特点是可以无基站支持，每个移动终端的地位是平等的，并可独立进行分组转发的决策，其建网灵活性、多跳性、拓扑结构动态变化和分布式控制等特点是构建蓝牙分布式网络的基础。

3. 蓝牙协议规范

SIG 所颁布的蓝牙规范（Specification of the Bluetooth System）就是蓝牙无线通信协议标准，它规定了蓝牙应用产品应遵循的标准和需要达到的要求。

蓝牙规范包括核心协议（Core）与应用框架（Profiles）两个文件。协议规范部分定义了蓝牙的各层通信协议，应用框架指出了如何采用这些协议实现具体的应用产品。蓝牙协议规范遵循 OSI/RM，从低到高地定义了蓝牙协议堆栈的各个层次。

按照蓝牙协议的逻辑功能，协议堆栈由下至上分为 3 部分：传输协议、中介协议和应用协议。

传输协议负责蓝牙设备间相互确认对方的位置，以及建立和管理蓝牙设备间的物理和逻辑链路。这一部分又进一步分为低层传输协议和高层传输协议。

低层传输协议侧重于语音与数据无线传输的物理实现及蓝牙设备的物理和逻辑链路。低层传输协议包括蓝牙的射频（Radio）部分、基带与链路管理协议（Baseband & Link Manager Protocol，LMP）。

高层传输协议包括逻辑链路控制的物理实现及蓝牙设备间的连接与组网。高层传输协议包括逻辑链路控制与适配协议（Logical Link Control and Adaptation Protocol，L2CAP）和主机控制器接口（Host Controller Interface，HCI）。这部分为高层应用程序屏蔽了诸如跳频序列选择等低层传输操作，并为高层应用传输提供了更加有效和更有利于实现的数据分组格式。

中介协议为高层应用协议或程序在蓝牙逻辑链路上工作提供了必要的支持，为应用层提供了各种不同的标准接口。这部分协议包括以下几部分。

（1）串口仿真协议（RFCOMM）。该协议基于欧洲电信标准化协会（European Telecommunication Standardization Institute，ETSI）的 TS07.10 标准制定，用于模拟串行接口环境，使得基于串口的传统应用仅进行少量的修改或者不做任何修改即可以直接在该层上运行。

（2）服务发现协议（Service Discovery Protocol，SDP）。该协议为实现蓝牙设备之间相互查询及访问对方提供服务。

（3）互操作协议（Infrared Data Association，IrDA）。蓝牙规范采用了 IrDA 的对象交换协议（OBEX），使得传统的基于红外技术的对象，如电子名片（vCard）和电子日历（vCal）等交换应用同样可以运行在蓝牙无线接口之上。

（4）网络访问协议。该部分协议包括点对点协议（Point to Point Protocol，PPP）、网际协议（Internet Protocol，IP）、传输控制协议（Transfer Control Protocol，TCP）和用户数据报协议（User Datagram Protocol，UDP）等，用于实现蓝牙设备的拨号上网，或通过网络接入点访问 Internet 和本地局域网。

（5）电话控制协议。该协议包括 TCS、AT 指令集和音频。电话控制协议性能（Telephone Control Protocol Specification，TCS）是基于国际电信联盟电信标准化部门（International Telecommunication Union - Telecommunication，ITU - T）的 Q.931 标准制定的，用于支持电话功能；蓝牙直接在基带上处理音频信号（主要指数字语音信号），采用 SCO 链路传输语音，可以实现头戴式耳机和无绳电话等的应用。

应用协议是指那些位于蓝牙协议堆栈之上的应用软件和其中所涉及的协议，包括开发驱动各种诸如拨号上网和通信等功能的蓝牙应用程序。蓝牙规范提供了传输层及中介层定义和应用框架，在传输层及中介层之上，不同的蓝牙设备必须采用统一符合蓝牙规范的形式；而在应用层上，完全由开发人员自主实现。事实上，许多传统的应用都可以几乎不用修改就在蓝牙协议堆栈之上运行，如基于串口和 OBEX 协议的应用。通常蓝牙技术应用程序接口（Application Programming Interface，API）函数的开发由开发工具的设计人员来完成，这样有利于蓝牙技术与各类应用的紧密结合。

蓝牙规范的应用模式有很多，其中 4 种应用模式是所有用户模式和应用的基础，也为以后可能出现的用户模式和应用提供了基础。

（1）通用访问应用（GAP）模式。定义了两个蓝牙单元如何相互发现和建立连接，它是用来处理连接设备之间的相互发现和建立连接的。它保证两个蓝牙设备，不管是哪一家厂商的产品，都能够发现设备支持何种应用，并能够交换信息。

（2）服务发现应用（SDAP）模式。定义了发现注册在其他蓝牙设备中的服务的过程，并且可以获得与这些服务相关的信息。

（3）串口应用（SPP）模式。定义了在两个蓝牙设备间基于 RFCOMM 建立虚拟的串口连接的过程和要求。

（4）通用对象交换应用（GOEP）模式。定义了处理对象交换的协议和步骤，文件传输应用和同步应用都是基于这一应用的，笔记本电脑、PDA、移动电话是这一应用模式的典型应用。

4. 系统组成

蓝牙系统一般由以下 4 个功能单元组成。

（1）天线单元。蓝牙要求其天线部分体积小、重量轻，因此蓝牙天线属于微带天线。

（2）链路控制（固件）单元。主要包括连接控制器、基带处理器、射频发送/接收器和单独调谐元件等。基带处理器采用前向纠错（FEC）方案。

（3）链路管理（软件）单元。主要包括链路数据设置、鉴权和链路硬件配置等。

（4）蓝牙软件（协议）单元。是一个独立的操作系统。

5. 蓝牙技术应用

（1）居家办公应用

通过使用蓝牙技术产品，人们可以免除居家办公电缆缠绕的苦恼。鼠标、键盘、打印机、膝上型计算机、耳机和扬声器等均可以在 PC 环境中无线使用，这不但增加了办公区域的美感，还为室内装饰提供了更多创意和自由（设想，将打印机放在壁橱里）。此外，通过在移动设备和家用 PC 之间同步联系人和日历信息，用户可以随时随地存取最新的信息。

蓝牙设备不仅可以使居家办公更加轻松，还能使家庭娱乐更加便利，用户可以在 10 m 以内无线控制存储在 PC 或 Apple iPod 上的音频文件。Bluetooth 技术还可以用在适配器中，允许人们从相机、手机、膝上型计算机向电视发送照片以与朋友共享。

蓝牙技术的用途不仅限于解决办公室环境的杂乱情况，还可以通过启用蓝牙设备创建自己的即时网络，让用户能够共享演示稿或其他文件，不受兼容性或电子邮件访问的限制。蓝牙设备能方便地召开小组会议，通过无线网络与他人进行对话，并将个人的构思传送到计算机。

不管是在一个未联网的房间里工作或是试图召开热情互动的会议，蓝牙无线技术都可以帮助用户轻松开展会议、提高效率并增进创造性协作。市场上有许多产品都支持通过蓝牙连接从一个设备向另一个设备无线传输文件，还可以支持以无线方式将会议记录保存在计算机上。

您需要快速、有效且安全的销售方式吗？有越来越多的移动销售设备支持蓝牙功能，销售人员也得以使用手机进行连接并通过 GPRS、EDGE 或 UMTS 移动网络传输信息。您可以使用蓝牙技术将移动打印机连接至膝上型计算机，现场为客户打印收据。不管是在办公室、在餐桌上，或是在途中，您都可以减少文书处理，缩短等待时间，为客户实现无缝事务处理。

提高物流效率。通过使用蓝牙技术连接，货运巨擘 UPS 和 FedEx 已成功减少了需要置换的线缆的使用，并显著提高了工人的效率。

（2）销售应用

越来越多的移动销售设备支持 Bluetooth 功能，销售人员可以使用手机进行连接并通过 GPRS 等移动网络传输信息；可以使用 Bluetooth 技术将移动打印机连接至膝上型计算机，现场为客户打印收据。例如，通过使用 Bluetooth 技术连接，货运巨擘 UPS 快递（United Parcel Service）和 FedEx（联邦快递）已成功减少了需要置换的线缆使用，并显著提高了物流效率。

（3）驾车应用

目前，汽车上应用较多的是蓝牙免提电话系统。开车接听或者拨打电话的情况在街头并不少见，这种行为不但违反交通法规，还存在安全隐患。蓝牙免提电话系统系统可以让驾驶员不用触碰电话就能接听来电或拨号，腾出双手专心驾驶，从而提高了驾车的安全性。当有电话进来时，驾驶员可以通过汽车的立体声音响扬声器听到来电者的声音。通话时则可用预装的汽车话筒，并用语音指令来接听或拒绝来电。一个小型的控制盘可放在汽车的仪表板上用来启动电话、控制音量以及接听或拒绝来电。

本章小结

1. 移动通信是指通信双方有一方或两方处于运动中的通信，可以是移动体之间的通信，也可以是移动体和固定体之间的通信。移动通信几乎集中了有线和无线通信的最新技术成就，不仅可以传送语音信息，而且还能够传送数据信号和图像信号，使用户可随时随地、快速、可靠地进行多种信息交换。

2. 无线广域网是指全国范围或全球范围内所构成的无线网络，其信息传输速率不高。无线城域网（WMAN）是指在地域上覆盖城市及其郊区范围的分布节点之间传输信息的本地分配无线网络。无线局域网（WLAX）是指在局部区域内以无线形式进行通信的无线网络。无线个域网（WPAN）是指能够在便携式终端和通信设备之间进行短距离连接的无线网络。

3. 直放站系统用于将所接收到的信号进行同频直接放大再发射出去。为了满足大型建筑物内通信的要求，在建筑物外设置针对通信用频段和方向的收发天线，将无线电信号引入室内进行放大后再发射，使建筑物内的移动通信终端可以正常工作。

4. 宽带无线接入技术是指从公共电话网的交换节点到用户终端全部或部分采用无线手段的接入技术。宽带无线接入的特点有覆盖范围灵活、提供服务快、初期投入小；工作频带宽，可提供宽带接入；频谱利用率高、通信容量大；MAC 层提供调度机制灵活；安全性高。

5. WiFi 是 IEEE 定义的一个无线网络通信的工业标准。该技术使用的是 2.4 GHz 附近的频段，该频段目前尚属没有许可的无线频段。其主要特性为：速度快，可靠性高，在开放性区域，通信距离可达 305 m；在封闭性区域，通信距离为 76 ~ 122 m，方便与现有的有线以太网络整合，组网的成本更低。

6. WiMax 即微波接入全球互操作性（也可称为 802.16 无线城域网），是一种宽带无线接入技术，能提供面向互联网的高速连接，数据传输距离最远可达 50 km。WiMax 还具有 QoS 保障、传输速率高、业务丰富多样等优点。

7. 蓝牙是一种支持设备短距离通信的无线电技术，利用蓝牙技术，能够有效地简化移动通信终端设备之间的通信，也能够成功地简化设备与因特网之间的通信，从而使数据传输变得更加迅速高效，为无线通信拓宽道路。

习题

6-1　什么叫移动通信？

6-2　移动通信的几种工作方式是什么？它们各自有什么特点？

6-3　目前常用的移动通信系统包括哪几种类型？

6-4　简述移动通信的发展趋势。

6-5　简述宽带无线接入的基本概念。

6-6　无线接入新技术有哪些？各自的特点是什么？

第7章　物　联　网

7.1　物联网概述

作为新兴事物的物联网其实并不年轻，在近十年的发展历程中，不同的国家、不同的机构组织，在不同时期，都在关注着物联网。物联网（Internet of Things，IoT）被看作是信息领域的一次重大发展与变革，其广泛应用将在未来5～15年中为解决现代社会问题做出极大贡献。2009年以来，美国、欧盟、日本等纷纷出台物联网发展计划，进行相关技术和产业的前瞻布局，我国“十二五”规划中也将物联网作为战略性新兴产业予以重点关注和推进。但整体而言，无论国内还是国外，物联网的研究和开发都还处于起步阶段。

1999年，美国Auto—ID实验室首先提出“物联网”这个概念。

2009年1月，IBM公司提出“智慧地球”构想，物联网为其中不可或缺的一部分，美国总统奥巴马对此进行积极回应，并将其提升为国家的发展战略，从而引起全球广泛关注。接着欧盟、日本、韩国等纷纷出台促进物联网技术和产业发展的计划，针对物联网的国家战略及应用发展极其迅速，致使物联网已经开始在军事、工业、农业、环境监测、建筑、医疗、空间和海洋探索等领域投入应用。

2009年8月，时任国务院总理温家宝在视察无锡物联网产业时发表重要讲话，提出了“感知中国”的理念，标志着政府对物联网产业的关注和支持力度已提升到国家战略层面，开启了中国物联网发展的新纪元。

从“智慧地球”构想到“感知中国”理念的提出，伴随着全球一体化、工业自动化和信息产业化进程的不断深入，物联网技术受到了人们的广泛关注，使得物联网掀起了新一代IT技术革命，成为继计算机、互联网之后的世界信息产业的第三次浪潮。物联网的出现体现了虚拟世界和现实世界的融合趋势，寄托着人们利用信息技术进一步改造现实世界的愿望。

7.1.1　物联网的概念

经过十几年的发展，物联网的概念在不断地发展与扩充。最早的物联网概念主要建立在物品编码、射频识别（Radio Frequency Identification，RFID）技术和互联网的基础上，随着研究领域的扩大和信息产业技术的不断发展，物联网的概念已经突破了传统的狭窄的定义，覆盖了包括传感网、互联网在内的传统领域。物联网所蕴含的内容不断地丰富，人们对物联网的认识和研究也在不断加深，但是关于物联网究竟是什么，到目前为止学界都还没有一个精确且公认的定义，而且随着技术发展不断地涌现出新的解释。

7.1.2 物联网的定义

1. 物联网的内涵

顾名思义，物联网就是“物物相连的互联网”。

第一，物联网的核心和基础仍然是互联网，是在互联网基础上的延伸和扩展的网络。

第二，其用户端延伸和扩展到了任何物体与物体之间，进行信息交换和通信。如图7-1所示，物联网是指通过各种信息传感设备，如传感器、射频识别（RFID）技术、全球定位系统、红外感应器、激光扫描器、气体感应器等各种装置与技术，实时采集任何需要监控、连接、互动的物体或过程，采集其声、光、热、电、力学、化学、生物、位置等各种需要的信息，与互联网结合形成的一个巨大网络。其目的是实现物与物、物与人、所有物品与网络的连接，方便识别、管理和控制。

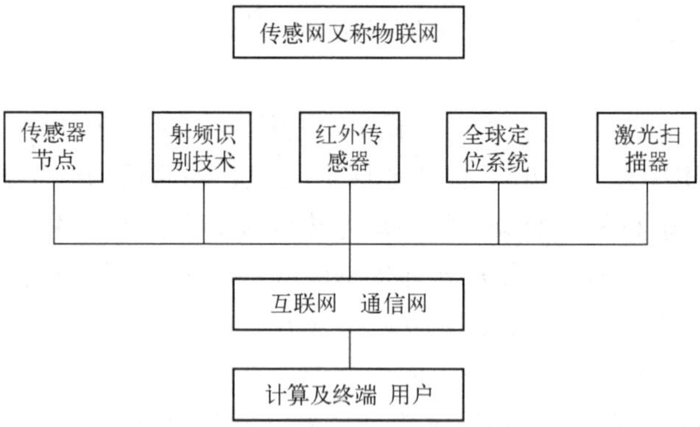

图7-1 物联网定义

“物联网”中的“物”要满足以下条件才能够被纳入物联网的范围：

1）相应信息的接收器。

2）有数据传输通路。

3）有一定的存储功能。

4）有CPU。

5）有操作系统。

6）有专门的应用程序。

7）有数据发送器。

8）遵循物联网的通信协议。

9）在世界网络中有可被识别的唯一编号。

2. 物联网的特征

和传统的互联网相比，物联网有其鲜明的特征。

（1）物联网是各种感知技术的广泛应用。物联网上部署了海量的多种类型的传感器，每个传感器都是一个信息源，不同类别的传感器所捕获的信息内容和信息格式不同。传感器获得的数据具有实时性，它按一定的频率周期性地采集环境信息，不断更新数据。

（2）物联网是一种建立在互联网上的泛在网络。物联网技术的重要基础和核心仍旧是互联网，即通过各种有线和无线网络与互联网融合，将物体的信息实时、准确地传递出去。在物联网上的传感器定时采集的信息需要通过网络传输，为了保障数据的准确性和及时性，物联网必须适应各种异构网络和协议。

（3）物联网不仅提供了传感器的连接，其本身也具有智能处理的能力，能够对物体实施智能控制。物联网将传感器和智能处理相结合，利用云计算、模式识别等各种智能技术，扩充其应用领域。从传感器获得的海量信息中分析、加工和处理出有意义的数据，可适应不同用户的不同需求。

3. 我国对物联网的定义

我国将物联网定义为：物联网指的是将无处不在（Ubiquitous）的末端设备（Devices）和设施（Facilities），包括具备“内在智能”的传感器、移动终端、工业系统、楼控系统、家庭智能设施、视频监控系统等和“外在使能”（Enabled）的，如贴上 RFID 的各种资产（Assets）、携带无线终端的个人与车辆等“智能化物件或动物”或“智能尘埃”（Mote），通过各种无线或有线的长距离或短距离通信网络实现互联互通（M2M），应用大集成（Grand Integration）以及基于云计算的 SaaS 营运等模式，在内网（Intranet）、专网（Extranet）或互联网（Internet）环境下采用适当的信息安全保障机制，提供安全可控乃至个性化的实时在线监测、定位追溯、报警联动、调度指挥、预案管理、远程控制、安全防范、远程维护、在线升级、统计报表、决策支持、领导桌面（集中展示的 Cockpit Dashboard）等管理和服务功能，实现对“万物”的“高效、节能、安全、环保”的“管、控、营”一体化。

4. 欧盟对物联网的定义

2009 年 9 月，在北京举办的“物联网与企业环境中欧研讨会”上，欧盟委员会信息和社会媒体司 RFID 部门负责人 Lorent Ferderix 博士给出了欧盟对物联网的定义：物联网是一个动态的全球网络基础设施，它具有基于标准和互操作通信协议的自组织能力，其中物理的和虚拟的“物”具有身份标识、物理属性、虚拟的特性和智能的接口，并与信息网络无缝整合。物联网将与媒体互联网、服务互联网和企业互联网一起，构成未来互联网。

7.1.3 物联网发展趋势

中国成立物联网标准联合工作组，为整合国内物联网相关标准化资源，联合产业各方共同开展物联网技术的研究，积极推进物联网标准化工作，加快制定符合我国发展需求的物联网技术标准，为政府部门的物联网产业发展决策提供全面的技术和标准化服务支撑。

国内外多所大学在无线传感器网络方面开展了大量工作。从事极低功耗的无线传感器网络、关于自组织传感器网络、移动自组织网络协议、传感器网络系统的应用层设计、基于IP的移动网络和自组织网络方面结合无线传感器网络技术等方面进行研究。

除了高校和科研院所之外，全球各大知名企业也都先后参与无线传感器网络的研究。中国联通与无锡市政府在南京签署了“物联网融合与应用发展战略合作框架协议”，双方将在物联网的技术研发、应用研究以及相关信息服务方面开展全面合作。根据协议，将在中国联通有线、无线宽带网及3G网络与“物联网”的融合开展全方位合作，包括：共同推动传感网络技术标准研究、传感器技术研究与产业化推动，以及传感网络与现有公众运营网络结合的标准及应用研究与开发。推进传感网络应用与服务平台规划以及传感网络的行业应用研究、开发与推广。物联网需要自动控制、信息传感、射频识别、无线通信及计算机技术等，物联网的研究将带动整个产业链共同发展。可以预见，在“物联网”普及以后，用于动物、植物和机器、物品的传感器与电子标签及配套的接口装置的数量将大大超过手机的数量。按照目前对物联网的需求，在近年内就需要按亿计的传感器和电子标签，这将大大推进信息技术元件的生产，同时增加大量的就业机会。

要真正建立一个有效的物联网，有两个重要因素。一是规模性，只有具备了规模，才能使物品的智能发挥作用；二是流动性，物品通常都不是静止的，而是处于运动的状态，必须保持物品在运动状态，甚至高速运动状态下都能随时实现对话。我国的无线通信网络已经覆盖了城乡，从繁华的城市到偏僻的农村，从海南岛到珠穆朗玛峰，到处都有无线网络的覆盖。无线网络是实现物联网必不可少的基础设施，安置在动物、植物、机器和物品上的电子介质产生的数字信号可随时随地通过无处不在的无线网络传送出去。云计算技术的运用，使数以亿计的各类物品的实时动态管理变得可能，使整个网络真正成了一台计算机。物联网就其本身来说，代表了下一代信息发展技术，随着各方面的共同努力，物联网技术会对中国整个经济起到积极推动作用。

7.2 物联网的基本技术

物联网指的是将各种信息传感设备，如射频识别装置、红外感应器、全球定位系统、激光扫描器等种种装置与互联网结合起来而形成的一个巨大网络。其中非常重要的技术是射频识别电子标签技术。以简单的射频识别系统为基础，结合已有的网络技术、数据库技术、中间件技术等，构成一个由大量联网的阅读器和无数移动的标签组成的、比 Intemet 更为庞大的物联网成为射频识别技术发展的趋势。

物联网的基础技术要素包括互联网、射频识别、读写器、物联网中间件、物联网名称解析系统、物联网信息服务系统等。

7.2.1 物联网的体系结构

物联网是基于无线传感网、2/3/4G、互联网、传统电信网、广播电视网等信息承载体，容所有能够被独立寻址的普通物体实现互联互通，其具有三大鲜明的特性。

（1）透彻的感知和度量

通过物联网连接的数据采集端所涉及的范围非常广泛。物联网上部署了海量的多种类型传感器，每个传感器都是一个信息源，不同类别的传感器所捕获的信息内容和信息格式不同。传感器获得的数据具有实时性，按一定的频率周期性地采集环境信息，不断更新数据。

（2）泛在的介入与互联

物联网技术的重要基础和核心仍旧是互联网，通过各种有线和无线网络与互联网融合，实现随时即时采集外部环境信息、物体动态信息，并将其转化为适合网络传输的数据格式，通过网络传输到数据中心。这些信息数量极其庞大，形成了海量信息，在传输的过程中，为了保障数据的正确性和及时性，必须适应各种异构网络和协议。

（3）深入的智能分析与同控

物联网将传感器和智能处理相结合，利用云计算、模式识别等各种智能技术，扩充其应用领域。从传感器获得的海量信息中分析、加工和处理出有意义的数据，以适应不同用户的不同需求，发现新的应用领域和应用模式，真正达到了人与人的对话、人与物的对话以及物与物的对话。

对于物联网的体系结构，没有统一规定，按不同的原则可分为 3 层、4 层、6 层、8 层及其他不等，最多的将物联网分为了 28 层。尽管分层数量不同，但总体框架是一致的。按最简洁的方式，物联网可分为 3 层：感知层、网络层和应用层，如图 7-2 所示。

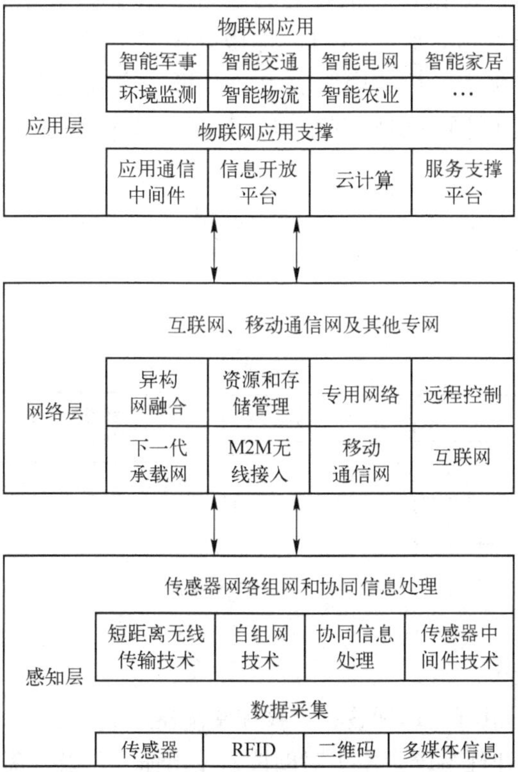

图 7-2　物联网体系结构

7.2.2 射频识别技术

无线射频识别（Radio Frequency Identification，RFID）也称为射频识别，它是一种新兴的自动识别技术。RFID 是利用电磁波的反射能量进行通信的一种技术。RFID 可以归入短距离无线通信技术，与其他短距离无线通信技术如 WLAN、蓝牙、红外、ZigBee 及 UWB 相比最大的区别在于 RFID 的被动工作模式，即利用反射能量进行通信。

RFID 技术采用大规模集成电路计算、电子识别、计算机通信等技术，通过读写器和安装于载体上的 RFID 标签，能够实现对载体的非接触识别和数据信息交换。再加上其具有方便快捷、识别速度高、数据容量大、使用寿命长、标签数据可动态更改等特点，较条码而言具有更好的安全性和动态实时通信能力，最近几年得到迅猛的发展。沃尔玛、IBM、惠普、微软、美国国防部、中国国家标准委员会，均开展了基于 RFID 技术的研究。RFID 系统逐渐应用于物流、航空、邮政、交通、金融、军事、医疗保险和资产管理等领域。

1. RFID 系统的工作原理

RFID 系统由 RFID 标签、阅读器、天线、数据传输及处理系统组成。最常见的是被动射频系统，当附有 RFID 电子标签的物体接近阅读器时，阅读器将发射微波查询信号，而电子标签接收到读写器的查询信号后，会将此信号与标签中的数据信息合为一体反射回读写器，反射回的微波合成信息，已带有电子标签上的数据信息，读写器接收到标签返回的微波信号后，经读写器内部微处理器处理后可将标签内存储的信息读取出来。在主动射频系统中，标签中装有电池并可在有效范围内被识别。RFID 系统能识别高速运动物体，还可同时识别多个电子标签，操作快捷方便。RFID 工作原理如图 7-3 所示。

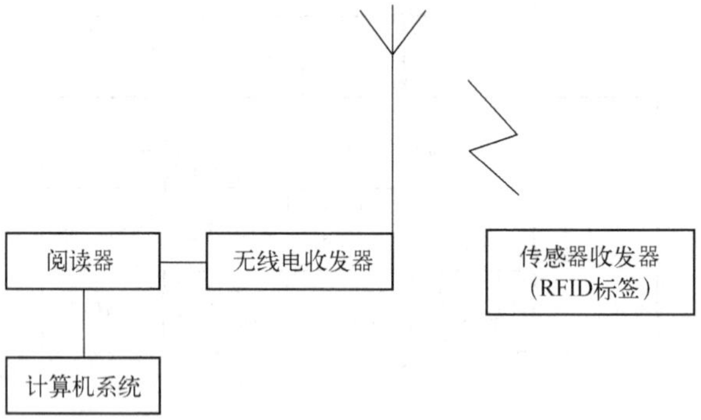

图 7-3　RFID 工作原理

2. RFID 的系统组成

最基本的 RFID 系统由 RFID 标签、天线和阅读器组成，如图 7-4 所示。大部分 RFID 系统还要有数据传输和处理系统，用于对阅读器发出命令以及对阅读器读取的信息进行处理，以实现对整个系统的控制管理。

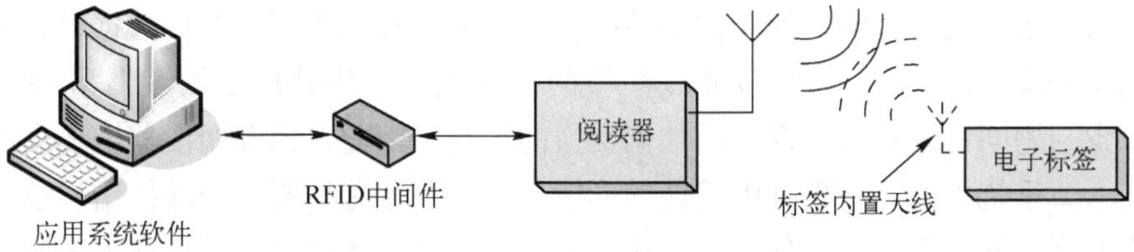

图 7-4　RFID 的系统组成

（1）RFID 标签

RFID 标签俗称电子标签，也称应答器。电子标签中存储有能够识别目标的信息，由耦合元件及芯片组成，有的标签内置有天线，用于和射频天线间进行通信。标签中的存储区域可以分为两个区，一个是 ID 区，每个标签都有一个全球唯一的 ID 号码，即 UID。UID 是在制作芯片时放在 ROM 中的，无法修改。这个 ID 通常为 64 bit、96 bit 甚至更高，其地址空间大大高于条码所能提供的空间，因此可以实现单品级的物品编码。另一个是用户数据区，是供用户存放数据的，可以进行读写、修改、增加的操作。

RFID 标签的组成部分包括：天线、编/解码器、电源、解码器、存储器、控制器以及负载电路。

RFID 的基本工作原理是：从阅读器传来的控制信息经过天线单元和编/解码单元进行解调和解码传输到控制器，由控制器来完成控制指令所规定的操作。从阅读器传来的数据信息同样要经过解调和解码后，由控制器完成对数据信息的写入操作。相反，如果从 RFID 标签传送信息到阅读器，状态数据在 CPU 的控制下从存储器中取出经过编码器和负载调制单元发送到阅读器。

（2）天线

天线是一种以电磁波形式把前端射频信号功率接收或辐射出去的装置，是电路与空间的界面器件，用来实现导行波与自由空间波能的转化。在 RFID 系统中，天线分为电子标签天线和阅读器天线两大类，分别具备接收能力和发射能力。

目前的 RFID 系统主要集中在 LF、HF（13.56 MHz）、UHF（860～960 MHz）和微波频段。不同工作频段的 RFID 系统天线的原理和设计有着根本上的不同。RFID 天线的增益和阻抗特性会对 RFID 系统的作用距离产生影响，RFID 系统的工作频段反过来对天线尺寸以及辐射损耗有一定要求。所以 RFID 天线设计的好坏对整个 RFID 系统的成功与否是至关重要的。

（3）阅读器

阅读器也称为读写器、询问器，是对 RFID 标签进行读/写操作的设备，可分为手持式和固定式两种，阅读器对标签的操作有三类：识别读取 UID、读取用户数据、写入用户数据。

阅读器主要包括射频模块和数字信号处理单元两部分。阅读器是 RFID 系统中最重要的基础设施，一方面，RFID 标签返回的微弱电磁波信号通过天线进入阅读器的射频模块中转换为数字信号，再经过阅读器的数字信号处理单元对其进行必要的加工，最后从中解调出返回的信息，完成对 RFID 标签的识别或读/写操作；另一方面，上层中间件及应用软件与读写器进行交互，实现操作指令的执行和数据汇总上传。在上传数据时，阅读器会对 RFID 标签原子事件进行去重过滤或简单的条件过滤，将其加工阅读器事件进行再上传，以减少与中间件及应用软件之间数据交换的流量，因此在很多阅读器中还集成了微处理器和嵌入式系统，实现一部分中间件的功能，如信号状态控制、奇偶位错误校验与修正等。未来的阅读器呈现出智能化、小型化和集成化趋势，还将具备更加强大的前端控制功能，例如直接与工业现场的其他设备进行交互，甚至是作为控制器进行在线调度。在物联网中，阅读器将成为同时具有通信、控制和计算功能的核心设备。

RFID 阅读器的工作原理如图 7-5 所示，主要包括基带模块和射频模块两大部分。其中，基带模块部分包括基带信号处理、应用程序接口、控制与协议处理、数据和命令收发接口及必要的缓冲存储区等；射频模块可以分为发送通道和接收通道两部分，主要包括射频信息的调制解调处理、数据和命令收发接口、发射通道和接收通道、收发分离（天线接口）等。

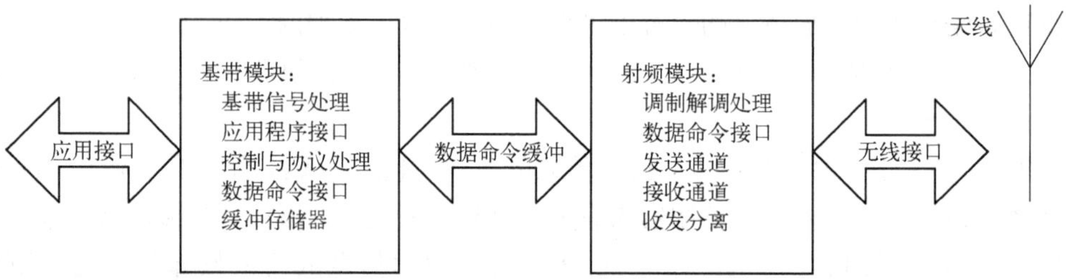

图 7-5　RFID 阅读器的工作原理

（4）数据传输及处理系统

数据传输及处理系统是决定 RFID 能否顺利推广的关键环节，它用于对阅读器发出命令以及对阅读器读取的信息进行处理，以实现对整个系统的控制管理。只有把 RFID 系统与用户的实际系统和需求结合起来，并通过数据管理软件进行处理和分析，由 RFID 系统产生的大量数据，才能提供对用户真正有用的信息，让用户体会到应用 RFID 带来的好处。

国外许多大型应用系统开发商如 Sun、Oracle、IBM、Microsoft 等公司已经看到这个商机，纷纷开始在其产品中集成支持 RFID 的技术，以满足未来这方面的巨大需求。在这些大公司的帮助下，许多大型实验项目如欧洲麦德龙的“未来商店”、美国吉列的“智能货架”等都在积极地进行中。

国内已出现一批从事这方面工作的公司，在铁路车号自动识别应用、第二代身份证、机动车自动识别应用及航空行包运输等方面取得了较好的成效。

目前，虽然国内系统集成商有一定的大型系统集成能力，但主要使用的还是国外的产品。国内的 ERP 软件开发商也开始进行 RFID 软件模块的开发，并准备进行大型实验，但在系统集成和软件开发这两个方面，与国外相比，仍有一定的差距。

7.2.3　传感器技术

传感器网络是物联网的核心，主要解决物联网中的信息感知问题。物品总是在流动中体现它的价值或使用价值，如果要对物品的运动状态进行实时感知，就需要用到传感器网络技术。传感器网络通过散布在特定区域的成千上万的传感器节点，构建了一个具有信息收集、传输和处理功能的复杂网络，通过动态自组织方式协同感知并采集网络覆盖区域内查询对象或事件的信息，用于跟踪、监控和决策支持等。“自组织”“微型化”和“对外部世界具有感知能力”是传感器网络的突出特点。传感器网络只是一种物联网感知和获取信息的重要技术手段，不是物联网所涉及的全部技术，不能因为传感器网络在物联网中的核心地位，或者从局部利益或个人目的出发，将物联网等同于传感器网络。物联网的一个重大突破是促进物质世界与信息世界的结合，传感器对于连接这两个世界起到了至关重要的作用。传感器不仅能收集数据、生成信息、提高对周边环境的感知，还可以检测到传感器周边环境的变化，如果有需要，相关物体也可以通过传感器产生回应。

1. 传感器的基本概念

传感器是一种能把特定的被测信号按一定规律转换成可用输出信号的器件或装置，以满足信息的传输、处理、记录、显示和控制等要求。这里“可用输出信号”是指便于传输、转换及处理的信号，主要包括气、光和电等信号，现在通常是指电信号（如电压、电流、频率等各种电参数）。

我们在日常生活中使用着各种各样的传感器，如电视机、电扇、空调遥控器等所使用的红外线传感器；电冰箱、微波炉、空调机温控所使用的温度传感器；家庭使用的煤气灶、燃气热水器报警所使用的气体传感器；数码照相机、家用摄像机所使用的光电传感器；汽车所使用的传感器就更多，如速度、压力、油量、角度线性位移传感器等。这些传感器的共同特点是利用各种物理、化学、生物效应等，实现对被测信号的测量。由此可见，在传感器中包含两个不同的概念：一是监测信号；二是能把监测的信号转换成一种与被测量有对应的函数关系且便于传输和处理的物理量。如家庭使用的遥控器是把光信号转换成电信号，楼道照明的声控开关是把声音转换成电信号。

随着信息科学和半导体微电子技术的不断发展，使传感器与微处理器、计算机有机结合，传感器的概念又得到了进一步的扩充。如智能传感器，它是集信息监测和信息处理于一体的多功能传感器。与此同时，在半导体材料的基础上，运用微电子加工技术发展出各种门类的敏感元件，如固态敏感元件，包括光敏元件、力敏元件、热敏元件、压敏元件、气敏元件等。随着光通信技术的发展，近年来利用光纤的传输特性已研究开发出不少光纤传感器。

目前，传感器技术的含义还在不断扩充和发展，已成为一个综合性的交叉学科，涉及国防、工业、农业、民用等各个领域。可以说现代传感器是高智能技术的标志，也是现代科学发展的重要基础。

2. 传感器的组成

传感器的种类繁多，工作原理、性能特点和应用领域各不相同，所以其结构与组成差异很大。总体来说，传感器通常由敏感元件、转换元件及测量电路组成，有时还要加上辅助电源，传感器的基本组成如图 7-6 所示。

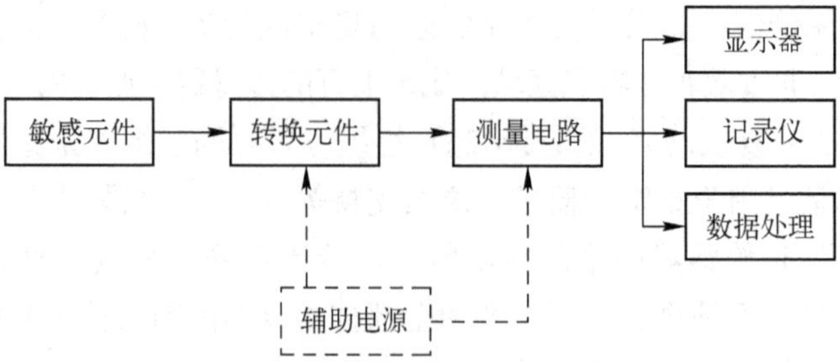

图 7-6 传感器的组成

(1) 敏感元件 (Sensing Element)

敏感元件是指传感器中能直接感受被测量的变化，并输出与被测量有确定关系的某一物理量的元件。敏感元件是传感器的核心，也是研究、设计和制作传感器的关键。能够灵敏地感受被测量并作出响应的元件很多，如金属或半导体应变片，能感受压力的大小而引起形变，形变程度就是对压力大小的响应，所以金属或半导体应变片是一种压力敏感元件。

(2) 转换元件 (Transduction Element)

转换元件是指传感器中能将敏感元件输出的物理量转换成适合传输或测量的电信号的部件。转换元件实际上就是将敏感元件感受的被测量转换成电路参数的元件，如果敏感元件本身就能直接将被测量变成电路参数，该敏感元件就是具有了敏感和转换两个功能，因此，许多敏感元件也可以兼做转换元件。如热敏电阻不仅能直接感受温度的变化，而且能将温度变化转换成电阻的变化，也就是将电路参数（温度）直接变成了电路参数（电阻）。有的传感器转换元件不止一个，需要经过若干次的转换，有的则合二为一。

(3) 测量电路 (Measuring Element)

测量电路又称为转换电路或信号调整电路，作用是将转换元件输出的电信号作进一步转换和处理，如放大、滤波、线性化、补偿等，以获得更好的品质特性，便于后续电路实现显示、记录、处理及控制等功能。测量电路的类型以传感器的工作原理和转换元件的类型划分，如电桥电路、阻抗变换电路、振荡电路等。

3. 无线传感器网络

无线传感器网络（Wireless Sensor Network，WSN）由部署在监测区域内大量的微型传感器节点组成，通过无线通信方式形成的一个多跳的自组织网络系统，目的是协作地感知、采集和处理网络覆盖区域中感知对象的信息，并发送给观察者。传感器、感知对象和观察者构成了传感器网络的三个要素。

如果说因特网构成了逻辑上的信息世界，改变了人与人之间的沟通方式，那么 WSN 就是将逻辑上的信息世界与客观上的物理世界融合在一起，改变人类与自然界的交互方式。人们可以通过传感器网络直接感知客观世界，从而极大地扩展现有网络的功能和人类认识世界的能力。

(1) 无线传感器网络结构

WSN 结构如图 7-7 所示，传感器网络系统通常包括传感器节点（Sensor Node）、汇聚节点（Sink Node）和管理节点（Managed Node）。大量传感器节点随机部署在监测区域内部或附近，能够通过自组织方式构成网络。传感器节点监测的数据沿着其他传感器节点逐跳地进行传输，在传输过程中，监测数据可能被多个节点处理，经过多跳后路由到汇聚节点，最后通过互联网或卫星到达管理节点。

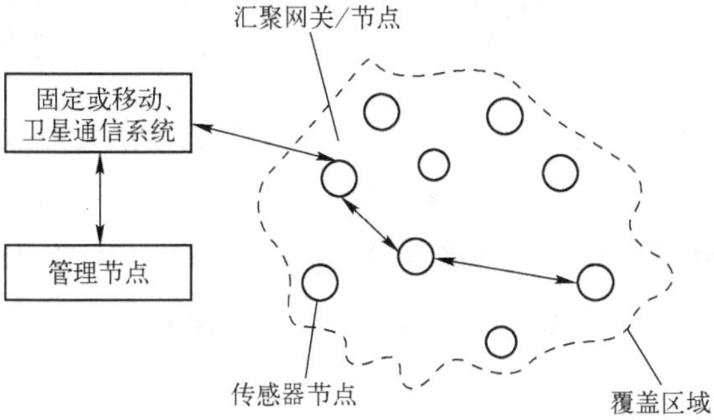

图 7-7 WSN 结构

1）传感器节点。无线传感器节点通常是一个微型的嵌入式系统，它的处理能力、存储能力和通信能力相对较弱，通过携带能量有限的电池供电。从网络功能上看，每个传感器节点兼顾传统网络节点的终端和路由器双重功能，除了进行本地信息收集和数据处理外，还要对其他节点转发来的数据进行存储、管理和融合等处理，同时与其他节点协作完成一些特定任务。目前传感器节点的软硬件技术是传感器网络研究的重点。

2）汇聚节点。汇聚节点的处理能力、存储能力和通信能力相对比较强，其用于连接传感器网络与 Internet 等外部网络，实现两种协议栈之间的通信协议转换，同时发布管理节点的监测任务，并把收集的数据转发到外部网络上。汇聚节点既可以是一个具有增强功能的传感器节点，有足够的能力供给和更多的内存与计算资源，也可以是没有监测功能、仅带有无线通信接口的特殊网关。

3）管理节点。管理节点也被称为用户节点，用户通过管理节点对传感器网络进行配置和管理。

(2) 传感器节点的结构

每一个传感器节点由数据采集模块（传感器、A/D 转换器）、数据处理和控制模块（微处理器、存储器）、通信模块（无线收发器）和供电模块（电池、DC/AC 能量转换器）等组成，传感器网络节点的组成，如图 7-8 所示。节点间通过自组织的方式构成网络，是一种大规模、无人值守、资源严格受限的分布系统，节点中内置的形式多样的传感器测量所在周边环境参数，如温度、湿度、PH 值、噪声、COD、发光强度、压力、土壤成分、移动物体的大小、速度和方向等，通过网络的方式汇集数据，并在网络之间或通过上层网络传输。传感器节点通常处理、存储和通信能力相对较弱，通过携带能量有限的电池供电。其中的某些节点除了作为终端节点，进行本地信息收集和数据处理，还可以具有路由器的功能，对其他节点转发的数据进行存储、管理和融合等处理。同时网络中还要有处理能力相对较强的节点，它负责连接传感器网络和外部网络，完成一些特殊的任务，实现两种协议栈之间的通信协议的转换，将收集的数据转发给外网。

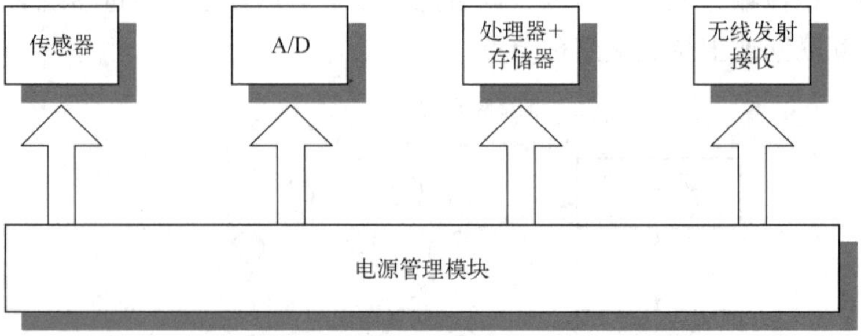

图 7-8　无线传感器节点的组成

数据采集模块与应用密切相关，主要包括采集物理信息的传感器和模拟数字（A/D）转换部件。传感器可以根据物理环境的变化产生相应的电流变化，由感应器根据观察现象产生的模拟信号通过 A/D 转换成数字信号，然后输入处理单元（MCU）。

数据处理和控制模块负责对整个节点进行控制和管理，存储和处理本身采集的数据以及其他节点发来的数据。支持现有微设备如便携式计算机和 PDA 的操作系统不太适合传感器节点，这是由于为传感器节点所设计的微处理器的处理能力更低，只能做一些简单的数据处理，如滤波和数据融合等。

无线通信模块分组通过无线通信与其他节点进行信息交互，比如收发监测数据以及交换控制信息等。在无线电收发装置中，主要是以微控制单元（MCU）来处理信息，微控制单元（MCU）也用于物理层和 MAC 层的执行。

能量管理部件在传感器节点中必不可少，因为它控制着传感器节点的能量供给。能量管理部件必须清楚电池的电压变化情况，从而动态地适应系统的性能。能量管理部件的另一个特点就是当更换或增加能源时还可以用来管理新能源的性能。

运行在传感器节点上的软件系统可分为三个层次：操作系统层、系统服务层和应用层。操作系统层提供硬件访问接口和任务执行环境；系统服务层包括网络通信协议、能力管理、定位和定时等，主要为应用提供所需要的系统服务；应用层实现特定应用所需要的功能，包括对来自多个传感器节点数据进行融合等。

4. 传感器的发展

传感器本身就是物联网最基础的物理支撑层，是物与物互联的基础，物联网依靠传感器感知到每个物体的状态、行为等数据。随着物联网的发展，对传感技术也提出了更多的要求，比如传感器的智能化、小型化、集成化等。若物联网要大规模地得到推广，就需要人们身边的每个物体都能够联网，因此传感器还需要更低的功耗和更低的成本。其发展趋势表现在如下几个方面。

（1）开发新材料

传感器材料是传感器技术发展的物质基础，随着材料科学的快速发展，人们可根据实际需要，控制传感器材料的某些成分或含量，从而设计制造出用于各种传感器的新的功能材料。如用光导纤维制成压力、流量、温度、位移等多种传感器，用陶瓷制成压力传感器，用半导体氧化物制成各种气体传感器等。

（2）传感器的微型化与低功耗

目前各种测控仪器设备的功能越来越强大，同时各个部件的体积越来越小，这就要求传感器自身的体积也要小型化、微型化。现在一些微型传感器，其敏感元件采用光刻、腐蚀、沉积等微机械加工工艺制作而成，尺寸可以达到微米级。此外，由于传感器工作时大多离不开电源，在野外或远离电网的地方，往往是用电池或太阳能等供电，因此开发微功耗的传感器及无源传感器就具有重要的实际意义，这样不仅可以节省能源，而且可以提高系统的寿命。

（3）传感器的集成化与多功能化

传感器的集成化是指将信息提取、放大、变换、传输以及信息处理和存储等功能都制作在同一基片上，实现一体化。传感器的多功能化是与集成化相对应的一个概念，是指传感器能感知与转换两种以上不同的物理量。例如，将检测几种不同气体的敏感元件用厚膜制造工艺制作在同一基片上，制成检测氧、氨、乙醇、乙烯等气体的多功能传感器等。

（4）传感器的智能化与数字化

智能传感器是一种带有微处理器的传感器，与一般传感器相比，它不仅具有信息提取和转换等功能，而且具有数据处理、双向通信、信息记忆存储、自动补偿及数字输出等功能。智能传感器将具有更高级的分析、决策及自学功能，可完成更复杂的检测任务。

（5）传感器网络化

传感器网络化是传感器领域近些年发展起来的一项新兴技术，利用 TCP/IP 或其他协议使现场测量数据就近通过网络与网络上有通信 Negligence 的节点直接进行通信，实现了数据的实时发布和共享。由于传感器自动化、智能化水平的提高，多台传感器联网已推广应用，虚拟仪器、三维多媒体等新技术已开始实用化。传感器网络化的目标就是采用标准的网络协议，同时采用模块化结构将传感器和网络技术有机地结合起来，实现信息交流和技术维护。

7.2.4　中间件技术

随着网络应用的日益普及，软件应用的规模和范围无限扩展，许多应用程序需要在网络环境的异构平台上运行，由此带来的问题也越来越明显，如不同的硬件平台、不同的网络环境、不同数据库之间的相互操作及兼容问题；多种应用模式并存、系统效率过低、传输不可靠、数据加密、开发周期过长，等等。单纯依赖传统的系统软件或工具软件提供的功能已无法满足要求。另外，当客户机服务器方式的应用逐渐推广到企业级的关键任务环境时，便出现了一些问题，如系统可扩展性差、解析度低、维护代价高、安全性差、系统间通信功能较弱。为解决这些问题，中间件技术应运而生。

中间件（Middleware）泛指能屏蔽操作系统和网络协议的差异，能在异构系统之间提供通信服务的软件。

1. 中间件简介

中间件体系结构如图 7-9 所示。

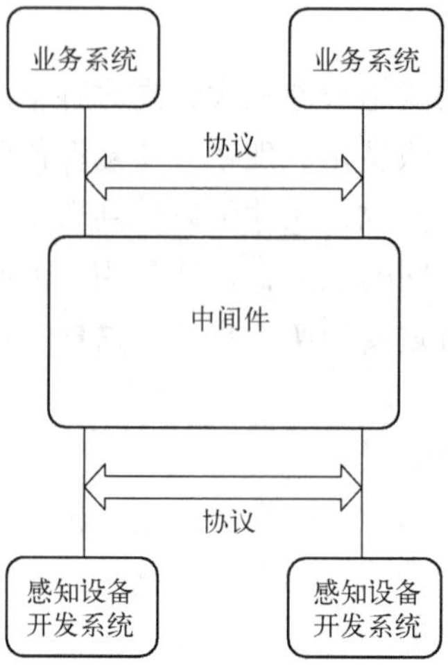

图 7-9　中间件体系结构

中间件的主旨是简化分布式系统的构造，其基本思想是：抽取分布式系统构造中的共性问题，封装这些共性问题的解决机制，对外提供简单统一的接口，从而减少开发人员在解决这些共性问题时的难度和工作量。在构造分布式系统的过程中，开发人员经常会遇到网络通信、同步、激活/去活、并发、可靠性、事务性、容错性、安全性、伸缩性、异构性等问题。基于目的和实现机制不同，实现的功能有如下分类。

（1）远程过程调用

远程过程调用（Remote Procedure Call Protocol，RPC）是一种广泛使用的分布式应用程序处理方法。一个应用程序使用 RPC 来“远程”执行一个位于不同地址空间里的过程，从效果上看和执行本地调用相同。事实上，一个 RPC 应用分为两个部分：Server 和 Client。Server 提供一个或多个远程过程；Client 向 Server 发出远程调用。Server 和 Client 可以位于同一台计算机，也可以位于不同的计算机，甚至运行在不同的操作系统之上。它们通过网络进行通信。相应的驱动和运行支持提供数据转换和通信服务，从而屏蔽不同的操作系统和网络协议的差异。在这里 RPC 通信是同步的，采用线程可以进行异步调用。

在 RPC 模型中，Client 和 Server 只要具备了相应的 RPC 接口，并且具有 RPC 运行支持，就可以完成相应的互操性，而不必限制于特定的 Server。因此，RPC 为 Server 和 Client 分布式计算提供了有力的支持。同时，RPC 所提供的是基于过程的服务访问，Client 与 Server 进行直接连接，没有中间机构来处理请求，因此也具有一定的局限性。比如，RPC 通常需要一些网络细节以定位 Server；在 Client 发出请求的同时，要求 Server 必须是活动的，等等。

（2）面向消息处理

面向消息指的是利用高效可靠的消息传递机制进行与平台无关的数据交流，并基于数据通信来进行分布式系统的集成。通过提供消息传递和消息排队模型，面向消息的处理可在分布环境下拓展进程间的通信，并支持多通信协议、语言、应用程序、硬件和软件平台。目前流行的面向消息的中间件产品有 IBM 的 MQSeries、BEA 的 MessageQ 等。

2. 中间件与物联网

物联网中的中间件处于物联网的集成服务器端和感知层、传输层的嵌入式设备中。服务器端中间件称为物联网业务基础中间件，一般都是基于传统的中间件构建，加入设备连接和图形化组态展示等模块；嵌入式中间件是一些支持不同通信协议的模块和运行环境。中间件的特点是它固化了很多通用功能，但在具体应用中多半需要二次开发来实现个性化的行业业务需求，因此所有物联网的中间件都要提供快速开发工具。

7.2.5 云计算技术

近几年，随着互联网的快速发展，存储计算机能量消耗、IT 产业人员和硬件的成本不断提高，数据中心空间日益减少，原始互联网系统与服务设计已不能解决上述问题，互联网亟需新的解决方案。同时，企业必须充分利用、研究各种数据资源，才能更好地支持商业行为，数据的收集与分析必须建立在一种新的平台之上，这就是云计算的产生背景。

1. 云计算概述

云计算是一种全新的网络服务方式，将传统的以桌面为核心的任务处理转变为以网络为核心的任务处理，利用互联网实现想要完成的一切处理任务，使网络成为传递服务、计算力和信息的综合媒介，真正实现按需计算、多服务器协作。

云计算是全新的基于互联网的超级计算理念和模式，实现云计算需要结合多种技术，并且需要用软件实现将硬件资源进行虚拟化管理和调度，形成一个巨大的虚拟化资源池，把存储于个人计算机、移动设备和其他设备上的大量信息和处理器资源集中在一起，协同工作。

云计算的计算资源包括了计算机硬件资源（如计算机设备、存储设备、服务器集群、硬件服务等）和软件资源（如应用软件、集成开发环境、软件服务）。云计算有很多优点，体现在如下方面。

1）云计算提供了安全可靠的数据存储中心，终端用户不用再担心数据丢失和病毒入侵等问题。通过云后端专业的管理、可靠的存储技术和严格的权限策略，用户可以放心地使用云计算的服务。

2）云计算对用户端的设备要求低，使用方便，可以支持手机等无线通信设备。通过云可以在浏览器中直接编辑存储在云后端的文档，实现随时随地的接入。

3）云计算可以轻松实现不同设备间的数据应用与共享。在云计算的网络应用模式中，数据只有一份，保存在云后端，所有电子设备只需要连接互联网，就可以同时访问和使用同一份数据。

4）云计算为用户使用网络提供了更多的可能。它为存储和管理数据提供了更多的空间，也为完成各类应用提供了强大的计算能力。个人计算机或其他电子设备不可能提供无限量的存储空间和计算能力，但在云的后端，由数千台、数万台甚至更多服务器组成的庞大的集群却可以轻易地做到这一点。当用户把最常用的数据和最重要的功能都放在云上时，计算机、应用软件乃至网络的体系结构将会有很大的变化。

5）云计算作为分布式计算的发展，比集中式计算有更好的性价比，用户可以节省开支，获得更多利益。另外，企业的很多应用都是分布式的，如工业企业应用、管理部门和现场不在一个地方的应用，云计算在为这些应用提供支持时有着天然的优势。

6）云计算有着高度可扩展性，可以兼容不同硬件厂商的产品，兼容低配置及其外设以获得高性能，云服务提供商可以利用多台普通的个人计算机来代替高性能的大型机，有利于节省服务提供商的成本。

2. 云计算的定义

云计算是一种新兴的共享基础架构的方法。它统一管理大量的物理资源，并将这些资源虚拟化，形成一个巨大的虚拟化资源池。云是一类并行和分布式的系统，这些系统由一系列互联的虚拟计算机组成。这些虚拟计算机是基于服务级别协议（供应者和消费者之间协商确定）被动态部署的，并且作为一个或多个统一的计算资源而存在。

云计算可以按照用户对资源和计算能力的需求动态部署虚拟资源，而不受物理资源的限制。用户所有基于云的计算和应用工作在虚拟化的资源上，不需要关心这些资源部署在哪些物理资源上，用户可以方便地变更对计算资源的需求。

3. 云计算的特点

从现有的云计算平台来看，它与传统的单机和网络应用模式相比，具有如下特点。

（1）虚拟化技术

这是云计算最强调的特点，包括资源虚拟化和应用虚拟化。每一个应用部署的环境和物理平台是没有关系的。通过虚拟平台进行管理达到对应用进行扩展、迁移、备份的目的。操作均通过虚拟化层次完成。

（2）动态可扩展

通过动态扩展虚拟化的层次达到对应用进行扩展的目的。可以实时将服务器加入到现有的服务器机群中，增加“云”的计算能力。

（3）按需部署

用户运行不同的应用需要不同的资源和计算能力。云计算平台可以按照用户的需求部署资源和计算能力。

（4）高灵活性

现在大部分的软件和硬件都对虚拟化有一定支持，各种 IT 资源，例如，软件、硬件、操作系统、存储网络等所有要素通过虚拟化，放在云计算虚拟资源池中进行统一管理。同时，能够兼容不同硬件厂商的产品，兼容低配置机器和外设而获得高性能计算。

（5）高可靠性

虚拟化技术使得用户的应用和计算分布在不同的物理服务器上面，即使单点服务器崩溃，仍然可以通过动态扩展功能部署新的服务器作为资源和计算能力添加来保证应用和计算的正常运转。

（6）高性价比

云计算采用虚拟资源池的方法管理所有资源，对物理资源的要求低。可以使用廉价的PC组成云，而计算性能却可超过大型主机。

7.3 现代网络通信与物联网

物联网当前是一个非常热的领域，似乎什么东西都能和物联网扯上关系，其实物联网的理念和普适计算的理念类似，都期望构建一种无处不在的计算环境，而无线网络技术对于构建无处不在的计算环境有着举足轻重的地位，所以物联网非常需要无线网络技术做支撑，目前很多无线网络技术已经运用在物联网中，更多的应用模式等待发掘。

7.3.1 无线网络与物联网

20世纪90年代末，随着现代传感器、无线通信、现代网络、嵌入式计算、微机电（Micro - Electro - Mechanical Systems，MEMS）、集成电路、分布式信息处理与人工智能等新兴技术的发展与融合，以及新材料、新工艺的出现，传感器技术向微型化、无线化、数字化、网络化、智能化方向迅速发展。由此研制出了各种具有感知、通信与计算功能的智能微型传感器。由大量的部署在监测区域内的微型传感器节点构成的无线传感器网络，通过无线通信方式智能组网，形成一个自组织网络系统，具有信号采集、实时监测、信息传输、协同处理、信息服务等功能，能感知、采集和处理网络所覆盖区域中感知对象的各种信息，并将处理后的信息传递给用户。无线传感器网络可以使人们在任何时间、地点和任何环境条件下，获取大量翔实可靠的物理世界的信息，这种具有智能获取、传输和处理信息功能的网络化智能传感器和无线传感器网，正在逐步形成IT领域的新兴产业。它可以广泛应用于军事、科研、环境、交通、医疗、制造、反恐、抗灾、家居等领域。

无线传感器网络是一个学科交叉综合的、知识高度集成的前沿热点研究领域，正受到各方面的高度关注。美国国防部在2000年时就把传感网定为五大国防建设领域之一。美国研究机构和媒体认为它是21世纪世界最具有影响力的、高技术领域的四大支柱型产业之一，是改变世界的十大新兴技术之一。日本在2004年就把无线传感器网络定为四项重点战略之一。我国《国家中长期科学与技术发展规划（2006—2020年）》中把智能感知技术、自组织网络与通信技术、宽带无线移动通信等技术列为重点发展的前沿技术。

7.3.2 无线局域网与协议

无线局域网（WLAN）是指以无线电波、激光、红外线等无线媒介来代替有线局域网中的部分或全部传输媒介而构成的网络。它不仅可以作为有线数据通信的补充和延伸，而且还可以与有线网络环境互为备份。802.11 协议、蓝牙标准和 HomeRF 工业标准是无线局域网所有标准中最主要的竞争对手。它们各有优劣，各有自己擅长的应用领域，有的适合于办公环境，有的适合于个人应用，有的则一直被家庭用户所推崇。下面就介绍一下三种标准的具体情况：

1. 802.11 协议

802.11 协议是电气和电子工程师协会（IEEE）最初制定的一个无线局域网标准，主要用于解决办公室局域网和校园网中用户与用户终端的无线接入，主要限于数据存取，速率最高只能达到 2Mbit/s。由于它在速率和传输距离上都不能满足人们的需要，因此，IEEE 随后又相继推出了 802.1lb 和 802.11a 两个新标准，2001 年 11 月，第三个新的标准 802.119 也已面世。尽管目前 802.11a 和 802.119 倍受业界关注，但从实际的应用上来讲，802.11b 已成为无线局域网的主流标准，被多数厂商所采用，并且已经有成熟的无线产品推向市场。

目前，802.11b 无线局域网技术已经在美国得到了广泛的应用，它已经进入了写字间、饭店、咖啡厅和候机室等场所。没有集成无线网卡的笔记本电脑用户只需插进一张 PCMCIA 卡或 USB 卡，便可通过无线局域网连到 Internet。在国内，支持 802.11b 无线局域网协议的产品不仅全面上市，而且像 IBM，还特别为用户和专业人士搭建了“体验中心”，让用户和媒体可以亲身体验无线局域网的便利和高效。

2. 蓝牙标准

蓝牙技术（Bluetooth）是一种用于替代便携或固定电子设备上使用的电缆或连线的短距离无线连接技术。其设备使用全球通行的、无须申请许可的 2.45 GHz 频段，可实时进行数据和语音传输，其传输速率可达到 10 Mbit/s，在支持三个语音频道的同时还支持高达 723.2 kbit/s 的数据传输速率。也就是说，在办公室、家庭和旅途中，无须在任何电子设备间布设专用线缆和连接器，通过蓝牙遥控装置可以形成一点到多点的连接，即在该装置周围组成一个“微网”，网内任何蓝牙收发器都可与该装置互通信号。而且，这种连接无须复杂的软件支持。蓝牙收发器的一般有效通信范围为 10 m，强的可以达到 100 m 左右。

由于蓝牙在无线传输距离上的限定，它和个人网络通信用品有着不解之缘。因此，生产蓝牙产品的厂商除了网络集成厂商和传统 PC 厂商以外，还包括很多移动电话厂商。近一年，随着全球无线市场的不断扩大，蓝牙手机成为移动电话用户的新宠。

3. HomeRF 工业标准

HomeRF 是由 HomeRF 工作组开发的，适合家庭区域范围内，在 PC 和用户电子设备之间实现无线数字通信的开放性工业标准。作为无线技术方案，它代替了需要铺设昂贵传输线的有线家庭网络，为网络中的设备，如笔记本电脑和 Internet 应用提供了漫游功能。

在美国联邦通信委员会（FCC）正式批准 HomeRF 标准之前，HomeRF 工作组已为在家庭范围内实现语音和数据的无线通信制定出一个规范，这就是共享无线访问协议（SWAP）。SWAP 定义了一个新的通用空中接口，此接口支持家庭范围内语音、数据的无线通信。用户使用符合 SWAP 的电子产品可实现如下功能：在 PC 的外设、无绳电话等设备之间建立一个无线网络，以共享语音和数据；在家庭区域范围内的任何地方，可以利用便携式微型显示设备浏览 Internet；在 PC 和其他设备之间共享同一个 ISP 连接；家庭中的多个 PC 可共享文件、调制解调器和打印机；前端智能导入电话机可呼叫多个无绳电话受话器、传真机和语音信箱；将一条简单的语音命令输入 PC 无绳电话受话器，便可以启动其他家庭电子系统；可实现基于 PC 或 Internet 的“多玩家”游戏。

SWAP 问世以后，除了扩展高性能、多波段无绳电话技术以外，还极大地促进了低成本无线数据网络技术的发展。但是，HomeRF 占据了与 802. 11b 和蓝牙相同的 2. 4G 频率段，并且在功能上过于局限家庭应用，再考虑到 802. 11b 在办公领域已取得的地位，恐怕在今后难有较大的作为。

7. 3. 3 IPv6 技术

IPv6 是 Internet Protocol version 6 的缩写，其中 Internet Protocol 译为“互联网协议”。IPv6 是 IETF（Internet Engineering Task Force，互联网工程任务组）设计的用于替代现行版本 IPv4 的下一代互联网协议。

IPv6 是为了解决 IPv4 所存在的一些问题和不足而提出的，同时它还在许多方面提出了改进，例如路由、自动配置和安全等方面。经过一个较长的 IPv4 和 IPv6 共存的时期，IPv6 最终将会完全取代 IPv4，在互联网上占据统治地位。

与 IPv4 相比，IPv6 有如下的一些特点。

（1）巨大的地址空间

IPv6 地址的位数增长了 4 倍，达到 128 位，因此，IPv6 的地址空间非常巨大。IPv4 中，理论上可编址的节点数是 2^{12}，也就是 4294967296，按照目前的全世界人口数，大约每 3 个人有 2 个 IPv4 地址。而 IPv6 的 128 位长度的地址理论上可以提供 2^{128} 的 IPv6 地址，相当于为地球表面每平方米的面积提供了 6.65×10^{23} 个地址，这个数目足够为地球上每一粒沙子提供一个独立的 IPv6 地址。

因此，IPv6 形成了一个巨大的地址空间，在可预见的很长时期内，它能够为所有可以想象出的网络设备提供一个全球唯一的地址，真正能实现端到端的通信原则。

（2）数据报文处理效率提高

IPv6 使用了新的协议头格式，尽管 IPv6 的数据报头更大，但是其格式比 IPv4 报头的格式更为简单。IPv6 报头包括基本头部和扩展头部，IPv6 基本报头长度固定。这样，一方面加快了基本 IPv6 报头的处理速度；另一方面使得网络中的中间路由器在处理 IPv6 协议头时，无须处理不必要的信息，极大地提高了路由效率。此外，IPv6 报头内的所有字段均为 64 位对齐，充分利用了当前新一代的 64 位处理器。

（3）对移动性和安全性的更好支持

在 IPv4 中可以在 IP 报头的尾部加入选项，与此不同，IPv6 把选项加在单独的扩展报头中。通过引入扩展报头，可以大大增强 IPv6 协议的可扩展性，更好地支持网络的移动性和安全性等。

（4）更好的服务质量

IPv6 设计的一个目的就是为那些对传输时延和抖动有严格要求的实时网络业务（如VoIP、电视会议等）提供良好的服务质量保证。IPv6 报头相对简化，报头长度固定，这些改进有利于提高网络设备的处理效率。

（5）支持地址的自动配置

IPv6 支持无状态和有状态两种地址自动配置的方式，用户可以非常方便地接入 Internet 网络，实现即插即用的功能，这样用户不论在数据链路层的任何接入点接入网络都能与 Internet 网络上的其他接入点进行通信。

1. 基于 IP 的物联网架构

物联网丰富的应用和庞大的节点规模既带来了商业上的巨大潜力，同时也带来了技术上的挑战。一般来讲，物联网根据信息生成、传输、处理和应用的原则可分为四层，分别为感知层、网络构建层、管理服务层和综合应用层。在网络建构层，目前已有的解决方案和协议包括 ZigBee、WirelessHART、WIA－PA、Z－Wava 等。越来越多的适用于智能物件的物联网协议已经采用 IP 或 IPv6 为基础，如 6LoWPAN 协议、CoAP 协议等，ZigBee 最新的规范也引入了 IP。IPv6 作为下一代网络协议，具有地址资源丰富、地址自动配置、移动性好等优点，通过 IPv6 技术，无线传感器网络能够与 Internet 无缝对接，从而实现人与人、人与物、物与物之间基于统一的互联网协议的自由通信。基于 IPv6 的物联网应用体系架构如图 7-10 所示。

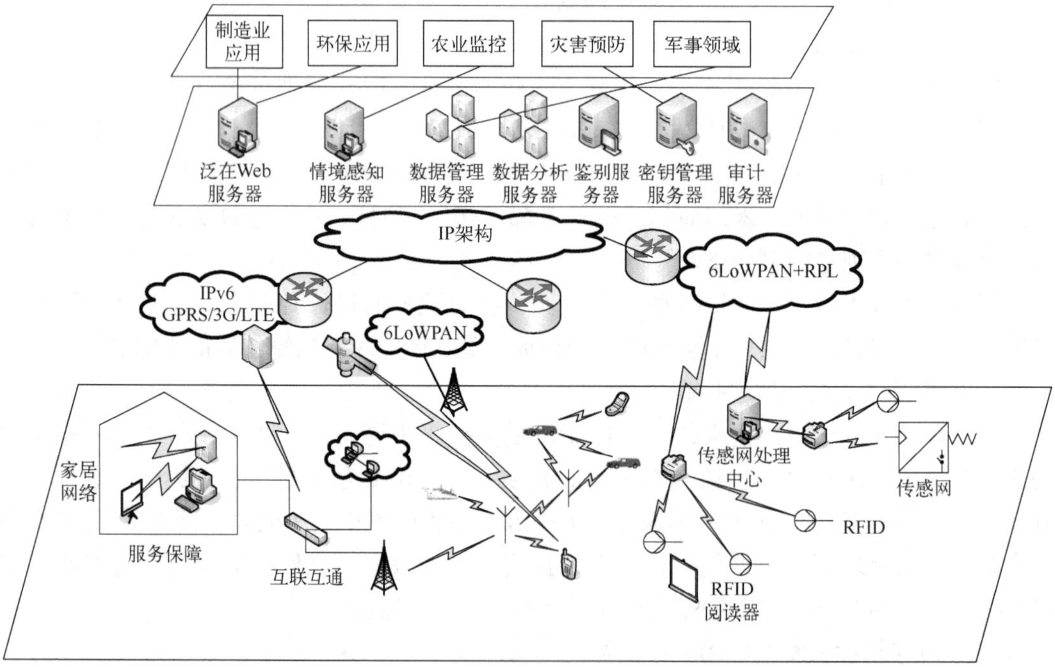

图 7-10　基于 IP 的物联网应用构架

2. 基于 IPv6 的物联网关键技术

现今 IPv4 协议已经成功地运用于许多公有或私有的网络上并部署在成千上万的路由器或主机中。IPv6 在协议中改善了许多 IPv4 的不足，特别是地址空间的改变。虽然添加了许多新的功能，但是 IPv6 基本保留 IP 架构原则，使许多现有的协议如传输协议 TCP/UDP 依旧能够使用。IPv6 有着巨大的地址空间，且极其适用于物联网的高 IP 地址的需求。

（1）6LoWPAN

6LoWPAN 是 IPv6 的扩展，允许其在低功率无线设备和有限带宽的网络特别是 IEEE 802.15.4 标准中使用。IETF 积极推动轻量级 IPv6 技术在无线传感器网的应用，6LoWPAN、RoLL、CoAP 等核心标准已经基本制定完成，其中 6LoWPAN 协议底层采用 IEEE 802.15.4 规定的物理层（PHY）和媒质接入控制（MAC）层协议，网络层则根据节点资源受限和低功耗等特点对 IPv6 协议进行了裁剪和优化。

（2）RPL 路由协议

RPL 路由协议是针对 LLN（低功耗有损网络）设计的基于距离矢量的 IPv6 路由协议。通过一个目标函数和相关指标来建立 DODAG（ 定向无环图 ）。目标函数通过一系列指标计算最优路径。在不同的指标下，LLN 网络部署拓扑可能改变较大，而 LLN 针对不同的通信可能需要不同的链路质量，所以 RPL 允许在同一个节点或者 MESH 网络上操作多个目标函数，以满足不同的通信对链路质量的需求。

（3）CoAP 协议

在资源受限的传感器网络中，由于 HTTP 过于复杂，费用大，因此需要设计一种符合 REST 准则的协议，这就是 CoRE 工作组制定的 CoAP 协议。按照 CoAP 需求和特点的规定，CoAP 协议的设计满足容易管理、基于 UDP 等 14 条需求。支持 CoAP 协议的 Web 浏览器可以直接与 CoAP 节点进行端到端的通信。不支持 CoAP 协议的浏览器，可通过代理的方式访问 CoAP 节点。

物联网与 IPv6 互联网正在融合发展。软件协议栈、终端节点是融合发展的技术轴心。作为未来互联网发展的基础技术，IPv6 的商用和推广将显著改善物联网的发展环境，促进更多符合用户要求的创新应用产生。

7.3.4 智能家居系统

1. 智能家居的介绍

20 世纪 80 年代初，随着大量采用电子技术的家用电器面市，住宅电子化（Homen Electronics，HE）出现。80 年代中期，将家用电器、通信设备与安保防灾设备各自独立的功能综合为一体后，形成了住宅自动化概念（Home Automation，HA）。80 年代末，由于通信与信息技术的发展，出现了对住宅中各种通信、家电、安保设备通过总线技术进行监视、控制与管理的商用系统，这在美国称为 Smart Home，也就是现在智能家居的原型。

智能家居是以住宅为平台，利用综合布线技术、网络通信技术、智能家居系统设计方案安全防范技术、自动控制技术、音视频技术将家居生活有关的设施集成，构建高效的住宅设施与家庭日程事物的管理系统，提升家居的安全性、便利性、舒适性、艺术性，并实现环保节能的居住环境。

智能家居系统包含的主要子系统有家居布线系统、家庭网络系统、智能家居（中央）控制管理系统、家居照明控制系统、家庭安防系统、背景音乐系统（如 TVC 平板音响）、家庭影院与物联智能家居控制系统多媒体系统、家庭环境控制系统等八大系统，如图 7-11 所示。其中，智能家居（中央）控制管理系统、家居照明控制系统、家庭安防系统是必备系统，家居布线系统、家庭网络系统、背景音乐系统、家庭影院与多媒体系统、家庭环境控制系统为可选系统。

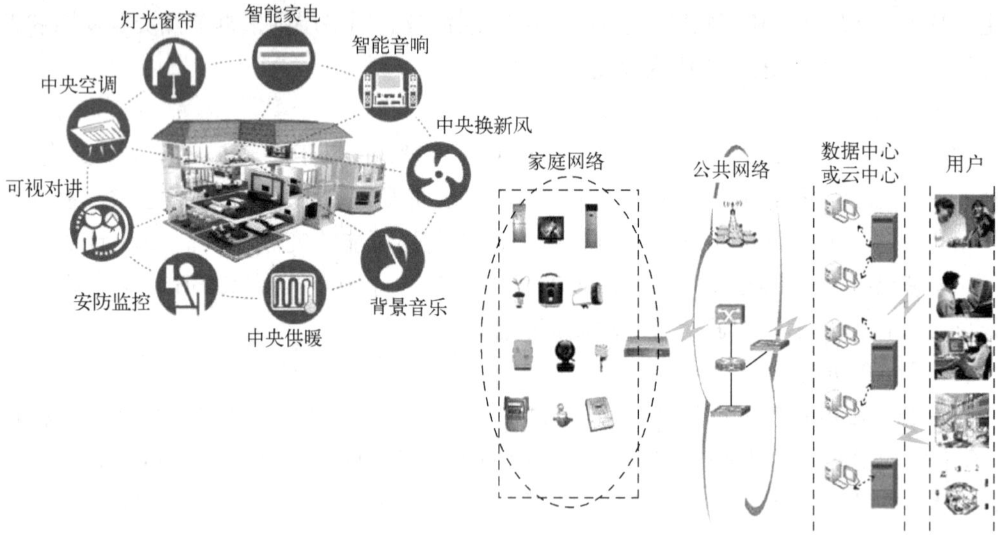

图 7-11　智能家居系统

2. 基于物联网的智能家居系统设计

利用物联网节点加上 ZigBee 协议构成的低数据率无线家庭网络个性化明显，用户通常会选择符合自己个性化需求的产品。目前的产品主要有：具备远程遥控技术且配有电话、无线通信等接口的空调、热水器等数字家电；配有无线接口、可远程报警的家用安防报警设备；具备无线接口的家庭灯光控制器材；可进行防盗、报警、记录的小型摄像机；照顾家庭成员的摄像头或可视电话等。可见，用户的个性化家庭网络配置源于相关产品的多样化。用户对家庭网络产品的安放位置在一定程度上也影响家庭网络的拓扑和连通性。因此，家庭网络应该具备自行组织的能力，真正实现家庭内部的自动化。

根据家庭网络的特点（具有时变和随机的网络拓扑），网络需要进行组织，实现网络配置，保持网络的连通性。在自组织过程结束后，网络进入正常运行阶段。当网络结构再次发生变化时，网络应能够再次进行组织，保持变化后网络的连通性。自组织和正常运行这两个过程依次循环进行，保证家庭网络的正常运行。自组织的过程既可由家庭网关实现，也可以由网络中处理能力较强的网络节点完成。

家庭无线网络系统的软件开发具有如下的特点。

（1）分层的软件开发架构。使复杂的系统开发变得清晰、可靠，并提高了系统的可移植性。根据ZigBee标准规范和中国《家庭网络系统技术规范》系列标准，家庭网络的软件系统包括物理层、MAC层、网络层和应用层软件系统。

（2）实时系统。家庭网络系统是一个实时系统，对各种传感器或命令做出及时反应。能够长期稳定地工作。家庭网络系统软件对内存的管理、对消息的反应等都应满足实时系统的要求。

（3）极强的系统扩展性。标准化的无线网络协议、用户接口及设备通信协议给家庭网络提供了极强的系统扩展性。通过标准的设备通信协议，不同类型、不同厂家的设备可以互通信息，实现关联控制及统一管理。可以同时接收不同控制终端的各种信息，包括Web CGI（Common Gateway Interface，通用网关接口）程序、语言控制程序、PDA控制程序等，还可扩展开发其他种类的控制程序。

无线网关（sink节点）是整个网络平台的核心，各个不同协议子网之间的互联和信息共享都需要通过网关进行。可以接收各种家电、灯具、安防监控设备、居室环境监控单元以及通用遥控器等无线发送上来的信息，对这些信息进行智能处理后反馈给相应的设备；无线网关还可以同局域网/互联网、公用电话网、短信系统等连接，在非现场区域对家庭网络进行遥控和监测。

在家庭无线网络平台中，通用遥控器上有GUI（Graphical User Interface，图形用户接口），不仅可以控制各种家用电器以及各种监测控制单元的运行状态，还可以对各种受控设备进行设备添加、删除、参数设置等操作，实现对家庭无线网络平台的现场控制。

在网络平台中，各种网络家电设备，例如电视、冰箱、空调、热水器等，形成了一个应用平台。这些设备可以接受无线网关或通用遥控器的控制，也可以把自身的工作状态、故障告警信息上传到无线网关，进而通过互联网或电话网告知相关人员。安防监控子网用来对家庭的门、窗等监测和控制。一旦有人非法入侵，安防单元就会立即启动报警系统，并通过无线网关把安防告警信息传递给相关人员或部门。图像采集装置可以记录非法入侵人员的资料。居室环境监控子网对家庭内的各种有害气体、火灾等进行监视和控制。这个单元采用了模糊智能控制技术，一旦预测到有灾情发生，会立即进行关联控制。例如，启动通风设备减小有害气体浓度，启动灭火装置消除隐患。灯光控制子网可以提供舒适的光源和有效的节能措施，方便用户的生活和工作。

如图7-12所示，传感器网络节点的基本组成和功能包括如下几个单元：传感单元（由传感器和模数转换功能模块组成）、控制单元、处理单元（由嵌入式系统构成，包括CPU、存储器、嵌入式操作系统等）、通信单元（由无线通信模块组成）以及电源部分。此外，可以选择的其他功能单元包括：定位系统、移动系统以及电源自供电系统等。有了网络协议和节点模型，再加上家庭网关（家庭网关可以看成是特殊应用的节点，类似于无线传感器网络中的sink节点），就可以得到如图7-13所示的基于物联网的智能家居系统的体系结构。适用于家庭网络的传感器网络协议是整个智能家居系统的平台，而节点和家庭网关是在这个平台上的具体应用。这样，只需要使用不同的节点模块，而不需要对网络协议做任何更改就可以满足不同的应用需求。

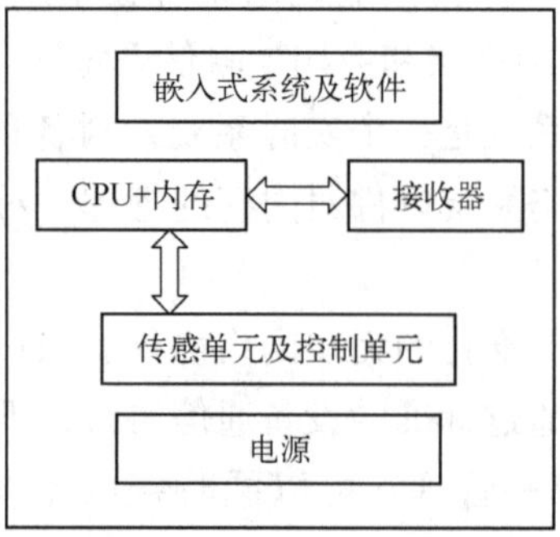

图 7-12　智能家居系统节点模型

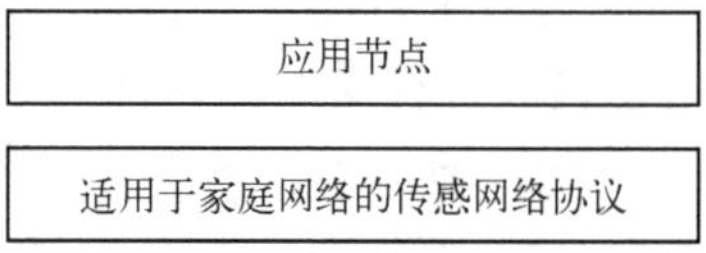

图 7-13　基于传感器网络的智能家居系统

为了减少协议设计的复杂性，大多数网络都按层（layer）或级（level）的方式来组织，每一层都建立在它的下层之上。同样，基于物联网的智能家居系统也采用分层结构，图 7-13 只是一个简单的分层模型，在实际的系统设计中，采用更加详细的分层模型，如图 7-14 所示。

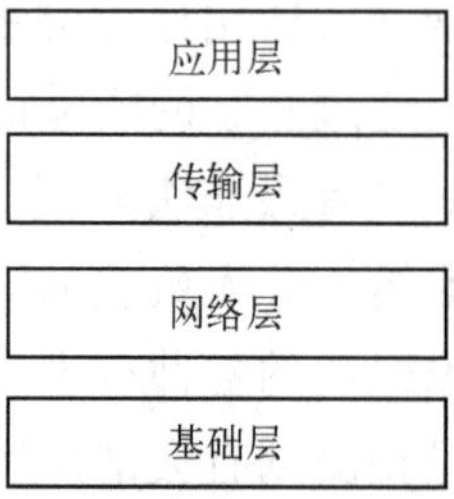

图 7-14　智能家居分层模型

3. 家庭物联网的特点

（1）安全

家庭物联网方便快捷的部署各种安全监测无线传感器，并建立同火警、治安系统等机构的通信连接，使办公室或家居系统与社会职能机构构成一个大系统，有效地保障了办公室或家居系统的安全。

(2) 舒适

家庭物联网使人们在任何地点都可以方便地监控调节家居内的光线、温度、湿度、压力、辐射、振动等环境因素，为人们提供一个舒适健康的生活与工作环境。

(3) 方便

安装无须布线，系统维护和管理不需要太多的外部干预，同时由于实现了所有家电的互联协作，同时可以通过一个便携式控制器控制整个家居系统中的各种电器设备，并且支持电器设备的 Internet 远程控制。

(4) 灵活

嵌入家居、家电内的节点可以随嵌人体的移动而动态地调整网络拓扑结构，家庭物联网的自组织性能够适应这种网络拓扑结构的动态变化。每个节点都具备动态搜索、定位和恢复连接的能力。

本章小结

1. 物联网指的是将各种信息传感设备，如射频识别装置、红外感应器、全球定位系统、激光扫描器等各种装置与互联网结合起来而形成的一个巨大网络。

2. 无线射频识别（RFID）也称为射频识别，它是一种新兴的自动识别技术。RFID 是利用电磁波的反射能量进行通信的一种技术，RFID 可以归入短距离无线通信技术，它与其他短距离无线通信技术如 WLAN、蓝牙、红外、ZigBee 及 UWB 相比最大的特点在于 RFID 的被动工作模式，即利用反射能量进行通信。

3. 传感器是一种能把特定的被测信号按一定规律转换成可用输出信号的器件或装置，以满足信息的传输、处理、记录、显示和控制等要求。

4. 中间件泛指能屏蔽操作系统和网络协议的差异，能在异构系统之间提供通信服务的软件。

5. 云计算是一种全新的网络服务方式，将传统的以桌面为核心的任务处理转变为以网络为核心的任务处理，利用互联网实现想要完成的一切处理任务，使网络成为传递服务、计算力和信息的综合媒介，真正实现按需计算、多服务器协作。

6. 无线局域网（WLAN）是指以无线电波、激光、红外线等无线媒介来代替有线局域网中的部分或全部传输媒介而构成的网络。

7. IPv6 是 Internet Protocol version 6 的缩写，是用于替代现行版本 IPv4 的下一代互联网协议。越来越多的适用于智能物件的物联网协议已经采用 IP 或 IPv6 为基础，如 6LoWPAN 协议、CoAP 协议等，ZigBee 最新的规范也引入了 IP。

8. 智能家居是以住宅为平台，利用综合布线技术、网络通信技术、智能家居系统设计方案、安全防范技术、自动控制技术、音视频技术将家居生活有关的设施集成，构建高效的住宅设施与家庭日程事物的管理系统，提升家居的安全性、便利性、舒适性、艺术性，并实现环保节能的居住环境。

习题

7-1　简述物联网的定义。

7-2　试分析物联网的其他应用领域。

7-3　简述物联网的定义，分析物联网的“物”的条件。

7-4　简述物联网应具备的三个特征。

7-5　物联网的架构包括哪些技术？

7-6　名词解释：RFID、EPC、ZigBee。

7-7　简要概述物联网的框架结构。

7-8　分析物联网的关键技术和应用难点。

7-9　物联网的应用领域有哪些？

第8章　数字城市

8.1　数字城市背景

数字城市是在数字地球的概念提出之后逐渐发展起来的。数字城市是数字地球的重要组成部分。因此，下面首先简单介绍数字地球的提出。

8.1.1　数字地球的提出

数字地球，是美国前副总统戈尔于1998年1月，在加利福尼亚科学中心开幕典礼上发表题为《数字地球——新世纪人类星球之认识》演说时，提出的一个与GIS、网络、虚拟现实等高新技术密切相关的概念。戈尔将数字地球看成是“对地球的三维多分辨率表示，它能够放入大量的地理数据”。

就简单分析来看，数字地球能够按地理空间位置，以极高的分辨率对大地进行选点抽样，将抽样点上的自然资源和社会资源信息作为该点的属性信息存入计算机，然后再将这些信息进行统筹安排、抽样分析和逻辑组合，形成能为决策者提供服务的方案。使用者只需点击计算机屏幕上数字地球的任何一点，相关信息就会唾手可得。

严格意义上的数字地球概念是指以地理空间信息技术和数字化技术来对地球进行全要素数字地形的重新描述。通过数字正射影像、数字地形模型、地球三维景观模型建立地球空间定位的基本信息数据。从信息科学及其发展的角度来看，“数字地理”的概念强调了数字化的基础作用，反映了信息科技的基本观点：“信息是经过加工处理的数据”；“数字地球”概念对信息感知技术、信息采集技术、信息存储技术等提出了新的要求，推动了信息资源的共享和开发利用，极大地促进了信息化技术的发展。因此，戈尔的数字地球是关于整个地球、全方位的GIS与虚拟现实技术、网络技术相结合的产物。

显然，面对如此一个浩大的工程，任何一个政府组织、企业或学术机构，都是无法独立完成的，它需要成千上万的个人、公司、研究机构和政府组织的共同努力。数字地球要解决的技术问题，包括计算机科学、海量数据存储、卫星遥感技术、宽带网络、互操作性、元数据等。可以预见，随着地球空间信息学的发展而建立起的数字地球，必将促进测绘事业的现代化，为测绘事业与整个国民经济建立更加紧密的联系做出更大的贡献，并在未来和知识经济社会中产生巨大的经济效益和社会效益。

在地球空间中，城市一直都是区域经济、文化、社会活动的空间集中和凝集点，因此，谈地球必谈城市，谈数字地球必将引出数字城市，数字城市是维系数字地球架构的重要节点。

8.1.2 数字城市产生的背景

“数字城市”是在数字地球提出的背景下出现的，其产生和发展绝不是偶然的，而是有着其深刻的经济、社会和技术背景。

1. 经济背景

全球信息化正从技术革命引发为产业革命，这场革命既推动了传统产业的升级换代，又培育了以信息加工、处理和传播为特征的新兴产业，从而使知识经济在全球成为主导的社会经济形态，这意味着人类社会的发展已迈入一个崭新的时代——信息时代。在信息时代，生产力的发展已不再仅依赖于生产资料（原材料、机器）、劳动力和资金，而是更多地依赖于知识与技术在内的各种有用信息。目前，人类正面临着拥有大量各种有用信息而又未对这些信息充分加以利用的窘境。在新的历史时期，信息将成为人类社会发展生产力的基本要素，人们如何获取和利用各种有用的信息将成为经济发展的动力。城市人口对国内外各种有用信息的迫切需要，为“数字城市”的产生创造了必要的条件。

2. 社会背景

以电子计算机技术为核心，以网络技术为标志的现代信息科学技术的不断进步和迅速发展拉开了人类进入信息时代的序幕，给整个社会带来了翻天覆地的变化。信息科学的出现和信息技术的迅猛发展，使人类在信息获取、传输、存储、处理与利用信息进行管理、决策和控制等方面取得了突破性的进展，整个社会出现了“信息化”潮流。城市作为区域性质流、能量流和信息流的聚集和扩散中心，不仅成了区域物资、能源、资金、人才及市场的高度集中点，更成为信息产生、交流、扩散和传播的高度集合点。城市的现代化水平、信息化水平、数字化程度都成为衡量一个国家或地区融入全球、进而提升经济社会实力和知名度的重要标志。在全球信息化的热潮中，信息流成了信息时代城市发展的主要驱动力。随着城市发展进程的加快，人口膨胀、住房短缺、交通拥挤、环境污染、基础设施供给不足及疾病、失业、犯罪等城市发展难题日益凸显。如何应对和解决这些难题成为人类发展史上不可逃避的现实问题。充分运用先进的科技手段，尤其是信息化手段，深入分析研究“城市病”问题，合理地配置城市的各种资源，科学协调发展与环境的关系，全面提高城市规划、建设与管理的水平，努力营造一个适合人类长期工作、学习和生活的城市环境将成为人类的必然选择。实现城市经济与社会的可持续发展，对“数字城市”的产生起到了催化作用。

3. 技术背景

随着信息技术的不断发展，全球定位系统（GPS）、遥感（RS）和地理信息系统（GIS）已成为人类解决问题的重要技术手段。目前，全球定位系统技术已达到很高的水平，其定位精度静态可达到米级，若采用差分方法，定位精度还可提高到厘米级；遥感技术已形成从卫星遥感到航空遥感的对地观测系统，其空间分辨率可从几公里到几厘米，波段覆盖从紫外线到超长波的240个波段，探测周期能从每隔十多天一次到每天数次；地理信息系统技术已具备对大量数据进行有效存储和管理的能力，并可对这些数据进行查询、统计、分析和显示、输出。将以上3S技术融为一体并综合应用，可实现对城市地理事物的定位、定性和定量描述与分析，从而为“数字城市”的产生奠定了重要的技术基础。

8.1.3 数字城市国内外发展

1. 国外数字城市发展

纵观国外“数字城市”的研究进展，从20世纪80年代初法国最早出现“通信网城市”，到1989年《信息化城市》的出版，再到20世纪90年代“信息高速公路”与“数字地球”概念的提出，最后到2000年之后“数字城市”理念的推广与应用的普及，数字城市经历了快速的发展（见表8-1）。而随着研究的深入，实施项目也逐渐增多，其研究进程大致可以划分为三个阶段：

① 以信息基础设施为中心的建设创始阶段。

② 以电子政务、电子商务和数字社区为中心的应用发展阶段。

③ 以知识型经济和智慧化决策为中心的全面服务阶段。

就目前国际总体实施状况而言，多数国家处于数字城市的应用发展阶段，少数发达国家如美国、加拿大等正在逐渐迈入数字城市的全面服务阶段。

20世纪80年代初，在法国最早出现数字城市的概念，当时称为“通信网城市”（Wired City），由国家统一为城市居民铺设通信网络，并提供终端设备，以方便市民的工作和生活。直到1989年，美国加利福尼亚大学伯克利分校的城市学家卡斯泰尔（Manuel Castells）教授出版了一本名为《信息化城市》（The Informational City）的著作后，信息化城市才算正式提出。该书从信息技术对经济的重构以及对城市与区域的影响等角度，探讨了信息城市的发展模式与社会特征，但并没有对信息城市给出明确的定义。

表8-1 国际数字城市的研究进展

时 间	事件/人物	标志成果	研究阶段
20世纪80年代初	法国统一为城市居民铺设通信网络	“通信网城市”	创始阶段
1989年	卡斯泰尔	《信息化城市》	
1993年	克林顿	“信息高速公路”	
1998年	戈尔	“数字地球”	发展阶段
1999年	首届国际数字地球会议	《北京宣言》、“数字地球”推广	
2000年至今	首届亚太地区城市信息化高级论坛	《上海宣言》、“数字城市”拓展	繁荣阶段

1993年9月，美国政府首次提出“信息高速公路”的计划，即国家信息基础设施（NII）建设。“信息高速公路”是由光纤铺成的，以计算机互联网为依托，它将各大政府机构、科研院所、公司企业乃至普通家庭连接起来。这是一个海量信息资源的共享平台，

它改变了人们的生活、工作、娱乐和交流的方式，让每个人能够更加轻松地享受到信息时代的便捷。因此，信息高速公路计划的提出可以视为数字城市起步阶段的标志。

1998 年 1 月，美国副总统戈尔提出“数字地球”概念。“数字地球”是指数字化、信息化的地球，能够用多媒体、虚拟现实等技术进行多维的表达和管理的巨型数字信息系统，具有数字化、网络化、智能化和可视化等特征。数字地球就是对真实的地球机器相关现象的数字化重现与认识，其核心思想有两点：一是用数字化手段统一性地处理地球问题，二是最大限度地利用信息资源。在此意义上，从城市层面来看，数字地球是一种城市发展的战略思想，可用它来整合相关领域的计划、任务、人员、资金和技术，即数字化城市。

1999 年 12 月，来自 20 个国家的 500 余名科学家、教育家、企业家、工程师和管理者参加了“首届国际数字地球会议”并发表了《北京宣言》。宣言指出“21 世纪将进入一个以全球化和经济一体化为基础的知识时代，一个以空间技术和信息资源为支撑的信息时代，重视综合地球空间信息基础设施、全球空间数据基础设施、全球导航与定位系统、全球对地观测系统、动态过程监控的重要性。倡议全球政府、企业、社会等共同推动数字地球的发展。数字地球将会有助于解决人类面临的诸多矛盾和挑战。在数字地球的实施过程中，人们的生活质量与环境、资源、可持续发展等多个方面应当优先考虑”。《北京宣言》的发表，标志着数字地球概念在全球范围的正式推广。

2000 年 6 月，由联合国开发计划署（UNDP）、联合国经济与社会事务部（UNDESA）和亚太地区的城市市长参加的“首届亚太地区城市信息化高级论坛”在上海举行，论坛的主题为“推动城市信息化，共创未来新家园”，并最终通过了《上海宣言》。宣言指出：“全球信息化和经济一体化正在引发世界的巨大变革。衡量一个城市经济、社会发展综合实力和文明程度在引发世界的巨大变革。衡量一个城市经济、社会发展综合实力和文明程度的重要指标已经取决于城市的信息化程度和水平。世界贸易、资金流动、技术转移和社会、经济、文化等一切领域的发展都需要城市信息化这一重要推动力。人类的共同发展和共同富裕也离不开城市信息化建设。未来城市发展新的主题和动力将是围绕对城市信息化的理解开展‘数字城市’实践。数字城市的实施是城市信息化的主要表现形式，是新世纪人们关注的热点和时代发展的焦点。数字城市是信息时代发展的必然趋势，是当今世界信息化发展的主要方向，是城市信息化实现的基础平台，是城市信息化水平提高的一个重要特征”。《上海宣言》标志着城市信息化建设取得了全球共识，数字城市正式纳入全球研究体系。随着“数字城市”研究的深入和拓展，世界各国逐步进入研究的实践阶段。美国数字城市、欧洲数字城市、日本数字京都和新加坡“智慧岛”等都处于领先地位。

2. 国内数字城市发展

国内“数字城市”的研究也并不比国外落后，在全球数字化进程的推动下，中国与西方发达国家基本同步。数字地球的概念提出之后，中国专家和学者逐渐认识到数字化战略将是实现我国城市信息化建设和经济、社会可持续发展的重要推动力，并于 1999 年和 2000 年先后承办了“首届国际数字地球会议”和“首届亚太地区城市信息化高级论坛”。这些举措对中国的数字化进程产生了积极的影响和推动作用。

发展数字城市是国际信息化的重要战略举措。“十五”期间，我国正式批准将“城市规划、建设、管理和服务的数字化工程”（简称“城市数字化工程”，2002）列为国家重点科技攻关项目，从而将数字城市的技术研究体系纳入到了国家研究计划之中，此举有力地推动了数字城市的研究，加快了数字城市的时间与发展的步伐。

在“十一五”期间，我国颁布了《2006—2020年国家信息化发展战略》（2006），加快了数字城市的实践步伐，强化了政府管理城市和服务市民的功能，把数字城市作为提升政府管理水平，推动社会与经济发展的重要手段。

国家“十二五”规划纲要（2011）又指出：“全面提高信息化水平，推动信息化和工业化深度融合，加快转变经济发展方式，坚持走资源节约型、环境友好型、全面协调可持续的科学发展道路。”

与此同时，国内诸多城市也相继展开了数字城市的研究与实践，北京、上海、广州、苏州等城市都宣布了各自的数字城市规划，其中尤以苏州市的“数字苏州”最有代表性。

苏州市是我国地级市中第一个制定了完整的“数字城市”实施方案的城市。2003年10月，经历一年时间的现状调查、需求分析、专家研究，“数字苏州”实施方案的编制工作完成，同年11月通过专家评审，并在2004年开始有计划、有步骤地推进“数字苏州”的实施。该方案由总体建设方案、网络基础设施建设方案、空间数据基础设施方案、电子政务建设方案、电子商务与现代物流系统建设方案、数字社区建设方案和资源整合、信息共享与标准规范建设方案七个部分组成。

东部先行，中部跟上。地处中原的郑州市于2006年6月制定了“郑州信息港工程总体规划”，同年12月编制完成了“数字郑州建设规划”。该方案提出了符合郑州实情的“数字郑州”建设的指导思想与建设特色，建构了“数字郑州”总体框架，明确了“数字郑州”重点建设内容，确定了“数字郑州”的建设任务，制定了“数字郑州”的建设保障体系。

西部城市同时也在奋起直追。兰州市“数字城市”规划按照统一规划、分步实施、突出应用、逐步完善的原则实施。该工程规划于2004~2005年编制完成“兰州城市地理信息系统建设规划”；2005~2006年实施“兰州城市地理空间信息系统一期工程”；2007年编制“数字兰州发展思路”；2008年编制“数字兰州规划”，实施“兰州城市地理空间系统二期工程”；2009年实施“兰州城市地理空间信息系统三期工程”；2010年全面启动“数字兰州”工程建设。2013年，集合信息资源共享、应急联动指挥、社会综合服务于一体的兰州三维数字社会服务管理中心正式启动运行。中心成立至今创新打造出“民情通呼叫热线”“精品一刻钟”“虚拟敬老院”等一大批享誉全国的民生服务品牌工程，国家工信部将兰州市数字社会服务管理系统确定为全国信息技术社会服务管理行业标准。

8.2　数字城市的概念

数字城市作为城市概念和内涵的拓展，是信息时代城市现代化的必由之路。它将城市的经济、政治、社会、文化、教育等信息有效地组织起来，在信息网络环境下建立起城市级数字化应用平台，形成城市综合管理、城市应急处理指挥、城市综合共享数据仓库、城市电子政府、城市“市民卡”、城市公共安全、城市智能交通、城市公共服务、城市社会保障与公共卫生、城市教育与旅游、城市电子商务与物流、城市基础设施监控与管理、城市物业与供暖节能、城市智能建筑与数字社区等几乎城市经济和生活的所有方面提供现代化科学的综合管理和便捷与有效的公共服务。明天，我们将在数字化的美好环境中享受生活。

8.2.1 数字城市的定义

对于人类社会、经济、文化与人力聚集地的城市来说，利用数字地球的理念认识和理解城市及其发展问题将成为一种必然趋势。因此，“数字城市”是“数字地球”的理念在城市的引用、延伸和拓展。由于人们理解层面和切入角度的差异，目前仍未形成对“数字城市”内涵的确切定义。不同学者对数字城市的定义也不尽相同。所谓“数字城市”与“园林城市”“生态城市”“山水城市”一样，是对城市发展方向的一种描述，是指数字技术、信息技术、网络技术要渗透到城市生活的各个方面。这将是世纪之交最重要的技术革命，将深刻改变人们习惯的工作方式、生活方式甚至风俗习惯和思维方式。中国科学院可持续发展战略首席科学家牛文元认为，数字城市是从工业时代向信息化时代转换的基本标志之一。它一般是指在城市“自然、社会、经济”系统范畴内，能够有效获取、分类存储、自动处理和智能识别海量数据的、具有高分辨率和高度智能化的、既能虚拟现实又可以直接参与城市管理和服务的一项综合工程。“数字城市”是以计算机技术、多媒体技术和大规模存储技术为基础，以宽带网络为纽带，运用3S技术（遥感、全球定位系统、地理信息系统）、遥测、仿真-虚拟技术等对城市进行多分辨率、多尺度、多时空和多种类的三维描述，即利用技术手段把城市现实生活中存在的全部内容在网络上数字化虚拟实现。通俗说就是用数字的方法将城市、城市中的活动及整个城市环境的时空变化装入电脑中，实现在网络上的流通并使之最大限度地为人类的生存、可持续发展和日常的工作、生活、娱乐服务。

随着“数字城市”理论和技术研究和应用的深入，人们对它的认识也逐渐趋向统一。目前认为数字城市的概念有广义和狭义之分。广义的数字城市可理解为信息化的城市，即是一个空间化、网络化、智能化和可视化的技术系统；狭义的数字城市是指综合运用3S（GIS、RS和GPS）技术、多媒体技术、大规模存储及虚拟仿真等技术实现对城市的基础设施、功能机制进行自动采集和动态监测管理，并为城市的规划和建设提供辅助决策服务的技术系统。其中，前者更关注城市功能的实现，即从其内部反映一个城市的面貌；后者则从空间维度来表现一个城市，更侧重于真实反映一个城市的外在面貌。但二者的最终目标都是实现城市信息化。从这个意义上说，两种数字城市的定义是从不同的角度描述城市信息化的两个不同阶段，本质上是一致的。在数字城市中，数字化是信息化的基础阶段，就如同数据与信息的关系一样，数字化的过程支持人类对客观自然的抽象描述与对信息加工的机械化需求。城市信息化的第二个阶段是建立在数字化基础上的信息资源加工、处理与实施的高级阶段。

在城市的生产、生活等活动中，“数字城市”是指利用数字技术、信息技术和网络技术，将城市的人口、资源、环境、经济、社会等要素数字化、网络化、智能化和可视化的全部过程。“数字城市”的本质是要将数字技术、信息技术和网络技术渗透到城市生产、生活的各个方面，并通过运用这些技术手段，把城市的各类信息资源整合起来，再根据对这些信息处理、分析和预测的结果来管理城市，以促进城市的人流、物流、资金流和信息流的流畅和高效运转。

从城市经济和社会可持续发展的角度看，“数字城市”是运用以信息技术为主的各种现代高科技手段，充分挖掘、采集和整合城市中自然与人文、经济与社会及环境等方面的信息资源，构筑面向政府、企业、社区和公众的信息服务平台，开发涵盖城市生产、生活等领域活动的应用系统，通过信息的服务与利用，使人们正确处理当前与长远的关系、城市与郊区的关系、生产和生活的关系、经济建设与自然资源和生态环境的关系，并从整体上统筹解决“城市病”问题，促进城市经济和社会的可持续发展。

从城市规划、建设和管理的角度讲，“数字城市”是指在城市的规划、建设和管理活动中，利用数字技术、信息技术和网络技术，建立对城市的基础地理、基础设施、基础资源和基础功能进行信息自动采集、动态监测、辅助决策和科学管理的信息化应用系统。这个应用系统可为人们监管城市、预测城市和调控城市提供重要的决策依据和革命性的管理手段，并能积极促进政府决策的科学性、前瞻性，提高城市规划、建设和管理的效率和水平。

从技术角度讲，“数字城市”是指整个城市经数字化处理后由计算机、数据库和通信网络来管理的巨型信息系统。这个信息系统以宽带城域网为基础，以城市基础地理空间数据为依托，以全球定位系统、遥感、地理信息系统及虚拟现实、数据融合和动态互操作等现代高科技为技术支撑，以城市中自然和人文的事物与现象为应用对象，构成具有多源、多尺度海量数据的融合，能用多媒体和虚拟现实技术进行多维表达的数字化虚拟城市。

从行业角度分析，建设部认为数字城市是城市规划、建设、管理与服务的数字化，建设数字城市就是要实施城市规划、建设、管理与服务的数字化工程。“数字城市”是综合运用 GIS、遥感、遥测、网络、多媒体及虚拟仿真等技术对城市基础设施、功能机制进行信息自动采集、动态监测管理和辅助决策服务的技术系统，它具有城市地理、资源、生态环境、人口、经济、社会等复杂系统的数字化、网络化、虚拟仿真、优化决策支持和可视化表达等强大功能。测绘系统认为数字城市就是将真实城市以地理位置及其相关关系为基础而组成数字化的信息框架，并在该框架内嵌入我们所能获得的信息的总称，提供快速、准确、充分和完整地了解及利用城市中各方面的信息。其本质就是海量城市空间数据与三维城市地理信息系统、时序城市地理信息系统的融合。目前，已有相当一部分在规划或国土部门信息中心及勘测部门的基础上相继成立了城市地理信息中心，牵头组织数字城市的规划、设计与工程实施。3S 系统认为数字城市是基于 3S 等关键技术，深入开发和应用空间信息资源，建设服务于城市规划、建设和管理，服务于政府、企业、公众，服务于人口、资源环境、经济社会的可持续发展的信息基础设施和信息系统。其本质是建设空间信息基础设施，进一步深化和完善城市地理信息系统建设，并在此基础上深度开发和整合应用各种信息资源。信息产业部认为数字城市是宽带数字城市，即通过建设宽带多媒体信息网络、地理信息系统等基础设施平台，整合城市信息资源，实现城市经济信息化，建立城市电子政府、电子商务企业、电子社区；并通过发展信息家电、远程教育、网上医疗，建立信息化社区。其观点较集中地代表了IT领域的观点。

上述4种行业的观点分别从城市规划建设、城市基础空间数据库建设、城市地理信息系统应用、城市整体信息化四个角度，对数字城市的内涵进行了界定。广义的“数字城市”为调控城市、预测城市、监管城市提供了革命性手段，是对城市发展方向本质特征的一种描述。狭义的数字城市工程则是综合运用地理信息系统、全球卫星定位系统、遥感系统、网络等关键技术，建设服务于城市规划、建设、管理、服务于政府、企业、公众，服务于人口、资源环境、经济社会的可持续发展信息基础设施和信息系统。

因此，可以认为“数字城市”是信息时代背景下城市及其理论发展的一种必然，它是以信息技术为支撑、以信息服务为中心的一种城市发展模式；它以可视化、网络化、智能化的表达方式对物质城市进行数字化的再现与升华，形成统一的、可共享的信息管理与服务数据库系统（如综合市情系统、城市规划系统、智能交通系统、远程教育或医疗系统等），为市政府提供决策支持，为民众提供服务。它具有使现代城市管理更快捷高效、使城市居民更轻松方便的众多优点，是未来城市可持续发展的一个主要方向。由此可见，数字城市已不再是一个技术性概念，而是一种现代科技、社会、政治、经济影响下的新城市形态。

8.2.2 数字城市的特征

数字城市是物质城市在数字化网络空间中的再现和反映。随着人们对数字城市概念认识的逐步深入及数字城市建设的发展，人们逐渐认识到数字城市与现代工业化背景下城市的差异。数字城市的特点主要如下。

（1）数字性。数字性是数字城市最基本的技术特征之一。数字城市运作的前提就是信息的数字化。城市中的客观实体通过数字化高度抽象和提炼，形成数字城市的信息资源。数字城市的数字化特征，一方面是指对各类信息应用数字技术进行转换，使其可通过计算机网络进行存储、传输、交换和应用的过程，这个特征一般针对那些可量化、可测度的信息类型而言；另一方面数字化还针对那些不能直接应用数字技术进行转换的信息（如文化、传统、习俗、思想等），通过借鉴其他可量化的数字符码信息的形式进行间接映射、再现和类比的过程，这个过程往往被人忽略或笼统地认为不属于数字化的范畴。这个技术特征是实现对数字城市人文科学内容进行研究的可能性的一个理论前提。

（2）整体性。数字城市是一个复杂的系统。根据系统论的观点，整体性是其最主要的特征。在数字城市这个巨大信息系统中，城市的各个职能部门只有遵循统一的规范和标准，并在数字城市的综合数据平台上，实现资源共享的前提下实现互通互连，实现整个系统的一体化，才能充分发挥城市系统的功能和作用，最大限度地避免数字城市建设的资源浪费和重复建设

（3）层次性。系统层次性是指系统各个组成要素在地位、作用、功能、结构等方面

表现出的等级秩序性。根据数字城市的概念模型，可将数字城市分成基础层、管理层和应用层3个层次和城市信息基础设施、城市空间数据基础设施、空间信息资源管理与交换中心、法律法规与政策、技术与标准、政府类应用、行业类应用、企业类应用和公共类应用9个部分。每个层次与其各个组成部分之间相互作用、相互制约，形成数字城市这一巨系统。

（4）共享性。数字城市的共享性主要体现为资源共享性。在数字城市中，资源共享的前提是数据共享。城市中的客观实体通过数字化的高度抽象和提炼，形成数字城市的信息资源。信息资源的共享是数字城市运行的重要前提。城市中的信息资源可分成两大类：地理信息和社会活动信息。按信息共享主体来分，有国家（国家是特殊的主体，只有进行国际信息共享，国家才以主体身份出现）及国家机关之间数据的共享，法人单位之间数据的共享，个人之间数据的共享，国家机关与法人单位及个人之间数据的共享，法人单位与个人之间数据的共享，不同的共享主体，由于其共享的权限和级别的不同，信息共享的标准和范围也不同，而且城市中的所有资源应在一定法律和规范条件下在整合的基础上实现共享。

（5）开放性。城市是一个开放的系统，需要不断与外界进行物质、能量和信息的交换。只有信息的流动才能真正发挥信息的作用，从而带动城市物质流和能量流的流动，促进城市的发展。因此，在法律允许的范围内，任何资源都应在安全可靠的前提下向需求者开放。

（6）智能性。智能性是数字城市的高级特性。美国科学家哈里·哈恩（Harely Hahn）认为，由信息、电脑、连接物和人组成的网络是一个独立的“生命体”，但它与一般的生命体不尽相同，一旦形成，就成为一个巨大的、无定形的有机体，处在不断变化、生成、解决问题和组织策划之中。它与人的神经系统有相似之处，具有自组织、自适应和自我调控、自我发展的特征。就数字城市及其应用系统而言，数字城市的智能化特征主要表现在城市综合信息的重组、增值与判断及各种应用系统的智能决策与支持，包括交通智能化、能源管理智能化、住宅小区智能化等。它构成了数字城市辅助决策系统的核心，是数字城市先进性最直接的表现形式。

（7）可视性。虚拟现实和三维模拟是数字城市可视化表现的主要形式。“数字城市”虽然是虚拟的，但也具有空间特性和时间特性。它在空间上描述城市中的自然景观和人工景观的空间位置和几何形态，在时间上描述城市的变化。“数字城市”虚拟现实技术能使人们从不同位置、不同角度、不同时间观察城市，给人提供身临其境的感觉。人们可借助多媒体和仿真技术逼真地描述城市的各种基础设施和自然景观，通过模拟系统寻找问题的最佳解决方案。

（8）无限性。数字城市的建设没有终止的概念。随着城市信息资源的不断开发和利用水平的不断进步，数字城市各项基础设施与应用系统建设均会遵循螺旋式发展的规律持续前进。

8.2.3 数字城市的功能与作用

当今世界的经济全球化和信息化已成为人类社会发展的总趋势，信息化程度和水平已经成为衡量一个城市经济社会发展综合实力和文明程度的主要标志。信息化正在成为全球贸易、投资、资本流动和技术转移，以及社会、经济、文化等一切领域发展的主要推动力，信息化建设将有利于促进人类社会的共同富裕和共同进步。现代城市不仅是其所在区域的物资、能源、资金、人才以及市场的高度集中点，更是各种信息产生、交流、辐射和传递的高速聚合点。现代城市在区域经济和社会发展中发挥着极为重要的作用，是人类信息化发展的首要目标。城市信息化不仅致力于发展自身的信息产业，更是利用信息技术及相关活动改造和发展包括社会、经济、文化等一切领域，以极大地促进城市对信息的生产、交流、扩散和传递的有序化、高效化，提高城市经济和社会活动的综合竞争能力，最终产生“聚集”和“辐射”效应。发展数字城市将极大地促进各领域信息化的最终实现，对于消除区域和区域间的发展不平衡具有至关重要的作用。

广义上讲的数字城市是指信息化的城市，是一个空间化、网络化、智能化和可视化的技术系统。因此，数字城市具有很强的技术功能。而在城市生产、生活中，“数字城市”利用数字技术、信息技术和网络技术为城市人口、资源、环境、经济、社会等问题的解决提供了重要支持，改变了城市生产、生活、管理等方式。因此数字城市的应用功能就成为数字城市计划技术功能的真正价值所在。因此，数字城市的功能可从技术功能和应用功能两个方面来分析。

1. 数字城市的技术功能

数字城市是以城市信息为主要研究对象，而数据是信息的载体。因而数字化就成为数字城市的基础功能。对城市信息的数字化管理技术就成为数字城市技术功能的重要体现。因此，数字城市的技术功能主要体现为以下几方面。

（1）城市地理、基础设施和社会经济环境信息的采集、传输和处理功能。数字城市是对现代城市数字化的客观反映，数字化是其基本特征。根据现代城市的层次结构，在数字城市中，综合运用3S、宽带网络、多媒体、大规模存储及虚拟仿真等技术，可实现对城市地理和社会活动层数数据信息的采集、传输和处理。这是数字城市的基本功能，可为数字综合数据平台的架构提供数据基础。

（2）提供数据资源共享的综合数据平台。整体性和资源共享是数字城市的基本特征，数字城市的综合数据平台是其重要体现，也是数字城市运行的基础和前提。通过共享的数据平台实现对城市的管理、控制和协调是数字城市的目标。在数字城市中，通过制定相应的标准规范，对城市中地理和社会活动等数据进行处理和整合，为城市的运行和管理提供一体化、可共享的综合数据平台，是数字城市的一个重要功能。

（3）提供数字城市建设的技术和保障体系。现代城市是一个庞大、复杂、开放的系统，是国家或地区的政治、经济和文化的中心。城市的建设和管理纷繁复杂，如何把城市的各个组成部门组织成一个一体化、数字描述的系统，是数字城市建设面临的一个重要问题。在资源整合和共享基础上实现城市各级功能的信息化，是数字城市建设的最终目标。数字城市的技术和保障体系是数字城市顺利建设和实现的前提和保证。在技术层面上，该体系为数字城市建设提供空间信息技术平台、管理信息技术平台和综合信息技术平台等，是数字城市建设技术上的保障；在保障层面上，为数字城市建设提供政策法规环境、人才与管理机构体系、技术规范与标准、数据标准与规范、安全规范与标准等，是实现城市信息资源共享的重要保障和基础。

2. 数字城市的应用功能

数字城市的应用功能是数字城市技术功能的价值所在和现实体现，数字城市的应用功能主要如下。

（1）城市信息的系统化。“数字城市”是以信息技术为支撑的数据库和信息系统，它以数字影像、数字地图为空间定位的基本信息数据，结合地下空间位置有关的信息，形成数据库，进而实现城市信息系统化。如建立城市地理和基础管理系统、城市综合应用系统、城市决策服务系统等。

（2）城市规划的数字化。“数字城市”具有使城市地理、资源、生态环境、人口、经济、社会等复杂 数字化、网络化、虚拟仿真、优化决策支持和实现可视化表达等强大功能，由此使“数字城市”成为城市规划工作的一个全新的手段和工具。

（3）城市管理的综合化。数字城市的综合应用系统为城市管理的综合化提供了技术保证。数字城市综合应用系统包括政府类应用、企业类应用和工总服务类三方面，具体包括电子政务、电子商务、电子金融、数字企业和数字社会等。其中，数字社会主要包括数字医疗、数字教育、数字社区等与城市居民息息相关的应用与服务。此外，城市交通网络化后，还可节约市中心宝贵的土地资源，“让网络去跑腿”，提升工作效率，减少劳动力使用，降低成本，避免交通堵塞，减轻环境压力。这都为“城市病”的高效、综合化管理提供了有效途径。

（4）城市决策的科学化。信息是科学决策的依据，决策服务是信息的重要功能。辅助决策是数字城市的最高级应用，它在城市基础信息系统和综合应用系统基础上，通过对城市基础数据和应用数据的挖掘和分析，建立分析预测模型，为城市的长远规划和发展及生态环境建设和灾害防治等提供决策服务，为城市的可持续发展提供支持和保障。“数字城市”这一全新的决策管理系统，为城市的决策者、规划者、建设者提供了直接有力的帮助，有利于提高政府决策的科学性和规范化，使城市决策与管理更具高效性、前瞻性和科学性。

3. 数字城市的作用

数字城市不仅是历史发展的必然性，也是解决“城市病”的有效良方。数字城市可提高城市的综合行政管理水平，强化城市的社会服务功能。综合来讲，数字城市可将“信息资源”进行最优配置，并以最快的速度、最直观的形式、最低的成本传送给各个层次的决策者，或传递给因特网的各个经济社会应用系统，达到对社会资源的有效控制和利用，提高整个城市的经济社会效益，最终实现社会的良性循环和经济的可持续发展。其作用主要有以下几个方面。

（1）改变城市产业结构。随着数字城市的发展，传统的资源密集型产业和劳动密集型产业逐渐被知识密集型、高新技术密集型或信息产业所替代，即被高附加值的产业和可持续发展型的产业所替代。发达国家和地区大部分已完成了这种产业转型。而发展中国家和地区正在以信息化带动工业化和现代化，努力实现多样化和跨越式的发展。而发展中国家和地区正在以信息化带动工业化和现代化。在发达国家和地区，正在完成由电子商务模式替代传统的商务运作模式的转型，而在发展中国家或地区正为转型而积极筹备。

（2）改变城市空间结构。城市信息化的飞速发展使得城市在宏观结构上体现出很强的聚集与扩散能力，城市空间规模相应扩大。大城市和世界性的大城市数目不断增多，城市带、城市区域如珠江三角洲、长江三角洲、京津塘等不断扩大。而城市微观空间结构则趋向分散化、郊区化，且分散化趋势越来越明显，逐渐形成“小市区、大郊区”的新型城市结构模式。而且随着信息化、全球化的飞速发展，家庭生产方式得到充分发展。城市是由小的核心——CBD 和周围广大的、分散的、星罗棋布的多功能社区，包括研究院、设计院组成。社区与社区之间、社区与 CBD 之间，由网状分布的宽带网络和高速公路相连接，它们之间则为面积广大的城市森林、绿地、运动场、花坛和草地等。

（3）改变城市功能结构。随着信息化的发展，在发达国家或地区工业逐渐迁出城市，远离城市，逐渐被第三产业和科研院所、设计院所及金融机构所替代。因此，城市由生产型功能的区域逐步向服务型功能区域转化。发展中国家和地区的城市正在成为发达国家的工业生产基地。同时，随着发展中国家对信息化、现代化重视程度的提高，信息化带动工业化的发展模式也使发展中国家或地区的城市开始密切关注全球，与世界联系逐步加强，有的城市甚至成为世界性城市。

（4）改变城市社会结构。信息化过程的发展必然会出现城市与城市之间、城市内部企业之间信息化发展不对称的现象，信息鸿沟、数字化分异或分化都导致在全球化、信息化洪流中出现了边缘化的现象。信息化、全球化水平较低的城市或企业逐渐被人遗忘或日趋衰落，于是出现了“富者更富，穷者更穷”的现象。这些城市或企业的人也从知识穷人、信息穷人逐渐沦落为物资穷人，即出现新的分化。此外，随着城市信息化的发展，人们生活质量不断提高，老龄化问题将越来越严重。信息化带动自动化也将导致蓝领工人逐渐被白领工人所替代，白领工人逐渐被铁领工人（机器人）替代。

（5）改变城市生活方式。城市信息化的结果使得传统的生活方式逐渐转变为网上办公、网上生产、网上学习、网上医疗、网上商务、网上金融、网上政务、网上影剧院、网上旅游。既改变了传统的城市生产和生活方式，也改变了人们的行为和习惯，甚至思想方法和生活方式，并逐步趋向全球一体化的生活方式。

（6）改变城市政府职能。城市信息化的结果，使得电子政府、电子政务逐步实现，政府的传统管理型功能逐步转变为管理服务型的职能。同时，数字城市的建设也改变了政府机关的工作方式、工作作风，进一步提高了其工作质量和效率。数字城市是建立办事高效、运转协调、行为规范的行政管理体制、辅助政府决策水平的必由之路。

因此，数字城市是 21 世纪的生存方式，是城市高度信息化、智能化、虚拟化和敏捷化的具体体现。它着眼于从根本上改革城市生活、工作与交流方式，重塑政府、企业与公众的关系，协调人类与环境的关系，实现城市行为的高效与敏捷，从而为城市的可持续发展奠定基础。

8.2.4 从数字城市到智慧城市

1. 智慧城市的定义

“智慧城市”（Smart City）一词最早于1984年由美国拉斯维加斯一家以“智慧城市”命名的产业技术协会组织提出。目前没有智慧城市公认的统一定义。简单来说，智慧城市就是让城市更聪明，本质上是让作为城市主体的人更聪明。智慧城市是一个复杂的社会大系统，通过自动传感、互联网、物联网、云计算等信息技术和自动化技术，使构成城市的基础设施、环境等要素与人相互之间实现互联、协同和智能，作为一个系统整体对民生、发展、环保、公共安全、城市服务、经济活动等需求做出智慧的响应。智慧城市的特征可从信息技术领域和社会领域两个方面阐述，其在信息技术领域的特征为：全面透彻的感知、物联网与互联网的完全整合、信息可靠传递、智能融合的应用；其在社会领域的特征为：人性化管理与服务、协同运作、以人为本的可持续创新。

智慧城市包括以下内涵。

（1）智慧城市的手段。智慧技术是智慧城市的手段，是对现有互联网技术、传感器技术、智能信息处理等信息技术的高度集成，是实体基础设施与信息基础设施的有效结合，是信息技术的一种大规模普适应用，将引发新一轮大规模的技术创新。

（2）智慧城市的基础。有关信息的感知、获取、传递、控制、处理和利用的设施构成了智慧城市的基础。借助于信息技术，城市系统中的物理基础设施、信息基础设施、社会基础设施和商业基础设施连接起来，成为智慧化的基础设施。

（3）智慧城市的核心。智慧城市是以互联网、物联网、电信网、广电网、无线宽带网等网络组合为基础的，其中，物联网体系的建设是智慧城市的核心。智慧城市的理念实质上是借助于物联网和互联网整合，以一种更智慧的方法感测、分析、整合城市运行核心系统的各项关键信息，改变政府、企业和人们相互交往的方式，对各种需求作出快速和智能化的响应，从而提高城市系统的智慧水平。

2. 从数字城市到智慧城市

数字城市，是指充分利用数字化、空间地理及相关计算机技术和手段，对城市基础设施与生活发展相关的各方面内容进行全方面的信息化处理和利用，具有对城市地理、资源、生态、环境、人口、经济、社会等复杂系统的数字网络化管理、服务与决策功能的信息体系。数字城市是城市信息技术的综合应用。

智慧城市则是指充分借助互联网和物联网，涉及智能楼宇、智能家居、路网监控、智能医院、城市生命线管理、食品药品监管、票证管理、个人健康与数字生活等诸多领域；以城市信息通信产业为基础、应用RFID等相关技术及信息化基础设施，通过建设信息与通信技术（Information Communication Technology，ICT）基础设施、认证、安全等平台和示范工程，突破产业关键技术，构建城市发展的智慧环境，形成基于海量信息和智能过滤处理的新的生活、产业发展、社会管理等模式，是面向未来的全新城市形态；智慧城市运用智能技术，使城市的服务更有效，为市民提供人与社会、人与人的和谐共处的环境。智慧城市本身就是一个网络城市：人与人之间有互联网，物与物之间有物联网，车与车之间有车联网。

智慧城市的提出意味着一种与数字城市不同的倾向性，数字代表信息和信息服务，智慧代表智能与自动化。数字城市以信息资源的应用为中心；智慧城市以自动化智能应用为中心，智慧城市是数字城市理念的升华，是城市发展模式的创新。

表 3-1　数字城市与智慧城市的区别

对比内容	数字城市	智慧城市
信息化发展阶段	初级阶段	高级阶段
技术重点	信息网络的普及	充分感知、智能响应
与环境关系	未涉及	人与自然的和谐发展
信息处理	信息的融合与共享	知识的生产与创新

智慧城市是数字城市进一步深化发展的战略需求。数字城市的出现，有其社会背景和技术背景。但相对于国家信息化战略而言，数字城市只是起点不是终点，还需要深化发展。进一步解决数字城市关于网上城市“数字空间”与现实城市“物理空间”相分离的问题，只能走智慧化之路，即通过传感器网络和物联网把网上城市数字空间与现实城市物理空间“缝合”在一起，使数字城市进一步深化发展。因此，数字城市必然走向智慧城市。

智慧城市也是城市发展的高级阶段，在未来智慧城市的环境当中，因为全面的感知，每时每刻，我们身边都充满了各种各样的数据。但只有通过智慧的系统将这些杂乱无章的数据，转换为信息和知识，才能帮助我们做出聪明的选择。可见智慧城市的本质就是人类充分利用现代信息通信技术，将我们身边的世界转换为数据，并逐步将其提升为满足城市可持续发展和人类美好生活的智慧。

8.3　数字社区

数字化社区的起源可以追溯到 20 世纪 80 年代，由于当时出现了采用电子技术的家用电器，学者们提出了“住宅电子化”（Home Electronics，HE）的概念。随着家用电器、通信设备和安保系统在功能上日趋整合，学者们又提出了“住宅自动化（Home Automation，简称 HA）”的概念。随后，通信与信息技术得到了进一步发展，美国兴起了“智慧屋”（Wise House，WH）、欧洲兴起了“时髦屋”（Smart House，SH）的概念，即采用通信与信息技术，对住宅中各种家电、通信、安保系统通过总线技术进行监控与管理的智能住宅。

进入 21 世纪，随着智能家居技术在社区内的综合应用，社区的数字化程度越来越高，人们顺理成章地将数字化纳入了“数字地球——数字化城市——数字化社区”的发展体系之中，因此一种新型时尚的数字化社区概念出现了。数字化社区基本功能组成如图 8-1 所示。

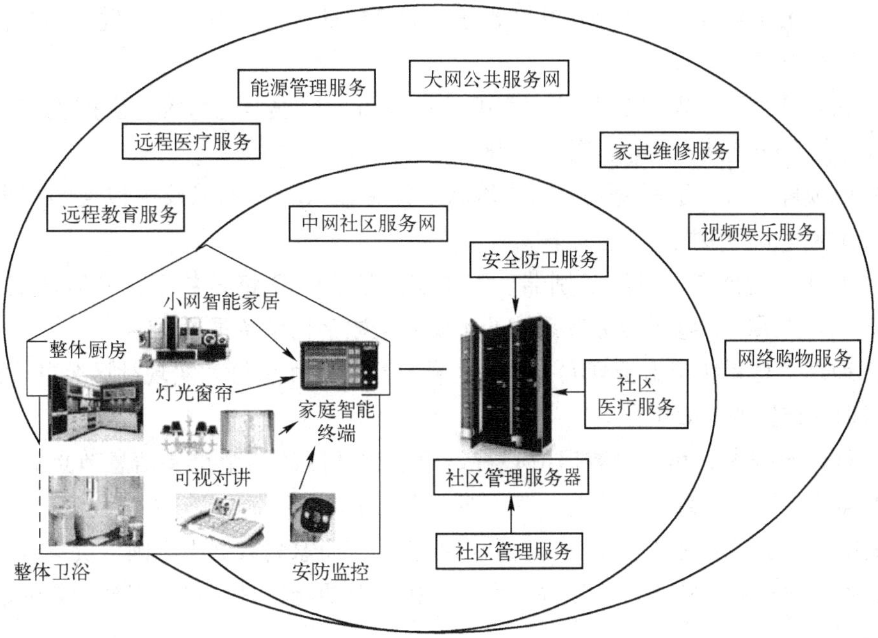

图8-1 数字社区功能组成

8.3.1 数字社区的基本概念

1. 数字社区的定义

数字化社区，就是通过信息数字化，将管理、服务的提供者与每个住户实现有机连接的社区。它利用现代传感技术、数字信息处理技术、数字通信技术、计算机技术、多媒体技术和网络技术，实现社区各种信息的采集，处理、传输、显示和高度集成共享，实现社区和家庭各种机电设备和安防设备的自动化监控，为住户提供一个安全、舒适、方便、快捷、开放的生活和工作环境，最终实现节约能源，降低运营成本，保护环境和提高服务质量等目标。

数字化社区建设的本质在于信息化，信息化是指由计算机与因特网等生产工具的革命所引起的工业经济与生活方式由传统转向应用和依赖信息技术的一个社会变革过程。具体来说，信息化包括信息技术的产业化、传统产业的信息化、基础设施（工厂、城市、建筑与居住区）的信息化、生活方式的信息化等内容。信息产业化和信息应用，即信息的生产和应用两大方面是其中的关键。信息生产需求发展一系列高新信息技术及产业，信息应用涵盖计算机应用软件的开发、信息应用平台的建设，应用系统数据的采集、处理、存储、传输等领域。数字社区的数字化、智能化将是信息化应用的广阔领域。

2. 数字社区的内涵

数字社区的基本内涵包括以下六个方面。

（1）它是一类具有综合数字化服务的现代化社区。数字化家庭计费、数字化社区公共照明、数字化社区信息、数字化社区娱乐、数字化社区公共卫生与保健等内容将是数字化社区的基本内容。

（2）它是一个以多媒体技术、数字 IP 智能设备、地理信息系统、虚拟现实技术以及多种现代测绘等先进技术为手段的现代化社区。

（3）触摸屏输入、手写输入、图像输入、语音输入与识别以及虚拟现实技术将是社区住户与社区交流的多媒体交互手段。

（4）IC 卡、智能卡、指纹识别器、掌纹识别器、CCD 将是数字化社区的安防系统、门禁系统、交费系统、电子商务等系统的重要安全数字化设备手段。

（5）地理信息系统与虚拟现实技术、各种测绘技术相结合，实现社区公共设施管理、使用、培训和维护的有效手段。

（6）社区数据中心和家庭数据中心将是数字化社区的两个重要信息节点。社区数据中心一方面负责社区信息的采集与收集、挖掘与处理、存储加工与传输利用；另一方面，社区数据中心负责各家庭数据中心与互联网的连接，而家庭数据中心则负责家庭内部设备的管理、家庭信息数据的管理、家庭消费结算操作等功能，是用户使用最频繁的设备。

3. 数字社区的架构

通常数字社区应有数字化应用基础设施层、功能应用层和决策管理层三个层次组成。

（1）基础设施层：是小区信息处理和信息交互传输中心，主要由网络信息系统集成平台（IBMS，net/IBMS）、网络数据中心（IDC）和宽带网络构成。作一个形象的比喻，网络信息系统集成平台就是“人与数字化”面对面进行对话和交流的界面，人们通过这个“界面”，将进入无限广阔的数字化世界；网络数据中心就是“信息仓库”，它保存了社区地理、人员、公共设施、商务、环保、设备电子安全监控、物业管理等重要内容的基础数据；而宽带网络就像一个“快车道”，它是社区基础信息传递和交换的宽带网络通道。只是拥有完全丰富的“信息仓库”和便利快捷的“快车道”，有效的信息共享和交换才有意义，社区内部的各信息节点才不会是相互分割的“信息孤岛”。

（2）功能应用层：是最为核心的部门，小区信息化建设的目的就是为了应用，通过数字化技术应用和智能化功能的体现，开发一系列适应社区需求的数字化应用系统和网络信息系统集成，改造传统社区的物业管理和服务模式，实现现代数字化社区信息、资源和物业一体化的管理、服务功能的网络化与智能化。社区数字化应用系统的研究及其应用软件的靠法是建设好数字化社区的关键。

（3）决策管理层：是最终体现应用的结果，通过有效的小区管理和服务，使资源得到充分的利用，使其在信息上共享、网络上融洽、功能上协同，最大限度地提高管理效率，提供完善的、高质量的、个性化的服务，降低数字化社区运营成本，提高经济效益。

8.3.2 数字社区的特征

随着信息技术的发展和人民生活水平的提高，智能化小区和智能化社区获得了长足的发展，为了适应信息技术的发展和数字城市的建设，数字化社区成为必然的趋势。

数字化社区的特征，包括以下六个方面。

（1）一体化。数字化社区是整合了多种资源，并进行集成融合，在硬件资源的基础上再配合软件系统的支撑，并采用网络化使社区成为一个集安全、舒适、节能、环保等为一体的数字化生活社区。

另外数字社区是数字城市必要的组成部分，是数字城市的基本构成单元。因此在数字社区的建设过程中，需要考虑整体的兼容性，以达到将来在数字社区的基础上建成整个数字城市，乃至数字社会。

（2）信息化。数字化社区是数字城市的信息节点，其信息化系统的建设是至关重要的，为现代化的治理和现代化的生活提供必要的条件。

（3）智能化。数字化社区是在智能化社区的基础上发展起来的，由此数字化社区需要实现设备、家电等的智能化治理。

（4）网络化。数字化社区需要实现“四网”（即数据网、电话网、电视网、控制网）信息传输及交互。

（5）集成化。数字化社区需要实现信息共享，建立统一治理平台和门户。

（6）生态化。社区生态化在国外备受重视。如绿色住宅、生态住宅、可持续发展住宅。“绿色”“生态”“健康”“节能”为理念的社区，采用新材料、新技术、新工艺、保护生态环境和节约能源，创造健康舒适的社区环境。

通过数字化社区的打造，为社区提供一个安全、舒适、便利的生活环境。

8.3.3 数字社区的智能化

建筑及居住区数字化应用，主要由通信系统、信息系统与监控系统及基础设施组成，数字社区技术应用框架如图8-2所示。

（1）完备的安全防范系统

关键需要解决好的问题就是安全问题，由此需要对数字社区进行封闭式管理（对于无法实现物理封闭的，尽量多采用技防手段和人防手段结合来提高安全性）。对于封闭式社区，通过周界和监控实现外围的安防，另外对楼内也进行封闭式管理，通过楼宇对讲系统和门禁系统加强对本栋楼各出入口的管理，通过闭路电视监控系统和巡更系统提高楼内的安全性，并在住户家内设置家庭防盗报警系统进一步提高住户家内的安全性，通过层层防范为住户提供一个安全可靠的居住环境。

（2）有效集成的智能化数字系统，实现多级管理

弱电系统由众多的子系统组成，若各子系统分别进行管理，既浪费了大量的劳动力，也降低了劳动效率。针对项目的实际情况，弱电系统应尽可能通过楼宇管理系统的集成平台进行集中管理，根据实际情况，多级控制。从而实现物业管理人员对小区的宏观协调管理，提高整个小区的智能化管理水平。

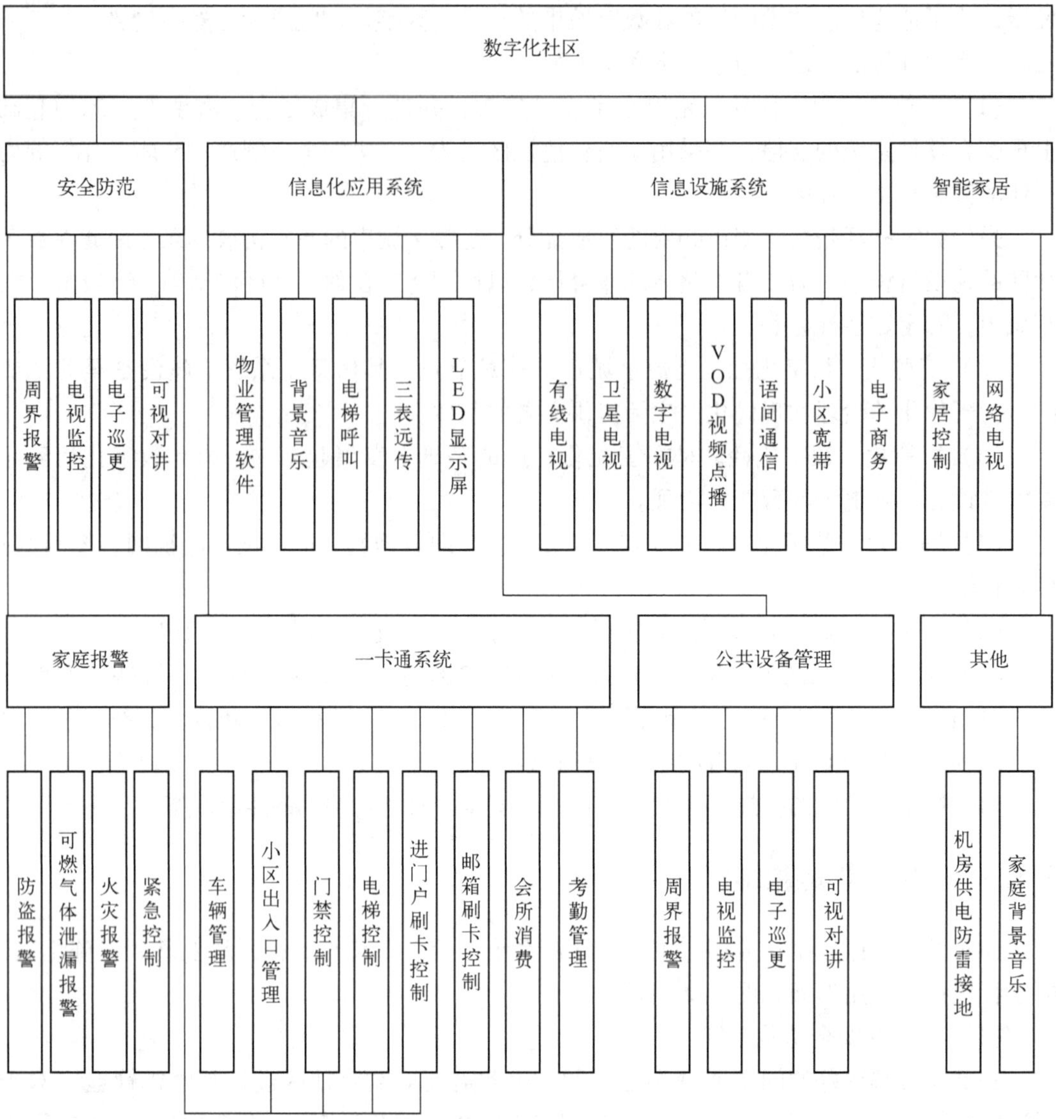

图 8-2　数字社区技术应用框图

(3) 超前的信息网络系统

现代住户对网络信息的需求更高，如网上教育、家庭办公等，因此信息网络系统成为必需的配套设施，不但要设置而且应当适度超前，根据小区的实际情况可采用千兆主光纤到楼或光纤入户的方式为住户提供高速的网络接入，户内配置足够的信息点，最大限度地方便小区住户的使用。

(4) 功能扩展的智能家居系统

对于高档次的住宅小区住户来讲，小区智能化水平的高低主要体现于家居智能化系统，因此家居智能化系统要选择功能强、安全可靠、集成化程度高、操作简单，并且具有灵活的可扩充性的产品，这样才能满足不同住户和未来发展的要求。另外作为应用在住宅内的设备，外形也要美观、有较高的档次，成为家庭的一个装饰亮点。

（5）先进的楼宇自控系统

高层建筑的住宅小区，楼内配置有大量的变配电、供水排水、空调通风、电梯、消防及安保系统设备，为提高住宅楼的设备管理水平、节约能源消耗，需要建立一套先进的楼宇自控系统，对小区内的设备进行集中监测和控制，并为小区提供一个系统集成平台，实现小区智能化系统的集成管理。

数字社区具有智能社区的主要功能，并具有智能社区没有的某些重要的数字化功能。智能社区是建立在各智能子系统结构的基础上的，而数字社区是以网络结构为基础的。以局域网为基础实现了高度集成的智能社区在功能上接近数字社区的水平，但数字社区将更充分地实现信息的数字化采集、处理、传输和显示，在更高水平上实现信息的集成与共享。

数字化技术是社会发展的必然趋势，社区建设也必须走数字之路。数字社区进一步加强了网络的功能，具有完备的局域网和广域网，国际互联网接入。通过完备的网络可以实现社区的智能化远程监控。数字社区应用现代数字技术，以及现代传感技术、通信技术、计算机技术、多媒体技术和网络技术，加快了信息传播的速度，提高了信息采集、传播、处理、显示的性能，增强了安全性和抗干扰的能力，以达到最好的效果。数字社区是数字城市的基本单元，数字社区的建设为数字城市的建设创造了条件，为电子商务、物流等现代化技术的应用打下了基础。

智能建筑的一体化（结构）、数字化（系统）、智能化（服务）、信息化（管理）“四化”建设将成为智能建筑的发展方向。利用智能化系统保障社区达到并实现以下目标。

1）通过人居环境的建筑自动化管理，节约能源，减少开支，延长建筑和设备的生命周期。

2）通过采取多方位的监控装置、多层次的区域布防、多渠道的报警手段和快捷的应急措施，提供高度安全的居住环境。

3）利用智能一卡通手段，将人员管理、停车库管理、门禁管理、安全管理等有机地连接起来，创造一个简便快捷的智能化社区。

4）基于一体化数据平台的物业管理和服务平台，建立先进与科学的综合管理机制，提供多元化的智能小区。

5）根据业主的信息需求出发，提供一个融合住宅、物业和交流的网络平台，提供一个高度信息化的智能社区。

本章小结

1. 数字地球概念是指以地理空间信息技术和数字化技术来对地球进行全要素数字地形的重新描述。通过数字正射影像、数字地形模型、地球三维景观模型建立地球空间定位的基本信息数据。

2. 广义的数字城市可理解为信息化的城市，即是一个空间化、网络化、智能化和可视化的技术系统；狭义的数字城市是指综合运用3S（GIS、RS和GPS）技术、多媒体技术、大规模存储及虚拟仿真等技术实现对城市的基础设施、功能机制进行自动采集和动态监测管理，并为城市的规划和建设提供辅助决策服务的技术系统。

3. 数字化社区，就是通过信息数字化，将管理、服务的提供者与每个住户实现有机连接的社区。它利用现代传感技术、数字信息处理技术、数字通信技术、计算机技术、多媒体技术和网络技术，实现社区各种信息的采集，处理、传输、显示和高度集成共享，实现社区和家庭各种机电设备和安防设备的自动化监控，为住户提供一个安全、舒适、方便、快捷、开放的生活和工作环境，最终实现节约能源，降低运营成本，保护环境和提高服务质量等目标。

4. 数字化社区建设的本质在于信息化，信息化是指由计算机与因特网等生产工具的革命所引起的工业经济与生活方式由传统转向应用和以来信息技术的一个社会变革过程。

习题

8-1 数字城市的基本概念？

8-2 数字城市的特征是什么？

8-3 数字城市的作用有哪些？

8-4 数字社区的基本概念是什么？

8-5 数字社区的特征有哪些？

8-6 数字社区的发展方向是什么？

附录　英文术语缩写对照

ADSL　Asymmetric Digital Subscriber Line，非对称数字用户环路

AN　Access Network，接入网

ACL　Asynchronous Connection－Less，面向无连接的异步链路

API　Application Programming Interface，应用程序接口

ARQ　Automatic Repeat Request，自动重发请求

ASC　Access Service Class，接入服务等级

ATM　Asynchronous Transform Mode，异步交换模式

AT　Advanced Telecommunications，综合通信系统

ATM　Asynchronous Transfer Mode，异步传输模式

BA　Building Automation 楼宇自动化

BAS　Building Automation System，建筑设备自动化系统

BT　Blue tooth 蓝牙

BS　Base Station，基站

BSC　Base Station Controller，基站控制器

BSS　Base Station Sub－system，基站子系统

BWA　Broadband Wireless Access，宽带无线接入

CAN　Controller Area Network，控制局域网

CATV　Community Antenna Television，有线电视

CAS　Communication Automation System，通信自动化系统

CCP　Communication Control Processor，通信控制处理机

CDMA　Code Division Multiple Access，码分多址

DVB　Digital Video Broadcasting，数字视频广播

EIA　Electronic Industries Association，美国电子工业协会

ETSI　European Telecommunication Standardization Institute，欧洲电信标准化协会

FAS　Fire Auto－alarm system，火灾自动报警装置

FA　Fire Automation，消防自动化

FB　Field Bus，现场总线

FDDI　Fiber Distributed Data Interface，光纤分布式数据接口

FDMA　Frequency Division Multiple Access，频分多址

FEP　Front－End Processor，前端处理机

FTTB　Fiber To The Building，光纤到楼

FTTC　Fiber TO The Curb，光纤到路边

FTTH　Fiber To The Home，光纤到户

FTTO　Fiber TO The Office，光纤到办公室

FITL　Fiber In The Loop，光纤环路系统

FM　Frequency Modulation，调频

GIS　Geography Information System，地理信息系统

GPS　Global Position System，全球定位系统

GW　Gateway，网关

GSM　Global System for Mobile Communications，全球移动通信系统

HA　Home Automation，住宅自动化

HBS　Home Bus，家庭总线

HDTV　High Definition Table Vision，高清晰度电视

HS　Handset，手持机

IAP　Internet Access Provider，网络接入服务商

IB　Intelligent Building，智能建筑

ICP　Internet Content Provider，因特网内容服务提供者

IEC　International Electrotechnical Commission，国际电工委员会

IDC　Internet data Center，互联网数据中心

IDP　Internet Directory Provider，目录服务提供商

IOT　Internet of Things，物联网

IP　Internet Protocol，网际协议

IPP　Internet Platform Provider，网络平台服务商

IPX/SPX　Internet Work Packet Exchange/Sequences Packet Exchange，互联网络分组交换

ITS　Intelligent Transportation System，智能交通系统

ITJ　International Telecommunication Union，国际电信联盟

ITV　Interactive Television，交互式电视

ITU　International Telecommunication Union，国际电联

IRD　Integrated Receiver Decoder，接收解码器

ISO　International Organization for Standardization，国际标准化组织

ISDN　Integrated Services Digital Network，综合业务数字网

INTELSAT　International Telecommunications Satellite Organization，国际卫星通信组织

LAN　Local Area Networks，局域网

LTE　Long Term Evolution，长期演进

MAN　Metropolitan Area Network，城域网

MAC Media Access Control，媒体访问控制

MT Mobile Terminal，移动终端

MS Mobile Station，移动台

MSC Mobile Switching Center，移动交换中心

NCC Network Control Center，网络控制中心

NetBEUI NetBios Extend User Interface，网络 BIOS 用户扩展接口

OAS Office Automation System，办公自动化系统

OAN Optical Access Network，光纤接入网

OFDM Orthogonal Frequency Division Multiplexing，正交频分复用

ONU Optical Network Unit，光网络单元

OSI Open System Interconnect，开放式系统互联协议

PON Passive Optical Network，无源光网络

PCS Personal Communication System，个人通信系统

PSTN Public Switch Telephone Network，公众交换电话网

PSDN Packet Switch Data Network，分组交换数据网

PBX Private Branch Exchange，用户交换机

PLMN Public Land Mobile Network，公众陆地移动网

PSC Public Switch Center，公众交换中心

QoS Quality of Service，服务质量

RF Radio Frequency，射频

RFID Radio Frequency Identification，射频识别

SA Safety Automation，保安自动化

SCO Synchronous Connection Oriented，面向连接的同步链路

SCC System Control Center，系统控制中心

SDMA Space Division Multiple Access，空分多址

SSMA Spread Spectrum Multiplex Access，扩频多址

SH Smart Home，智能家居

TCP Transfer Control Protocol，传输控制协议

TCS Telephone Control Protocol Specification，电话控制协议

TCP/IP Transmission Control Protocol/Internet Protocol，传输控制协议/网际协议

TDD Time Division Duplexing，时分双工

TDMA Time Division Multiple Access，时分多址

UDP User Datagram Protocol，用户数据报协议

UTP Unshielded Twisted Paired，非屏蔽双绞线

VOD Video - on - Demand，双向交互式电视服务

VSAT Very Small Aperture Terminal，超小口径终端

WAP　Wireless Application Protocol，无线应用协议

WATM　Wireless ATM，无线 ATM

WCDMA　Wideband Code Division Multiple Access，宽带码分多址

WLAN　Wireless Local Area Network，无线局域网

WHN　Wireless Home Network，无线个域网

WiMAX　Worldwide Interoperability for Microwave Access，微波接入全球互操作性

WSN　Wireless Sensor Network，无线传感器网络

参考文献

[1] 刘翠玲．智能建筑通信自动化系统［M］．北京：中国电力出版社，2005.

[2] 刘晓胜．智能小区与通信技术［M］．北京：电子工业出版社，2004.

[3] 徐超汉．住宅小区智能化系统［M］．北京：电子工业出版社，2002.

[4] 李界家．智能建筑办公网络与通信技术［M］．北京：清华大学出版社，2004.

[5] 陆宏琦，韩宁．智能建筑通信网络系统［M］．北京：人民邮电出版社，2001.

[6] 黎连业．智能小区九大系统设计与实现［M］．北京：科学出版社，2003.

[7] 张辉，陈智丽，任丹．有线电视技术［M］．北京：机械工业出版社，2015.

[8] 张永坚，周培祥，高鹤，等．智能建筑技术［M］．北京：中国水利水电出版社，2007.

[9] 王鹏．建筑设备［M］．北京：北京理工大学出版社，2013.

[10] 苗月季，刘临川．建筑智能化概论［M］．北京：中国水利水电出版社，2010.

[11] 魏立明，等．智能建筑系统集成与控制技术［M］．北京：化学工业出版社，2011.

[12] 谢希仁．计算机网络［M］．北京：电子工业出版社，2008.

[13] 胡珺珺，赵瑞玉．现代通信网［M］．北京：北京大学出版社，2014.

[14] 刘冬莉，刘天波，徐立辉．大学计算机基础［M］．北京：清华大学出版社，2014.

[15] 褚建立、刘彦舫，等．计算机网络技术实用教程［M］．北京：清华大学出版社，2005.

[16] 曹佃国，王强德，史丽红．计算机控制技术［M］．北京：人民邮电出版社，2013.

[17] 原萍．卫星通信引论［M］．沈阳：东北大学出版社，2007.

[18] 甘良才．卫星通信系统［M］．武汉：武汉大学出版社，2001.

[19] 孙学康，张政．微波与卫星通信［M］．北京：人民邮电出版社，2003.

[20] 陈振国，杨鸿文，等．卫星通信系统与技术［M］，北京：北京邮电大学出版社，2003.

[21] 李白萍，姚军．微波与卫星通信［M］．西安：西安电子科技大学出版社，2006.

[22] 王秉钧，田宝玉，王少勇．数字卫星通信［M］．北京：中国铁道出版社，1998.

[23] 夏克文．卫星通信［M］．西安：西安电子科技大学出版社，2008.

[24] 吴彤．建筑电气施工图快速识读［M］．北京：化学工业出版社，2012.

[25] 应敏，张伟．绿色智能建筑技术［M］北京：中国建筑工业出版社，2013.

[26] 戴辉，卢益民．数字视频技术［M］．北京：北京邮电大学出版社，2012.

[27] 张亮．现代通信技术与应用［M］．北京：清华大学出版社，2013.

[28] 李斯，等．智能化小区设计、施工、维护与管理实用手册［M］．北京：中国环境科学出版社，2002.

[29] 吴彦文．移动通信技术及应用［M］.2 版．北京：清华大学出版社，2013.

[30] 赵健，肖云，王瑞．物联网概述［M］．北京：清华大学出版社，2013.

[31] 郑凤，等．移动互联网技术架构及其发展［M］．北京：人民邮电出版社，2013.

[32] 韩宇辉，吕鑫淼．现代通信技术［M］．哈尔滨：哈尔滨工业大学出版社，2013.

[33] 杨威．宽带接入技术与实践［M］．北京：人民邮电出版社，2008.

［34］刘伟．宽带综合接入技术［M］．北京：科学出版社，2007.
［35］张继荣．现代交换技术［M］．西安：西安电子科技大学出版社，2004.
［36］章坚武．移动通信［M］．西安：西安电子科技大学出版社，2007.
［37］张治元，张耀辉．信息导论［M］．西安：西安电子科技大学出版社，2013.
［38］李春杰，李丹，陆璐．信息技术专题研究［M］．长春：吉林大学出版社，2012.
［39］魏旻，王平．基于 IPv6 的物联网技术及其标准化研究［J］．信息技术与标准化，2015（5）．
［40］鄂旭，王志良，杨玉强．物联网关键技术及应用［M］．北京：清华大学出版社，2013.
［41］朱里奇，刘嵩．现代通信网概论［M］．天津：天津大学出版社，2013.
［42］王庚年．全媒体技术发展研究［M］．北京：中国国际广播出版社，2013.
［43］刘瑞挺．计算机新导论［M］．北京：清华大学出版社，2013.
［44］汪涛．无线网络技术导论［M］．北京：清华大学出版社，2012.
［45］武奇生．物联网技术与应用［M］．北京：机械工业出版社，2011.
［46］谢宏全，贾艳红，窦长娥．数字城市建设导论［M］．武汉：武汉大学出版社，2012.
［47］薛凯，等．数字城市的实施策略与模式研究［M］．北京：中国建筑工业出版社，2014.
［48］钱健，谭伟贤．数字城市建设［M］．北京：科学出版社，2007.
［49］王酉春，等．数字社区系统工程［M］．南京：东南大学出版社，2012.
［50］李林，曾海，李威良．数字社区系统工程［M］．广州：广东高等教育出版社，2010.